Nienholdt / Die deutsche Tracht im Wandel der Jahrhunderte

# Die deutsche Tracht

## im Wandel der Jahrhunderte

Von

Eva Nienholdt

Mit 56 Tafeln

Berlin und Leipzig
Walter de Gruyter & Co.
vormals G. J. Göschen'sche Verlagshandlung — J. Guttentag, Verlagsbuchhandlung — Georg Reimer — Karl J. Trübner — Veit & Comp.
1938

Gestalten und Geschlechter 3

Archiv-Nr. 47 41 37
Druck von C. G. Röder A.-G., Leipzig
Printed in Germany

# Vorwort

Für den modernen Kostümhistoriker ist es, vor allem seit der systematisch und methodisch grundlegenden Arbeit von Paul Post über „Die französisch-niederländische Männertracht im Zeitalter der Spätgotik" (1910) eine Selbstverständlichkeit, die Tracht und ihre modischen Veränderungen in das künstlerische Gesamtschaffen mit einzubeziehen und sie als Ausdruck desselben Stilwillens zu erkennen und zu werten, der die gleichzeitige bildende Kunst beseelt. Dabei ist die Frage nach den kulturgeschichtlichen Hintergründen der Tracht, deren Erforschung den Kostümschriftstellern des 19. Jahrhunderts nahegelegen hatte, ziemlich zurückgetreten in der richtigen Erkenntnis, daß zunächst einmal die historische Tracht und ihre formalen Abwandlungen klar erkannt und deutlich aufgezeigt werden müßten, ehe nach dem Woher der einzelnen Mode und ihrer kulturellen Bedingtheit gefragt werden könne. Dies ist bisher erst in wenigen lokal begrenzten Einzelstudien geschehen, und die Kostümforschung hat noch ein weites Feld vor sich, das neu durchpflügt sein will, bis auch nur die Tracht eines Landes durch die Jahrhunderte hindurch in allen Phasen einwandfrei festgelegt ist. Denn die bisher unerreichten, umfangreichen und gründlichen Kostümgeschichten des vorigen Jahrhunderts kranken vor allem daran, daß sie unter der Fülle ihres zusammengetragenen Materials nicht streng zwischen tatsächlich getragenem Kostüm und den gleichzeitigen Phantasieformen der Tracht zu unterscheiden wissen. Außerdem besteht meist eine Diskrepanz zwischen den mit Ausnahme der nur sehr spärlich erhaltenen Originalkostüme als wichtigste Urkunde zu bewertenden bildlichen Darstellungen und den sehr zahlreich angeführten literarischen Belegen, die gewöhnlich absolut, ohne Rücksicht auf ihre tatsächliche oder auch nur angestrebte Zuverlässigkeit und ihre Brauchbarkeit in dem besonderen Falle gedeutet werden. Nach dem eben Gesagten ist die Zeit für eine grundlegende und erschöpfende Kulturgeschichte der Tracht noch fern und auch nur einem wirklich großen, auf genauesten Sachkenntnissen fußenden und zugleich weitblickenden und Zusammenhänge erkennenden Geist vorbehalten. Im Folgenden soll nur der Versuch gemacht werden, in großen Zügen die Entwicklung der deutschen Tracht in ihrer historischen Bedingheit zu verfolgen und auf die kulturellen oder geistesgeschichtlichen Strömungen und Zeitereignisse hinzuweisen, die zur Entstehung neuer Moden, Abwandlung der bestehenden oder Übernahme fremden Formengutes geführt haben. Die Form als solche freilich ist mit dem Woher und Wozu noch keineswegs erklärt und wird es auch nicht werden können, denn sie bleibt letzten Endes immer Phänomen, das als Ausdruck schöpferischen Geistes gewertet sein will.

# Inhalt

# I. Die germanische Tracht von ihren Anfängen bis zur Gründung des karolingischen Reiches

## 2. Jahrtausend v. Chr. bis 800 n. Chr.

Über dreitausend Jahre müssen wir zurückblicken, wenn wir von der Tracht unserer ältesten germanischen Vorfahren eine Vorstellung gewinnen wollen, denn die Vorgeschichtsforschung ist sich darin einig, daß die Bewohner Norddeutschlands, Dänemarks und Südschwedens um die Wende von der Steinzeit zur Bronzezeit, d. h. am Ende des 2. vorchristlichen Jahrtausends, bereits als Germanen anzusprechen sind. Wir brauchen uns die Tracht dieser frühen Germanen nicht etwa auf unsicherer Grundlage theoretisch zu rekonstruieren. Eichensargfunde aus Schleswig und Jütland, die die Jahrtausende überdauerten, haben uns die zweckmäßige und in ihrer Art vollendete Kleidung der Menschen jener Zeit übermittelt, deren bereits hohe Kulturstufe die Grabbeilagen offenbaren, und über deren Siedlungsweise uns ausgegrabene Hausgrundrisse Aufschluß geben. Die aus den aus ausgehöhlten Eichenstämmen hergestellten Kistensärgen zutage getretenen Kleiderreste zeigen, daß der Mann sich mit Rock, Mantel, Schuhen und Mütze bekleidete. Aus Bronzefunden, kleinen gegossenen Figürchen, ersieht man, daß zu diesen Kleidungsstücken noch eine kurze Hose hinzukam. Der von der Achsel bis zur Kniekehle reichende Wollrock bestand aus einem viereckigen Stück Tuch, das um den Körper gelegt und von zwei an je einer Ecke befestigten Schulterriemen mittels eines Bronzeknopfes festgehalten wurde. Um die Hüfte schlang sich zwei- bis dreimal eine Wollschnur, deren Quasten vorn herabhingen. Über den Rock wurde ein Mantel aus ungenähter Wolle von ovaler oder rechteckiger Grundform gehängt, den eine Bügelnadel vorn zusammenhielt. Bisweilen wurde außerdem noch ein langer schmaler Schal mit Fransenkante umgeschlungen. Als Unterkleidung diente eine kurze, etwa der Badehose vergleichbare Oberschenkelhose. Die Füße wurden bis zum Knöchel — evtl. auch noch die Unterschenkel — mit wollenen Binden umwickelt und darüber Bundschuhe aus Leder, Fell oder grober Wolle mit Riemenverschnürung gezogen. Diese altgermanische, auf einfachste Art hergestellte Fußbekleidung — indem man zunächst nur ein Stück Leder oder Wolle ungefähr nach der Form des Fußes zuschnitt, an den überstehenden Rändern mit Löchern versah und durch diese einen Riemen zog, mit dem man es um den Fuß festband — hat sich bis in die Neuzeit erhalten und ist noch im 16. Jahrhundert die typische Beschuhung des deutschen Bauern. Auf dem Kopf trug der Germane der Bronzezeit eine Wollmütze, die in zwei verschiedenen Formen auf uns gekommen ist, hoch und gerade oder halbkugelig, der Schädelform angepaßt. Diese letzte Form kehrt als Deckel von Urnen der jüngeren Bronzezeit wieder und hat diesen den Namen Mützenurnen eingetragen. Vielleicht liegt hier eine bewußte Übertragung der Kostümform auf das zur Aufnahme der sterblichen Überreste des verbrannten Leichnams bestimmte Gefäß vor. Formten doch die Ostgermanen der Eisenzeit auch Gesichtsurnen, auf denen sie als Andeutung der Bekleidung einen Abdruck der Gewandnadel anbrachten. Auch Haar und Bart wurden sorgfältig behandelt. Das Haupthaar ließ der Mann lang wachsen und offen herabhängen, den Bart rasierte er ab, wie man aus dem Fund von Messern und Zangen, die man als Rasiermesser und Bartzangen gedeutet hat, und aus der Tatsache, daß sich wohl Haupthaar, aber keine Barthaare erhalten haben, geschlossen hat. Selbst Pomade gehörte schon zur Kosmetik der damaligen Zeit.

Ebenso vollständig wie die männliche haben uns die bronzezeitlichen Eichensärge die Kleidung der Frau bewahrt. Sie setzt sich aus Mantel, Rock und Ärmeljacke zusammen. Der Schnitt des Mantels, der sich nur in Resten erhalten hat, läßt sich nicht mehr bestimmen, Rock und Ärmeljacke aber können wir desto genauer erkennen. Die etwa einen halben Meter lange und aus einem Stück geschnittene Wolljacke hatte halblange angeschnittene Ärmel, ein weites Kopfloch und einen Brustschlitz, der mit einer Fibel geschlossen wurde. Den Ausschnitt zierte oft eine Zickzackborte. Das untere Jackenende verschwand unter dem bis zu den Knöcheln reichenden dicken, weiten Wollrock, den ein Band um die Hüften zusammenhielt. Darüber wurde wie beim Mann zwei- bis dreimal eine in Quasten endigende Gürtelschnur geschlungen. Das Haar fing ein aus Schafwollfäden geknüpftes, langrechteckiges, um den Hinterkopf gelegtes Netz auf. Auch der Gebrauch eines Kopftuches scheint nicht unbekannt gewesen zu sein. In den Särgen gefundene Kämme aus Bronze und Horn bezeugen die Pflege des Haares.

Die Kostümfunde der Bronzezeit geben uns nicht nur ein Bild von der Tracht der ältesten Germanen, sie gestatten uns zugleich Rückschlüsse auf den Stand ihrer Kultur, der die Primitivität, die man den etwa ein bis anderthalb Jahrtausend später den Römern entgegentretenden germanischen Stämmen andichtete, längst überwunden hat. Das Material der Tracht war Wolle, Pelz — denn als winterlicher Wärmeschutz diente Fellkleidung —, Leder, Bast und Leinen. Wolle setzt zunächst einmal Schafzucht voraus, ferner die Verarbeitung der geschorenen Schafhaare zu festem Tuch durch Weben oder Walken. Die Technik des Webens haben die bronzezeitlichen Germanen also bereits beherrscht, ebenso das Knüpfen, wie die Gürtel beweisen, und das Spinnen, das wiederum auf den Anbau von Flachs schließen läßt, aber erst in der folgenden Eisenzeit weitere und allgemeine Verbreitung gefunden hat. Das Anpflanzen von Flachs aber, zu dem sich auch Getreidearten gesellten, ist uns ein sicherer Beleg für ihre Seßhaftigkeit, und die Ausgrabungen von Hausgrundrissen haben uns über Art und Anlage ihrer Wohnstätten in Einzelsiedlungen und Dörfern Aufschluß gegeben. Auch das Färben war ihnen nicht mehr unbekannt, denn die Gürtel z. B. zeigen verschieden getönte, einfache Muster. Schließlich verstanden sie auch, die aus einem Stück zugeschnittenen Gewänder, wie die Frauenjacke, an den Seiten zusammenzunähen. Die ledernen Bundschuhe, die neben den aus Fell bestehenden gefunden wurden, sowie die Schulterriemen des Männerrocks weisen auf die Umgestaltung des Tierfelles zu Leder, die Fähigkeit des Gerbens hin. Zu künstlerischer Höhe erhebt sich die Fertigkeit der Germanen in der Bearbeitung des Materials, das dem ganzen Zeitalter den

Namen gegeben hat, der Bronze, die zu Schmuck, Gewandnadel oder Knopf verarbeitet, zur Vervollständigung der Tracht dient, ganz abgesehen von ihrer sonstigen Verwendung zu Waffen, Musikinstrumenten und Geräten. Da Kupfer und Zinn, die Rohstoffe zur Bronzeherstellung, sich nicht im eigenen Lande fanden, mußten sie von auswärts bezogen werden, ein Beweis für Handelsbeziehungen der frühen Germanen. Diese kurzen Andeutungen umreißen längst nicht den gesamten Kulturstand der bronzezeitlichen Germanen, sie weisen nur auf die Kenntnisse und Fähigkeiten hin, die sich allein aus den Trachtenfunden erschließen lassen. Während später in geschichtlicher Zeit die Form der Tracht und ihre kleinsten modischen Veränderungen uns Ausdruck sind für kulturelle oder geistesgeschichtliche Strömungen einer Zeit, so ist es hier in erster Linie das Material, das uns Aufschluß gibt über den Lebensstandard unserer ältesten Vorfahren.

Die Bronzezeit, die man bis etwa 750 v. Chr. rechnet, wird abgelöst von der Eisenzeit, der letzten großen, ebenfalls nach dem vorherrschenden Material benannten prähistorischen Kulturepoche, die bereits weit in die frühgeschichtliche Zeit hineinreicht. In ihr lösten sich von den germanischen Stammesverbänden allmählich einzelne Stämme los und traten als solche in die Geschichte ein. Seit dem Ende der Bronzezeit hatten sich schon Übernahmen fremden Kulturgutes bemerkbar gemacht, vor allen Dingen durch Berührung mit den Illyrern im Osten und Südosten, und in der frühen Eisenzeit durch Zusammenstoßen mit den Kelten am Niederrhein und im heutigen Mitteldeutschland. Bis hierher nämlich waren die Germanen, von Norden und Osten kommend, allmählich vorgedrungen. Man nimmt an, daß ein plötzlicher Klimasturz die Hauptursache ihres Vordrängens nach dem Süden gewesen ist. Die Berührung mit den fremden Kulturen ist auch auf die Tracht nicht ohne Einfluß geblieben. Leider fehlen aber für die frühe Eisenzeit so wichtige Dokumente wie die bronzezeitlichen Eichensargfunde. Wir sind daher für diese Zeit nur auf einzelne Vermutungen und Vergleiche angewiesen. Doch müssen gerade damals und in den folgenden Jahrhunderten wesentliche Veränderungen in der germanischen Tracht vor sich gegangen sein, die zu der Kleidung geführt haben, die die frühe römische Kaiserzeit uns zeigt, in der zu bildlichen Belegen sich nun auch schriftliche gesellen. Bereits nach der Mitte des 4. vorchristlichen Jahrhunderts war die Kunde von den Germanen nach Süden gedrungen, als der Geograph und Astronom Pytheas aus Massilia (Marseille), ein Zeitgenosse Alexanders des Großen, auf einer Seereise bis nach Britannien und an die deutsche Nordseeküste gelangte. Dann rückten allmählich die Germanen selbst in die Kulturländer der alten Welt vor. Als erste erschienen die Bastarnen (Basternen), die sich um 180 v. Chr. im Gebiete der unteren Donau ansiedelten und als Bundesgenossen der Griechen wiederholt gegen die Römer kämpften. Ihnen folgten am Ende des 2. Jahrhunderts die Cimbern, die auf der Suche nach neuen Wohnsitzen bis in die Ostalpen und von dort in das südliche Gallien vordrangen, und, nachdem ihre Bitten um Landzuweisung ihnen abgeschlagen worden waren, als erster germanischer Stamm den Römern empfindliche Niederlagen beibrachten. Wenige Jahrzehnte später überschritten die westgermanischen Sueven unter ihrem Führer Ariovist, einem der ersten bekannten Germanenfürsten, den Oberrhein, von den keltischen Sequanern zu Hilfe gegen die Äduer gerufen. Als aber Ariovist nach Besiegung der Äduer auch die Sequaner unter seine Herrschaft zu bringen versuchte, wandten sich diese an Cäsar, der ihn im Jahre 58 v. Chr. in der Gegend von Mühlhausen schlug und die Sueven zwang, sich auf das rechtsrheinische Land zu beschränken. Seitdem blieben Römer und Germanen in dauernder Berührung. Die Römer hatten zwar dem Vordringen der Germanen nach Westen ins keltische Gallien Einhalt geboten, mußten aber nach der Entscheidungsschlacht im Teutoburger Walde (9 n. Chr.) darauf verzichten, mit Ausnahme des westlichen und südwestlichen Streifens auch noch den Hauptteil des Landes, das sie Germanien nannten, ihrem Weltreich einzuverleiben. Sie blieben auf die Verteidigung und Befestigung ihrer Grenzen längs des Rheins und der Donau beschränkt, die sie dort, wo ihr Hoheitsgebiet die beiden Flüsse überschritt, durch Anlage eines Grenzwalles (limes) noch besonders sicherten. Diese Grenzlande waren es in der Hauptsache, aus denen die Römer der frühen Kaiserzeit ihre Kenntnis von den Germanen schöpften, die sie natürlich nur mit ihren Augen betrachten konnten und mit dem Maßstab ihrer überfeinerten Kultur maßen. Daher sind alle Berichte römischer Schriftsteller über Leben, Sitten und Gewohnheiten der Germanen, auch der ausführlichste, die „Germania" des Tacitus, mit großer Vorsicht und als keineswegs einwandfreie und allgemein gültige Dokumente zu werten. Das gilt auch von dem, was über die Kleidung der Germanen gesagt wird. Alles bleibt zurück hinter dem Bilde, das uns die Denkmäler übermitteln, die uns die germanische Tracht als eine durchaus eigene, selbständig neben der römischen bestehende erkennen lassen, die trotz der Berührung und Verschmelzung mit den Römern ihre eigene Note behält. Die Denkmäler, von denen ganz wenige nur in die letzte vorchristliche Zeit zurückreichen, gehören bis ins 3. Jahrhundert ausnahmslos dem römischen Kulturkreis an. Es sind in der Hauptsache Grabsteine gefallener Legionäre aus dem römischen Kolonialgebiet am Rhein und an der Mosel, Siegessäulen, die die Kaiser zur Erinnerung an ihre siegreichen Feldzüge errichten ließen, wie die Trajans- und Markussäule (113 und 193 n. Chr.) und eine Anzahl kleiner Bronzefigürchen. Im 3. und 4. Jahrhundert treten dann als authentische germanische Belege Moorleichenfunde aus Hannover und Schleswig-Holstein hinzu.

Auf den meisten Denkmälern tritt uns der Mann jetzt in langen Hosen entgegen, die über den Hüften von einem Gürtel mit Schnalle zusammengehalten werden. Dieses Kleidungsstück, das die bronzezeitliche Tracht nur in Gestalt der kurzen Oberschenkelhose kannte, haben die Germanen wahrscheinlich um die Wende von der Bronze- zur Eisenzeit von den illyrisch-thrakischen Nachbarvölkern des Südostens übernommen, zu deren festem Trachtenbestand es bereits seit Jahrhunderten gehörte. Doch nicht bei allen germanischen Stämmen fand die lange Hose, die sie im Gegensatz zu den östlichen Völkern anliegend trugen, Aufnahme. Die Seegermanen der Nordseeküste, die Bataver, Friesen und anderen seegermanischen Stämme, behielten die Kniehose bei, die sich allmählich aus der kurzen Oberschenkelhose entwickelt hatte. Diese wiederum ging von ihnen auf die benachbarten keltischen Stämme über und drang sogar, da die Bataver einen Teil der kaiserlichen Garde bildeten, im ersten nachchristlichen Jahrhundert in das römische Heer ein, wo sie zunächst nur auf die Legionen am Rhein und an der Donau beschränkt blieb. Nach einiger Zeit bemächtigte sich auch die bürgerliche Kleidung der Kniehose, und im Laufe des 3. Jahrhunderts wurde sie dann zum endgültigen Bestandteil der römischen Tracht, die in der ersten Hälfte des 2. Jahrhunderts vereinzelt auch die lange Hose aufgenommen hatte. Verbote der Kaiser, diese Tracht anzulegen, halfen nichts. Die Hose war zum römischen Trachtengut geworden und blieb auch nicht das einzige Kleidungsstück, das die Römer von den Germanen übernommen haben. Innerhalb der germanischen Tracht lassen sich in den ersten Jahrhunderten n. Chr. schon Verschiebungen beobachten. Während mit Ausnahme der Seegermanen alle übrigen Stämme bis um die Mitte des 5. Jahrhunderts sich der langen Hosen bedienten, findet sich seit dieser Zeit die Kniehose auch bei anderen nicht am Meer wohnenden Stämmen, wie den Franken und Langobarden, und hielt sich bei ihnen bis zum Übertritt zum katholischen Glaubensbekenntnis. Denn die junge christliche Kirche nimmt an unbedeckten Körperteilen Anstoß und dringt auf möglichst weitgehende Verhüllung. Seitdem herrschte wieder die lange Hose vor, die unten bald in der Fußbekleidung verschwindet, bald über dem Knöchel aufgerollt wird oder ausgefranst herabhängt. Unterhalb des Knies und der Wade wurde sie häufig unterbunden. Im 7. und 8. Jahrhundert gesellten sich, vornehmlich bei den Westgermanen, mit Ausnahme der Friesen, Sachsen und Angelsachsen, Unterschenkelbinden zu der Hose, die ebenfalls zweimal gebunden wurden, und als neue, von den Römern entlehnte Beinumhüllung traten im 9. Jahrhundert im Frankenreiche kurze, sockenartige Strümpfe hinzu, die entweder zu Stiefeln wurden oder mit der Hose zu einer durchgehenden Fuß- und Beinbekleidung verschmolzen, wie auch ein schleswigischer Grabfund zeigt.

Den Oberkörper des Germanen der ersten nachchristlichen Jahrhunderte deckte ein enganliegender Leibrock, der sich bereits in der vorchristlichen Eisenzeit aus dem losen Umhang entwickelt haben muß, indem man diesen bis auf die zum Durchstecken der Arme bestimmten Schlitze an den Seiten zusammennähte. Es war ein Schlupfkittel, der über den Kopf gezogen wurde und meist bis zu den Knien reichte. Man gürtete ihn um die Hüften oder steckte ihn in die vom Hosengurt gehaltene Hose. Oft war er ärmellos. Dann wurde er häufig nur auf einer Schulter zusammengenäht und auf der anderen mit einer Fibel geschlossen. Neben dem ärmellosen trug man auch einen Rock mit langen angeschnittenen oder eingesetzten Ärmeln, bei dem ein Brustschlitz das Hineinschlüpfen erleichterte. Dieser Ärmelrock, der in der Folgezeit wechselnd mit der Mode bald kurze, bald lange Ärmel hatte, die eine Randborte belebte, wurde seit dem Ende des 3. Jahrhunderts die allgemeine Rumpfbekleidung und hält sich in dieser Form bis ins frühe Mittelalter hinein. Die ländliche Tracht bewahrt ihn sogar noch bis in die Neuzeit, denn der Bauernkittel des 16. Jahrhunderts unterscheidet sich nicht wesentlich von dem frühgermanischen Leibrock. Auf den ältesten Germanendarstellungen tritt uns der Mann häufig mit nacktem Oberkörper entgegen, nur mit der Hose oder allenfalls noch mit dem Mantel bekleidet, eine Erscheinung, die z. B. auch Tacitus verleitete, von der Nacktheit der Germanen zu sprechen. Er hielt für ständige Gewohnheit, was nur Kriegssitte war, denn der germanische Krieger des 1. Jahrhunderts n. Chr. legte im Kampfe den Rock ab, der ihm nur als Friedenstracht diente. Als Untergewand unter dem Rock ist seit dem 3. Jahrhundert ein ihm im Schnitt entsprechendes Hemd bezeugt, das meist aus Leinen, seltener aus Wolle hergestellt wurde und etwa gleichzeitig auch als Soldatentracht in das römische Heer eingeführt worden ist. Außerhalb des Hauses und in der kalten Jahreszeit vervollständigte ein Mantel die Tracht des Mannes. Es war nicht mehr der ovale oder rechteckige, auf der Brust geschlossene Umhang der Bronzezeit, sondern das von den Kelten entlehnte Sagum, ein viereckiger auf der rechten Schulter mit einer Fibel geschlossener Wollumhang, der häufig durch das kürzere, nur bis zu den Hüften reichende Sagulum ersetzt wurde. Ein anderer, ebenfalls von den Kelten übernommener, aber nicht allgemein verbreiteter Mantel ist der Kapuzenmantel (cucullus), der bei einer germanischen Moorleiche gefunden wurde. Er besaß außer der Kapuze angeschnittene Ärmel und ein Kopfloch, wurde also nicht umgelegt, sondern übergezogen. Selbstverständlich fehlte bei den Germanen auch ein Pelzumhang nicht, den von Cäsar an fast alle römischen Schriftsteller erwähnen. Er wird meist mit dem Namen Rheno (reno) bezeichnet und bestand zunächst nur aus einem lose übergehängten Fell oder auch aus einem zugeschnittenen und mit einem Kopfloch versehenen Fellumhang. Aus diesem entwickelte sich in der späten Kaiserzeit ein ärmelloser, seitlich geschlossener Pelzrock, der als wärmende Winterkleidung sehr geschätzt war, und nachdem vor allem die Franken in der Herstellung von Pelzröcken besondere Fertigkeit erlangt hatten, in karolingischer Zeit als wertvolles Geschenk oft an fremde Höfe übersandt wurde. Auch in die römische Tracht hatte die Fellkleidung Eingang gefunden. Als erste eigneten sich wieder die römischen Legionen am Rhein bereits im 1. Jahrhundert n. Chr. dieses vielbestaunte Kleidungsstück an. Es dauerte aber noch vier Jahrhunderte, bis es sich allgemein durchsetzte und ein Pelzrock auch zum festen Bestand der römischen Tracht zählte.

Die Fußbekleidung des Germanen blieb auch in frühgeschichtlicher Zeit der Bundschuh, der nach Ausweis der Gräberfunde — er ist nicht nur als Bekleidung bei den Moorleichen, sondern auch als Grabbeigabe gefunden worden — stets aus einem Stück geschnitten war, ohne besondere Sohle, dem Kennzeichen des römischen Schuhwerkes. Das Vorderblatt hatte mehrere Einschnitte oder war in Laschen zerlegt und oft mit Kerbschnittmustern verziert. Zum einheimischen Bundschuh gesellten sich im 4. Jahrhundert bei Goten und Westgermanen die römischen Solae, von Riemen festgehaltene Ledersohlen, die einfachste Form der römischen Fußbekleidung. Ihnen folgte im südwestlichen Deutschland der flache Fersenschuh (calceus) und der niedrige Schlupfschuh (soccus), beide aus Leder, Wolle, Leinen oder Filz mit angearbeiteter Sohle. Aus dem Stoffschuh entwickelte sich eine kurze, unter den verschiedenen Schuhen angelegte, strumpfartige Bekleidung, die seit dem 9. Jahrhundert allgemeine Verbreitung findet und nicht nur als Form in die deutsche Tracht, sondern auch allmählich als Begriff in den deutschen Sprachschatz übergeht, denn wir bezeichnen heute noch nach dem römischen soccus jeden Kurzstrumpf als Socke; auch selbst für Schuhe (Hausschuhe) ist der Name Socke in einigen Gegenden noch in Gebrauch. Auch Handschuhe, in Form von Fausthandschuhen, sind bereits in einem süddeutschen Grab des 7. Jahrhunderts gefunden worden.

Wie alles Abweichende und Auffallende weckte auch die Haartracht der Germanen das besondere Interesse der Römer. Sie war auch merkwürdig genug. Seit der letzten vorchristlichen Zeit bis ins 3. Jahrhundert n. Chr., nach schriftlichen Aussagen sogar noch länger, trugen die Westgermanen und der ostgermanische Stamm der Basternen das lange Haar über der rechten Schläfe zu einem Knoten gebunden. Der Haarbüschel hing meist frei herunter, wurde aber auch mit Harz und Pomade hornartig aufgedreht. Alte Männer, denen die Schläfenhaare bereits ausgegangen waren, knüpften den Rest zu einem Scheitelknoten zusammen. Die Nord- und Ostgermanen, mit Ausnahme der genannten Basternen, kannten diese Frisur nicht, sondern ließen als Zeichen des freien Mannes das lange Haar offen herabhängen, eine Sitte, die die Franken übernahmen und sogar gesetzlich festlegten. Denn die Lex Salica, das Volksrecht der salischen Franken, bestrafte Abschneiden der Haare bei einem Freien mit hoher Geldbuße. Die Sachsen dagegen schoren das Haar kurz. Eine besondere Barttracht scheint bei den Germanen nicht bestanden zu haben. Der jugendliche Mann wird meist bartlos dargestellt, der ältere mit rundem oder spitzem Kinn- und Wangenbart. Der Schnurrbart war selten und ist auch keine germanische, sondern, wo er vorkommt, eine von den Kelten entlehnte Barttracht. Die Langobarden zeichneten sich, wie schon ihr Name besagt, von den übrigen Stämmen durch lange Bärte aus. Der Kopf blieb gewöhnlich unbedeckt. Zu den wenigen Kopfbedeckungen, die gesichert sind, gehören die bei den Moorleichen gefundenen Reste von Fellkappen und die am Mantel sitzende Kapuze. Im Kriege schützte ein Helm den Kopf. Bezeugt sind für die ersten nachchristlichen Jahrhunderte Eberhelme und Büffelhornkappen. Auch stülpten die Kämpfenden sich Kopfstücke erlegten Wildes, meist mit dem noch daransitzenden ganzen Fell über Kopf und Rücken, um sich selbst zu schützen und den Gegner zu schrecken. Doch ist es ungewiß, ob diese kriegerischen Kopfbedeckungen als germanisch zu gelten haben oder nicht vielmehr keltischen Ursprungs sind. Auf jeden Fall aber geben sie uns einen Anhaltspunkt für die Kriegstracht unserer Vorfahren, die keineswegs dem Bild entspricht, das die Bühnen noch heute uns vorführen.

Während uns eine fortlaufende Reihe bildlicher Darstellungen, von der römischen Siegessäule und dem Reitergrabstein bis zur frühkarolingischen Miniatur, verhältnismäßig gut über die männliche Kleidung und ihre Wandlungen unterrichtet, fließen diese Quellen für die Tracht der Frau nur recht spärlich und versiegen auch auf Jahrhunderte völlig. Jedenfalls hat auch sie sich gegenüber der bronzezeitlichen Kleidung erheblich verändert. Das beweisen Urnen- und Gräberfunde aus vor- und frühgeschichtlicher Zeit, und das bestätigen die wenigen wirklich glaubwürdigen Bildwerke im Verein mit den Berichten der Geschichtsschreiber. Verschwunden sind Rock und Ärmeljacke in der alten Form. Stattdessen trägt die Germanin ein langes hemdartiges Kleid, das um die Hüften einfach oder mit Überfall gegürtet ist und Hals und Arme freiläßt. Da unbedeckte Arme den Römern der frühen Kaiserzeit ein ungewohnter Anblick waren, hoben sie dieses Merkmal der germanischen Frauentracht besonders hervor (Tacitus). Auf den Schultern wurde das Gewand mit zwei Fibeln geschlossen, was uns vor allem die Lage der Nadeln bei Grabfunden verrät. Woher die Germanen diese von der alten abweichende Frauentracht übernommen haben, ist noch unbestimmt. Den Völkern des Altertums jedenfalls war das geraffte und auf der Schulter gefibelte Gewand bekannt. Wahrscheinlich ist es aber, da es bei den westdeutschen Germanen am sichersten beglaubigt ist, in den letzten vorchristlichen Jahrhunderten von den benachbarten Kelten zu ihnen gekommen. Außer diesem Hemdkleid begegnen wir noch einem aus langem Rock und halb- oder dreiviertellangem, ärmellosem, gegürtetem Überkleid bestehenden Gewand, in dessen Zweiteilung eine Erinnerung an die bronzezeitliche Tracht fortleben mag. Um die Mitte des 2. Jahrhunderts tauchen dann bei Kleid und Überkleid lange oder halblange Ärmel auf, vielleicht in Anlehnung an östliche Vorbilder, vielleicht aber auch hier ein Nachwirken der altgermanischen Ärmeljacke. Auch die Verbindung von beidem, ein kurzärmliges Übergewand über einem langärmligen Kleid ist nicht selten, wie ja auch bei den Römerinnen von den beiden Tuniken, die sie übereinander trugen, die eine meist eine Ärmeltunika war. Als Unterkleidung dienten der germanischen Frau vermutlich auch Bein- und Schenkelbinden wie dem Mann. Dem Oberkörper verliehen Brustbinden einen festen Halt. Ein Schutz gegen Kälte und Unwetter war der auf der rechten oder linken Schulter mit einer Nadel geschlossene Mantel. An seine Stelle trat bereits in vorkarolingischer Zeit ein Körper und Kopf verhüllendes großes Tuch, dessen Gebrauch von der Kirche, deren Tendenz es entsprach, besonders gefördert wurde. Ob hierin nun eine Abwandlung der römischen Palla zu erblicken ist oder eine Weiterentwicklung des auch wohl den Germanen von jeher eigenen Kopftuches, mag dahingestellt bleiben. Dieses wurde in zwei Formen getragen, als langer Kopfschleier oder als kurzes, von einer Binde auf dem Kopf festgehaltenes Tuch, das eine farbige Randborte oder ein gefranster Saum belebte. Das offene Haar darunter ließ die Germanin schlicht gescheitelt und hielt es häufig mit einem Band zusammen. Verheiratete und ältere Frauen steckten das Haar mit Kämmen oder Nadeln auf, ein Brauch, der das ganze Mittelalter hindurch das Vorrecht der verheirateten Frau blieb. Der Zopf scheint in frühgermanischer Zeit noch unbekannt gewesen zu sein. Die Fußbekleidung entsprach der des Mannes, war also auch der Bundschuh mit verschieden ausgeführtem Vorderblatt, später der den Römern entlehnte Fersen- und Schlupfschuh. Unter den frühen bildlichen Darstellungen germanischer Frauen ragen einige hervor, die sie in langen enganliegenden Hosen zeigen. Diese und Tacitus' Bericht, daß die Kleidung der Frau sich in nichts von der des Mannes unterscheide, verleiteten mehrere Forscher zu der Annahme, die Germanin habe auch lange enge Hosen getragen. Eine irrige Ansicht, die die germanische Vorgeschichtsforschung bereits richtiggestellt hat. Denn es handelt sich bei diesen Bildwerken, unter denen ein Reliefbruchstück vom Mainzer Legionskastell mit einer sitzenden weiblichen Gestalt in Kopfschleier und langen Hosen mit Rautenmustern (Mainz, Mus.) an erster Stelle steht, wohl mit Sicherheit um die Wiedergabe einer Germania, die als solche in kriegerischer Tracht erscheint, für die eben nur die männliche Kriegskleidung in Frage kommt.

Eine große Lücke klafft für uns in der Entwicklung der germanischen Tracht zwischen jenen frühen bronzezeitlichen Funden, die als erstes Dokument germanischer Lebensäußerung zu gelten haben, und der Zeit, in der die Germanen im geschichtlichen Leben der Völker eine Rolle zu spielen beginnen. Wir können sie nur notdürftig ausfüllen durch einen Vergleich mit der Tracht der Nachbarvölker, über deren Lebensstil wir auch nur durch Funde und Ausgrabungen mangelhaft unterrichtet sind. Erst der Vorstoß der Germanen auf römischen Boden und die Eroberungszüge der Römer ins keltische Gallien lenken die Aufmerksamkeit der damaligen Herren der Welt auf jene Barbaren des Nordens, deren Namen, Aussehen, Sitten und Gebräuche sie der Nachwelt überliefern. Wenn diese Schilderungen auch, wie es bei den großen kulturellen Gegensätzen nicht anders sein kann, als einseitig und keineswegs erschöpfend anzusehen sind, so bleiben sie doch neben den ergänzenden und auch berichtigenden Bodenfunden die wichtigste Grundlage für unsere Kenntnisse der frühgermanischen Zeit. Das gilt besonders auch für die Tracht der Germanen. Freilich hätten wir ohne die bildlichen Darstellungen auf römischen Denkmälern im Kolonialgebiet wie in Rom selbst nur eine unklare Vorstellung von ihrer Kleidung. Denn kein noch so ausführlicher Bericht, wie er in der Germania des Tacitus zweifellos für uns vorliegt, kein mühevoll philologisches Rekonstruieren aus ältester sprachlicher Überlieferung verschafft uns so viel Klarheit wie ein figürliches Bild. Bedenken wir noch, daß die Germanen dieser frühen Zeit noch nicht bis zur Selbstdarstellung vorgedrungen waren und daß die ersten uns bekannten Trachtenfunde, die Bekleidungsreste der Moorleichen aus Hannover und Schleswig-Holstein, erst aus dem 3. und 4. Jahrhundert n. Chr. stammen, dann bleiben die römischen Grabsteine, Säulenreliefs und Kleinplastiken auf Jahrhunderte hinaus die wichtigsten Vermittler germanischer Tracht. Sie geben uns ein anschauliches Bild von ihrer besonderen Eigenart, das Grabfunde und die Nachrichten römischer Schriftsteller noch bereichern. Wir können auch aus ihr wieder vereinzelte Rückschlüsse auf die kulturelle Entwicklung der Germanen ziehen. Der kompliziertere Zuschnitt der Gewänder gegenüber der Bronzezeit, vor allem die lange Hose des Mannes, sein enganliegender Leibrock und die Verbrämung mit Pelz, lassen auf eine geübtere Handhabung der Nadel schließen als vordem. In der Kunst des Färbens haben sie Fortschritte gemacht, das beweist die Vorliebe für farbige Ränder und Säume und das Besetzen mit farbigen Borten. Das Spinnen, in der Bronzezeit wahrscheinlich nur vereinzelt geübt, hat bereits in den letzten vorchristlichen Jahrhunderten allgemeine Verbreitung gefunden, wie wir aus Grabbeigaben ersehen können. Außerdem berichtet Tacitus, daß die Kleidung der germanischen Frau hauptsächlich aus Leinen bestehe. Mit der Übernahme römischen Schuhwerks im 4. Jahrhundert scheint bei den Germanen auch das Handwerk des Schuhmachers aufgekommen zu sein, während die übrige Kleidung noch im Hause selbst hergestellt wird. Zeigten schon die bronzezeitlichen Funde die Fähigkeit der Germanen, künstlerischen Schmuck zur Vervollständigung der Kleidung herzustellen, so sind die Fibeln und Gürtelhaken der ersten nachchristlichen Jahrhunderte bis an die Grenze des frühen Mittelalters neben anderen Schmuckstücken die wichtigsten Zeugen germanischer Kunst, die einen eigenen, aus spätrömischer und hellenistisch-orientalischer Technik und Form selbständig entwickelten Stil offenbaren. Auch Unterschiede in der Tracht der einzelnen Stämme ließen sich, wie wir gesehen haben, bereits aufzeigen. Doch lassen uns diese in keiner Weise die Bewegtheit der frühgermanischen Zeit, das ruhelose Durcheinander der Völkerwanderung, die die Auflösung des römischen Imperiums und das Aufsteigen und Versinken mächtiger germanischer Reiche mit sich bringt, auch nur ahnen. Liegt das nun nur an unseren noch oder überhaupt recht ungenügenden Kenntnissen von der Völkerwanderungszeit oder auch an der kulturellen Struktur jener Epoche selbst? Was wissen wir z. B. von der Tracht der Wandalen, die im 5. Jahrhundert ein großes Reich in Nordafrika gründeten, was von der der Burgunder, deren Dasein im Nibelungenliede schattenhaft nachlebt, und was endlich außer wenigen Einzelheiten, wie etwa die besondere Vorliebe für Pelzkleidung, den Gebrauch von Kniebinden oder die Übernahme römischen Schuhwerkes, von der Kleidung der Goten, die als Vermittler östlichen Formengutes außerordentlich befruchtend auf die germanische Kunst der Völkerwanderungszeit wirkten? Auch als diese, durch den Hunneneinbruch im 4. Jahrhundert von ihren ersten erwanderten Wohnsitzen in Südrußland und an der unteren Donau allmählich verdrängt, sich nach neuen Wohnplätzen umsahen und, die Ostgoten in Italien, die Westgoten in Südfrankreich, danach in Spanien Reiche aufrichteten, die nach hundertjähriger Dauer wieder versanken, hören wir kaum etwas von kostümlicher Eigenart. Etwas besser sind wir hierin, wie angedeutet werden konnte, über die Langobarden unterrichtet, deren Königreich vom 6. bis ins 8. Jahrhundert in Oberitalien bestand, dann aber, ohne wesentliche Spuren zu hinterlassen, im romanischen Kulturkreis aufging. Bewahrten nun alle diese Stämme dort, wo sie sich niederließen, als Gesamtheit — anders war es natürlich, wenn einzelne Germanen in fremde Dienste traten — ihre einheimische Tracht, der Mann die lange Hose und den engen Leibrock, die Frau das auf der Schulter gefibelte Hemdkleid, vermischten sie sie nur mit anderen Formen oder gaben sie sie, berauscht von der fremden Kultur, die sie umgab, noch auf der Höhe ihrer Macht ganz auf? Wir wissen nur das Resultat, das Aufgesogenwerden von der Welt, zu deren Herren sie sich vorübergehend gemacht hatten. Anders verlief die Entwicklung bei den Stämmen, die ihre innergermanischen Wohnsitze überhaupt nicht verlassen oder jedenfalls den Zusammenhang mit ihnen gewahrt hatten. Der andauernde Zustrom römischen Kulturgutes, der in der ersten nachchristlichen Zeit unmittelbar durch die kolonisierenden Römer, in den folgenden Jahrhunderten dann durch die Kirche, die Bewahrerin antiken Geisteslebens, zu ihnen drang, gab zwar ihrer Entwicklung die Richtung, löschte aber ihre Eigenart keineswegs aus. Sie wurden die Erben der römischen Antike und verschmolzen auf kulturellem wie auf politischem Gebiete Fremdes und Eigenes zu neuen Formen und Inhalten, aus denen die deutsche Kaiserherrlichkeit des Mittelalters dann siegreich emporstieg. Diesen Gang der Geschichte spiegelt auch die Tracht in großen Zügen wider. Wir konnten bei einzelnen Stämmen das Unberührtbleiben von fremden Einflüssen und das zähe Bewahren überlieferter Formen feststellen, wie bei den Seegermanen das Festhalten an der alten Kniehose. Wir beobachteten das Eindringen römischer Fuß- und Beinbekleidungen und erkannten, wie die christliche Kirche schon in den ersten Jahrhunderten ihres Bestehens ihren Einfluß auf die Tracht geltend zu machen begann. Als dann von den Hauptstämmen der Festlandsgermanen die Franken sich schließlich zu einem Reiche zusammenschlossen, dessen Begründer Chlodwig und dessen Vollender und Mehrer Karl der Große war, und unter dessen Nachfolgern das fränkische Reich sich spaltete in ein westfränkisches romanisches, das französische, und ein ostfränkisches germanisches, das deutsche, ging auch die germanische Tracht in die deutsche Tracht des Mittelalters über.

Konsulardiptychon des Statthalters Stilicho († 408) u. Familie

Germanin der Bronzezeit

Germane der Bronzezeit

Tafel 4

Evangeliar Kaiser Ottos III., um 1000
(Der Kaiser zwischen weltlichen und geistlichen Würdenträgern)

Evangeliar Kaiser Ottos III., um 1000
(Die huldigenden Nationen Slavinia, Germania, Gallia, Roma)

Tafel 6

Widmungsbild aus dem Goldenen Evangeliar Heinrichs III., um 1045

# II. Die deutsche Tracht des frühen und hohen Mittelalters

800 bis ca. 1350

Ein vollständiges Bild früher deutscher Tracht am Beginn des Mittelalters gibt uns Einhard, der Freund und Biograph Karls des Großen, in seiner bekannten Lebensbeschreibung des Kaisers, der Vita Caroli Magni. Er sagt von diesem: „Er kleidete sich nach vaterländischer, nämlich fränkischer Weise. Auf dem Leib trug er ein leinenes Hemd und leinene Unterhosen, darüber einen Leibrock, der mit seidenen Streifen verbrämt war, und Hosen. Sodann bedeckte er die Beine mit Binden und die Füße mit Schuhen und schützte mit einem aus Fischotter und Zobelpelz verfertigten Rock im Winter Schultern und Brust. Endlich trug er einen Purpurmantel und beständig das Schwert an der Seite, dessen Griff und Gehenk von Gold und Silber war. Bisweilen trug er auch ein mit Edelsteinen verziertes Schwert, dies jedoch nur bei besonderen festlichen Gelegenheiten oder wenn die Gesandten fremder Völker vor ihm erschienen. Ausländische Kleidung jedoch wies er zurück, mochte sie auch noch so schön sein, und ließ sie sich niemals anlegen. Nur zu Rom kleidete er sich einmal nach dem Wunsche des Papstes Hadrian und ein zweites Mal auf die Bitte von dessen Nachfolger Leo in die lange Tunika und Chlamys (Mantel) und zog auch römische Schuhe an. Bei festlichen Gelegenheiten schritt er in einem mit Gold durchwirkten Kleide und mit Edelsteinen besetzten Schuhen einher, den Mantel durch eine goldene Spange zusammengehalten, auf dem Haupte ein aus Gold und Edelsteinen verfertigtes Diadem. An anderen Tagen unterschied sich seine Kleidung wenig von der gemeinen Volkstracht." Dieser als Schilderung eines Augenzeugen und Zeitgenossen doch wohl zuverlässige Bericht ist in mehrfacher Hinsicht aufschlußreich. Nicht nur weil er die einzelnen Teile der germanisch-deutschen Männertracht, wie sie sich in der Völkerwanderungszeit entwickelt hatte, nacheinander aufzählt, sondern vor allem auch, weil er den Gegensatz zwischen einheimischer Tracht, die der Kaiser förderte, und fremder Kleidung, die er nur zu besonderen Gelegenheiten, gleichsam als Nachfolger der römischen Cäsaren, anlegte, besonders hervorhebt und damit zugleich die Entwicklung andeutet, die die deutsche Tracht in der Folgezeit nimmt. Denn schon unter den nächsten Nachfolgern Karls des Großen machen sich byzantinische Formen in der Tracht bemerkbar. Zunächst nur vorübergehend. Noch schreitet etwa hundert Jahre später der nachmalige Kaiser Otto der Große „im enganliegenden Leibrock nach fränkischer Sitte" zur Königswahl, und das ganze 10. Jahrhundert hindurch wird von den Geschichtschreibern das Festhalten an fränkischer Tracht und Sitte immer wieder betont, auch wenn es sich wie bei Kaiser Otto gar nicht mehr um einen fränkischen sondern um einen sächsischen Herrscher handelt. Fränkisch bedeutet einfach so viel wie nach althergebrachter, nach Väter Art, und es ist interessant, hier einmal festzustellen, daß die Wurzeln des Begriffes „altfränkisch" in jener Zeit zu suchen sind. Erst in späteren Jahrhunderten verliert das Wort seine ursprünglich lobende Bedeutung; die sinnvolle Ableitung von den Franken als den Begründern der Reichseinheit und den Bewahrern einheimischer Art und Sitte geht verloren, und das nun ohne jede lokale oder Stammeseinschränkung gebrauchte Wort „altfränkisch" bedeutet nur noch in geringschätzendem Sinne unmodern, veraltet. In dieser Bedeutung wird es bereits von Dürer und seinen Zeitgenossen angewendet. Das in den Geschichtsquellen immer wiederkehrende Hervorheben der einheimischen fränkischen Kleidung deutet aber auch am ehesten den Formenwandel an, der gegen Ende des ersten Jahrtausends sich in der deutschen Tracht bemerkbar macht und der, wie bereits erwähnt, auf byzantinische Einflüsse zurückzuführen ist, die entweder unmittelbar von Byzanz selbst oder auf dem Umwege über Italien nach Deutschland strömten. Das am Ende des 4. Jahrhundert (395) durch Teilung des römischen Reiches in ein weströmisches und oströmisches entstandene und nach seiner Hauptstadt Byzanz genannte Reich nahm seine eigene politische, religiöse und künstlerische Entwicklung, die auf das Abendland nicht ohne Einwirkung blieb. Und wie durch byzantinische Elfenbeintafeln, Emails und Malereien östliches Formen- und Geistesgut in die westliche Kunst eindrang, so wurden auch, vermittelt durch lebhaften Handelsverkehr und diplomatische Beziehungen, Schmuckformen und modische Einzelheiten übertragen. Römisch-byzantinischen Ursprungs ist die lange Dalmatika, die die deutschen Kaiser seit Karl dem Großen zunächst wohl nur als Herrschergewand neben ihrer einheimischen Tracht anlegten, sowie das Diadem, das sich um ihre Stirne schlang. Diese Dalmatika oder Tunika, je nachdem ob gegürtet oder ungegürtet getragen, bemächtigt sich nur langsam der deutschen Tracht. Wir sehen das langärmlige, mindestens bis über die Wade reichende Gewand mit viereckigem oder rundem Halsausschnitt und reichem Bortenbesatz im 10. und der ersten Hälfte des 11. Jahrhunderts nur bei königlichen Personen. Soweit in Chroniken oder Berichten die Tracht erwähnt wird, hören wir fast auch nur, daß dieser oder jener Herrscher sich ausländischer Kleidung bediente. Erst im weiteren Verlauf des 11. und dann vor allem im 12. Jahrhundert, wo die Kreuzzüge Scharen deutscher Ritter in das von den Türken bedrohte byzantinische Reich führten, setzte sich das lange Obergewand bei den oberen Schichten allgemein durch. Dagegen finden wir in den Handschriftenminiaturen, die neben den geschnitzten Elfenbeintafeln das eigentliche Anschauungsmaterial für uns bilden, da mit der fortschreitenden Christianisierung Grabbeigaben fortfallen und die figürliche Großplastik erst im hohen Mittelalter eine Rolle zu spielen beginnt, das Volk oder selbst auch hohe weltliche Würdenträger bis in jene Zeit stets noch im altfränkischen kurzen Leibrock dargestellt, der für den Bauern das vorherrschende Kleidungsstück bleibt. Gleichzeitig mit der langen Dalmatika begegnen wir einem langen, unter dieser hervorsehenden, meist weißen Untergewand. Ob wir in ihm das Hemd zu erblicken haben, oder ob dieses außerdem noch darunter angelegt wurde und das lange Untergewand dann gleichsam einen zweiten Rock bedeutet, wie er im Laufe des Mittelalters üblich wurde, mag dahingestellt bleiben. Jedenfalls verrät auch dieses lange wallende Gewand, das völlig von dem bisher unter Hose und Leibrock getragenen kurzen Leinenhemd, wie es uns für die landesübliche Tracht Karls des Großen durch Einhards Bericht beglaubigt ist, abweicht, wieder östliche Einflüsse. Das gleiche gilt von dem reichen und kostbaren Bortenschmuck und von der stärkeren Buntfarbigkeit, die, wenn wir den Miniaturen trauen dürfen und nicht nur eine koloristische Spielerei der Buchmaler darin zu erblicken haben, in der zweiten Hälfte des 10. Jahrhunderts zu einer farbigen Zweiteilung der Hose führt, eine Mode, die als mi-parti am Ausgang des Mittelalters wiederkehrt. Die Borten, gewebte oder reiche Stickereien, die kostbarsten in Gold und Silber mit Edelsteinbesatz, die sich bisher in der Hauptsache auf die Ränder des Rockes beschränkten, nehmen an Breite zu und ziehen sich nun auch um Oberarm und Oberschenkel, bedecken häufig die vordere Mitte der Dalmatika und umranden den Mantel. Dieser wird nach wie vor mit einer Scheibenfibel, gelegentlich auch mit einer Schnur auf der rechten Schulter geschlossen. Erst im Laufe des 12. Jahrhunderts verschiebt sich der Mantelverschluß nach vorn, so daß nun Rücken und beide Schultern gleichmäßig bedeckt sind.

Die Fuß- und Beinbekleidung zeigt die Weiterentwicklung der in der Völkerwanderungszeit von den Römern entlehnten Formen und ergibt ein recht mannigfaltiges Bild. Der Bundschuh tritt immer mehr zurück hinter einem aus dem römischen soccus hervorgegangenen, bis zur Wade reichenden, strumpfartigen Schuh, der vom 9. bis ins 11. Jahrhundert vorherrscht und bei allen Schichten anzutreffen ist. Dagegen beschränkt sich der niedrige Schlupfschuh, der häufig mit Stickerei oder Borten verziert oder mit Metallplättchen beschlagen ist, vornehmlich auf die oberen Stände und begegnet zunächst nur auf Herrscherbildnissen. Dem sockenartigen Schuh verwandt ist eine Fußbekleidung mit fehlender Spitze, die die Zehen sehen läßt und mit kreuzweis gebundenen Bändern über dem Bein festgehalten wird. Entsprechend geschnürte Bänder schlingen sich um die die Unterschenkel bedeckenden Beinbinden, verschwinden aber mit diesen wie die Unterbindung der Hose unter dem Knie im 11. Jahrhundert. Diese hat sich verengt und ist zur festanliegenden Strumpfhose geworden, die verschiedentlich mit Borten geschmückt ist.

Die Kopfbedeckung spielt auch im beginnenden Mittelalter noch eine nur unbedeutende Rolle. Eine gelegentlich vorkommende „phrygische Mütze" mit nach vorn geneigtem Zipfel deutet wieder auf das Eindringen byzantinischer Formen im 11. Jahrhundert. Daneben bleibt die schon in prähistorischer Zeit beglaubigte halbkugelige Kappe auch weiterhin in Gebrauch und wird das Vorbild für die frühste mittelalterliche Helmform. Der Herrscher ist stets als Zeichen seiner Würde mit dem Diadem oder der Krone und häufig noch mit einer am Hinterkopf geknoteten purpurnen Stirnbinde geschmückt, die als Amtstracht auf alle Hofbeamte übergeht. Die in den Annalen verschiedentlich erwähnte, der byzantinischen Hoftracht entlehnte seidene Haube, die z. B. Karl der Kahle, der Enkel Karls des Großen, nach seiner Italienfahrt an Festtagen unter dem Diadem zu tragen pflegte, läßt sich auf den Miniaturbildnissen nicht feststellen. Ebenso fehlen auch bildliche Darstellungen der den Sachsen bereits im 10. Jahrhundert zugeschriebenen Strohhüte. Das Haar ist kurz geschnitten und legt sich ohne besondere Frisur glatt um den Kopf. Das Gesicht bleibt bei jugendlichen Männern gewöhnlich bartlos, ältere tragen wie bisher meist einen kurz gehaltenen Backenbart, auch ein schmaler an den Mundwinkeln nach unten gebogener Schnurrbart fehlt nicht.

Während die deutsche Männertracht byzantinische Formen auf dem Umwege über Italien in sich aufnahm, wurden sie der Frauentracht direkt aus Byzanz übermittelt. Luitprand von Cremona, der Gesandte und Brautwerber Ottos I. am griechischen Kaiserhofe für dessen jugendlichen Sohn, berichtet von dem weibischen Aussehen der Männer dort, die in langen Gewändern mit weiten Ärmeln einhergingen. In dieser reichen byzantinischen Tracht erschien das Gefolge der Kaisertochter Theophanu in Deutschland, als sie endlich dem Werben Gehör schenkte und im Jahre 972 die Gemahlin Kaiser Ottos II. wurde. Etwa ein halbes Jahrhundert später haben sich die weiten Ärmel — sie setzen am Oberarm eng an und erweitern sich nach unten zu umfangreichen Gehängen — der Frauentracht bemächtigt und verbleiben ihr bis in die Frühzeit des 13. Jahrhunderts. Gelegentlich bieten diese Ärmel, in denen sich allerhand Gegenstände bequem tragen lassen, einen Ersatz für Taschen. Das Kleid selbst hatte schon in vorkarolingischer Zeit seinen Schnitt gegen früher geändert. Das auf der Schulter gefibelte Hemdkleid war längst aufgegeben worden und aus dem aus Rock und gegürtetem Überkleid bestehenden Gewand war ein lang herabwallendes Kleid geworden mit rundem oder viereckigem Halsausschnitt und gleichmäßig weiten Ärmeln, die sich dann im 11. Jahrhundert zum byzantinischen Hängeärmel erweitern. Der Rock hat sich zum Untergewand entwickelt, dessen lange enge, am Unterarm in dichte Querfältchen gelegte Ärmel oft unter den weiteren am Handgelenk sichtbar werden und dessen unterer Saum unter dem häufig gegürteten Oberkleid mehr oder weniger breit hervorsieht. Entsprechend dem Männerrock schmücken kostbare Borten die Ränder und Vorderseite des Kleides. Von dem langen, Körper und Kopf einhüllenden Tuch trennte sich die Frau auch im frühen Mittelalter noch nicht. Erst im Verlaufe des 12. Jahrhunderts scheint es endgültig von dem Mantel, der auch vorher nicht fehlt und mit prächtigen Spangen auf der Brust geschlossen wird, verdrängt worden zu sein. Außer dem Tuch bleibt auch der lange, bei vornehmen Frauen mit Goldfäden durchwirkte Kopfschleier in Gebrauch, daneben purpurne Stirnbinden. Eine Erweiterung dieser Stirnbinde haben wir wohl in einer breiten, mehrfach um den Kopf geschlungenen Binde zu erblicken, aus der die Frauenkopftracht des hohen Mittelalters, das Gebende, hervorgeht. Die übliche Fußbekleidung ist der mit Borten geschmückte Schlupfschuh.

Weniger die Form der Tracht als das Material und das schmückende Beiwerk offenbaren uns den kulturellen Aufschwung, den das aus der Einigung der Frankenstämme hervorgegangene deutsche Reich am Ende des ersten Jahrtausends nimmt. Es ist für uns die erste Epoche deutschen künstlerischen Schaffens im Gegensatz zu den vorangegangenen Äußerungen germanischen Formwillens und -vermögens, die wohl ihre eigene Sprache sprechen, am deutlichsten vielleicht in der Goldschmiedekunst, aber eben doch noch nicht als deutsch bezeichnet werden können, weil dieser Begriff noch gar nicht existierte. Als er sich dann schließlich bei den in den Wirren der Völkerwanderungszeit bodenständig gebliebenen und zu einem Staat zusammengeschmolzenen Germanenstämmen herauskristallisierte, hatten Kunst und Kultur bereits andere Formen und Inhalte angenommen. Der von Karl dem Großen bewußt angestrebte und geförderte Anschluß an die spätantike Kultur, wie er auch als Kaiser das Erbe der Cäsaren antrat, brachten der bildenden Kunst die Darstellung des Figürlichen und des Geschehens. Beides hatte der germanischen Kunst der Völkerwanderungszeit ferngelegen, die ja gerade die von der Antike übernommene reale Gestalt in ein abstraktes Ornament umgebildet hatte. An Baudenkmälern hat sie uns, da sie nur den Holzbau kannte, keine Spuren hinterlassen, wenn wir von dem nicht allein aus der Spätantike heraus verständlichen Grabmal Theoderichs des Großen in Ravenna absehen. Die für uns frühesten erhaltenen Bauwerke, das Oktogon des Aachener Münsters, die Lorscher Königshalle (bei Bensheim a. d. Bergstraße) und einige Grundanlagen frühmittelalterlicher Kirchen, stammen bereits aus karolingischer Zeit, also deutscher Frühzeit. Auch sie sind ohne spätantikes Formengut nicht zu denken, ihre Vorbilder der Rundbau und die Basilika. Der Inhalt dieser frühen deutschen Kunst ist wie der der übrigen europäischen bereits der christliche Glaube, ihr Zweck die Verherrlichung der christlichen Kirche, eine Ideenwelt, die bei den seßhaft gebliebenen Germanenstämmen der Völkerwanderungszeit noch keinen Niederschlag finden konnte, von nun an aber das ganze Mittelalter beherrschen sollte. Karolingischer Zeit entstammen auch die ersten Zeugnisse unserer deutschen Literatur, neben der gleichzeitig eine lateinische einhergeht, die Frucht gelehrter Klostererziehung. Von den germanischen Stämmen haben nur die Goten und Angelsachsen uns schriftliche Denkmäler hinterlassen, jene die Bibelübersetzung des Westgoten Ulfilas, diese das Volksepos Beowolf. Von der ganzen reichen Fülle germanischer Heldendichtung, der die Völkerwanderungszeit mit ihrem bewegten Hin und Her, ihrem Kämpfen und Besitzergreifen, ihrer Machtfülle und folgendem Untergang, den Stoff lieferte, ist nichts geblieben als ihr schattenhaftes Nachleben in den Epen des Mittelalters und das Fragment des Hildebrandsliedes, das ein Schreiber des 8. Jahrhunderts auf dem Deckel einer Fuldaer Klosterhandschrift aufgezeichnet hat. Denn noch fehlte dieser Frühzeit die schriftliche Überlieferung und wohl auch das Bewußtsein für den Wert des schriftlich Festgelegten. Die Runenschrift, die die Germanen besaßen, scheint ihnen nur zu kürzeren Aufzeichnungen gedient zu haben. Die Vermittlerin dieser geistigen und künstlerischen Kulturgüter war die christliche Kirche, ihre Pflegstätten die Klöster, die seit karolingischer Zeit in wachsender Anzahl im Lande gegründet wurden zur Stärkung und Festigung des noch jungen christlichen Glaubens bei den einzelnen deutschen Stämmen. Ging hierbei auch manches Ursprüngliche und Wertvolle an heidnisch-germanischer Überlieferung zugrunde oder wurde gewaltsam unterdrückt, um dann doch noch jahrhundertelang unbewußt in Volksbräuchen weiter zu leben, so war das, was die Kirche dafür zu geben hatte, doch die Grundlage zu allen geistigen und künstlerischen Glanzleistungen der Folgezeit. Es war das kulturelle Rüstzeug der Antike, das das junge deutsche Volk sich zu eigen machte und mit dessen Hilfe es aus seiner unverbrauchten Kraft und Aufnahmefähigkeit heraus die Hochblüte des deutschen Mittelalters heraufführte. Gewiß vermittelten die Klöster in erster Linie lateinische Sprache und Bildung — das taten sie in den anderen Ländern ebensogut — aber sie lehrten auch Schreiben und die Schrift verstehen, und ohne diese Kenntnisse wären weder unsere ältesten deutschen Sprachdenkmäler noch geschichtliche Überlieferung auf uns gekommen. Die frühste deutsche Malerei, die Handschriftenillumination, wurde von Mönchen ausgeführt, und auch als Glas- und Wandmalerei an ihre Seite traten, gingen sie lange Zeit aus Klosterwerkstätten hervor, ehe ein freies bürgerliches Handwerk zum Träger der bildenden Kunst wurde. Nicht anders war es mit der Goldschmiedekunst. In den Frauenklöstern wurden kostbare Stickereien, später auch Wirkereien hergestellt. Sie dienten größtenteils zum Schmuck der Kirchen, wurden aber auch für den privaten Gebrauch reicher und vornehmer Auftraggeber angefertigt. Hier erlernten auch die Töchter der höheren Stände feine Handarbeiten, die sie zur Verschönerung ihrer Kleidung oder häuslichen Umgebung verwerten konnten. Auch Landwirtschaft und Gartenbau wurden durch die Klöster auf eine höhere Stufe gehoben, der von den Römern in den germanischen Kolonialgebieten eingeführte Weinbau gefördert und weiter ausgedehnt. Kurzum, die Klöster trugen in jeder Beziehung wesentlich zu einer verfeinerten, über die notwendigen Bedürfnisse hinausgehenden Lebensführung bei, deren Grundlage mit der Entstehung einer starken Staatsgewalt gegeben war, die im Innern das Widerstrebende zu überwinden und auszugleichen und nach außen würdevoll zu repräsentieren verstand. Diplomatische Beziehungen wurden angeknüpft und weiter ausgebaut. Gesandte vertraten das Reich an den fremden Fürstenhöfen, denen man als Sendboten des römisch-deutschen Kaisers eine andere Bedeutung beimaß als in der Völkerwanderungszeit den Abgesandten eines germanischen Heerkönigs. Heiraten mit fremden Fürstinnen wurden angestrebt, die nicht nur in politischer Hinsicht bedeutungsvoll waren, sondern auch das kulturelle Leben beeinflußten, so vor allen Dingen, wie wir gesehen hatten, die Heirat zwischen Otto II. und der griechischen Prinzessin Theophanu. Diese veränderte Lebenshaltung kam nicht am wenigsten in der Kleidung zum Ausdruck. Genügten vorher die einheimischen Produkte Leinen, Wolle und Pelze allen Ansprüchen, so kamen jetzt durch den von Venedig ausgehenden Orienthandel byzantinische Seidenstoffe in größeren Mengen nach Deutschland, zumal seit es unter Kaiser Justinian griechischen Mönchen gelungen war, Seidenraupen nach Byzanz zu bringen, und man dort Seidenmanufakturen gegründet hatte. Die Folge war, daß die Seide jetzt nicht mehr nur als schmückender Besatz der Kleidung verwendet wurde, sondern daß zunächst der Hof, nach ihm die Vornehmen sich in seidene Festgewänder hüllten. Andererseits hatten sich aber auch deutsche Waren schon einen Ruf in der Welt erworben, und die friesischen Tuche, die Karl der Große dem Kalifen Harun al Raschid übersandte, waren ein würdiges und geschätztes Geschenk. Mit der Erneuerung der Kaiserwürde erfolgte auch, wie bereits ausgeführt wurde, die Übernahme eines im wesentlichen der byzantinischen Hoftracht entsprechenden kaiserlichen Ornats, dessen Zuschnitt für die Tracht des 11. Jahrhunderts entscheidend wurde. Am deutlichsten aber tritt die beginnende Prachtentfaltung im Schmuck der Kleidung zutage, an den mit Edelsteinen verzierten Borten und Stickereien, Gürteln, Schwertgehängen, Mantelschließen, Ohrgehängen, Halsketten, Diademen und Haarschnüren. Auch hier gab für den kaiserlichen Schmuck wieder Byzanz das Vorbild ab. In bedeutend vereinfachter Form als die von Juwelen strotzende griechische Kaiserin trägt auch die deutsche einen aus Kettengliedern zusammengesetzten Hals- und Brustschmuck, der auf eine feste Seiden- oder Brokatunterlage aufgenäht wurde. Dies zeigt vor allem der gut erhaltene Mainzer Goldschmuck aus der Frühzeit des 11. Jahrhunderts, in dem man den Krönungsschmuck der Kaiserin Gisela, der Gemahlin Konrads II., zu erblicken glaubt.

Man ist leicht geneigt anzunehmen, die unter den Karolingern begonnene und unter den Ottonen fortgesetzte Prachtentfaltung in der Tracht müßte unter den folgenden salischen Kaisern und vor allem dann unter den Staufen in dem gleichen Maße wie die kulturelle Entwicklung zunehmen und mit der Hochblüte der bildenden und Dichtkunst in der ersten Hälfte des 13. Jahrhunderts auch ihren Höhepunkt erreichen. Doch dem ist nicht so. Die Tracht wird eher einfacher als prunkvoller, was aber keinen Rückgang sondern trotzdem ein Weiterschreiten zu größerer Vollendung und Vielseitigkeit bedeutet. Wir dürfen außerdem nicht außer acht lassen, daß der Reichtum in der Kleidung sich nur auf die Herrscher und eine dünne Oberschicht, die zu Hofämtern aufgestiegen war, beschränkte. In dem Maße nun, wie diese Oberschicht wächst und die ständische Gliederung in Adel, Bauern und aufsteigendes Bürgertum sich durchzusetzen beginnt, macht sich auch eine stärkere Differenzierung in der Tracht bemerkbar, nicht so sehr in Form und Zuschnitt als im Material und in der Beschränkung des Schmuckes. Es setzen jetzt die bis in die Neuzeit immer wiederkehrenden Bestimmungen über die Tracht der einzelnen Stände ein, die genau die Stoffe und Pelzarten festlegen, die Bauer und Bürger zu ihrer Kleidung verarbeiten dürfen, und den Schmuck, der ihnen gestattet ist. Beide Stände scheinen sich aber nicht streng an diese Verordnungen gehalten zu haben, wie die stete Wiederholung der Verbote und die Dichtung seit dem 13. Jahrhundert beweisen, in der der modische Aufwand der übermütig gewordenen Bauern mit aller Schärfe gegeißelt wird. Im übrigen halten der Bauer und die unteren Stände an dem kurzen gegürteten Rock fest, während die oberen seit der zweiten Hälfte des 12. Jahrhunderts sich endgültig des langen Rockes bemächtigen, der nun nicht mehr glatt herabfällt wie bisher, sondern in der Folgezeit durch Keile erweitert wird. Schon das Einsetzen dieser Keile, mittelhochdeutsch gêren genannt, mit denen die Mode der beiden folgenden Jahrhunderte geschickt zu operieren weiß, bedeutet eine Komplizierung der Tracht gegenüber dem sackartigen Zuschnitt der vorhergehenden Zeit und ist hauptsächlich ein Vorzug der Kleidung der höheren Stände. Dem Bauern sind sie nur in beschränkter Zahl gestattet oder überhaupt verboten. Im Zusammenhang mit dieser beginnenden Verfeinerung im Schnitt der Tracht steht das Aufkommen des Schneiderhandwerks, das sich bereits im 12. Jahrhundert zu einer Zunft zusammengeschlossen hat. Die Keile bestimmen nicht allein das Aussehen des Rockes, er wird im ganzen mehr dem Körper angepaßt, ohne doch dessen Formen deutlich hervortreten zu lassen. Am Halse schließt er mit einem kleinen runden Ausschnitt glatt ab. Der kurze vordere Schlitz wird durch Knöpfe verschlossen oder von einer Spange in schöner Goldschmiedearbeit, dem Vürspan (mhd. vürspan), zusammengehalten. Der Ärmel liegt meist glatt und eng am Arm an, auch der überarmlange, beim Anziehen sich in dichte Parallelfältchen zusammenziehende Ärmel des frühen Mittelalters ist in den ersten Jahrzehnten des 13. Jahrhunderts noch vielfach anzutreffen. Um die Hüften schlingt sich ein Gürtel, geschmückt mit geschmiedeten Beschlägen, darunter das lederne Wehrgehäng mit dem Schwert. Unterhalb der Gürtung schwingt der durch die Keile erweiterte Rock in freien Falten aus. Er bedeckt zum mindesten die Wade oder fällt bis auf die Füße herab. Oft ist er, auch bei genügender Weite, vorn oder an den Seiten bis zur halben Länge aufgeschlitzt, um beim Reiten nicht hinderlich zu sein. Unter der Schlitzung wird gelegentlich das lange, ähnlich wie der Rock geschnittene Untergewand, das Hemd oder ein zweiter Rock, sichtbar. Deutlicher tritt es schon zutage unter dem in der Frühzeit des 13. Jahrhunderts neu aufkommenden und von beiden Geschlechtern in gleicher Weise getragenen Obergewand, der Suckenie (mhd. suckenîe, suggenîe). Diese ist ein ärmelloser Rock mit weiten, auf Brust und Rücken etwas bogig geschnittenen Armausschnitten, unter denen die langen Ärmel des Untergewandes hervorsehen. Im übrigen entspricht die Suckenie dem Rock, nur daß sie in der Regel ungegürtet getragen und am Halse nicht mit dem Dürspan verschlossen, sondern gewöhnlich geknöpft wird. Häufig klappt man auch die Ränder des Halsschlitzes etwas nach außen. Sie bleibt in der Männertracht ein volles Jahrhundert in Gebrauch. Gegen Ende des 13. Jahrhunderts nimmt sie an Weite zu und erhält vorn und an den Seiten lange Schlitze; die Armausschnitte werden in der Folgezeit bisweilen sogar so sehr erweitert, daß über Brust und Rücken nur noch ein schmaler Steg übrigbleibt. Das Gegenstück hierzu ist ein langes, ungegürtetes Obergewand mit stark verkleinerten Armschlitzen, das wie ein Rock ohne Ärmel wirkt. Entsprechend ihrer Tragweise nannte man diese ärmellosen Obergewänder auch Surkot (sorcat, sorket, sorkeit, mhd. surcôt, frz. surcot), d. h. also das über dem Rock (frz. cotte) getragene Gewand. Zu ihnen gesellt sich im frühen 14. Jahrhundert ein Obergewand mit angeschnittenem Kapuzenkragen, das ebenfalls von der Brust an faltig nach unten fällt und, entsprechend der in den zwanziger Jahren einsetzenden Verkürzung der Gewandformen, meist nur noch bis zur Wade reicht. Es hat angeschnittene Ärmel, die gewöhnlich schon oberhalb des Ellbogens sich öffnen und in einem langen, breiten Streifen herabhängen. Auch ein Obergewand ohne Kapuze mit rundem oder spitzem Ausschnitt und dreiviertellangen, gleichmäßig weiten Ärmeln findet sich neben dem eben beschriebenen, so daß die Männertracht, da außerdem noch der ebenfalls verkürzte Rock bald gegürtet, bald ungegürtet getragen wird, in den ersten Jahrzehnten des 14. Jahrhunderts bereits ein recht mannigfaltiges Bild ergibt. Die schmückenden Zutaten sind sparsam aber wirkungsvoll verteilt. Eine schmale Borte zieht sich um den Halsausschnitt und die Ärmel des Rockes oder Untergewandes oder faßt die Armausschnitte der Suckenie ein. Im 13. Jahrhundert bilden Dürspan und Gürtel, an dem bisweilen schon die allmählich modisch werdende Almosentasche hängt, den wesentlichen Schmuck. Als neue reizvolle Variante kommt am Anfang des 14. Jahrhunderts die bis ans Ende beibehaltene Mode auf, die engen Ärmel am Unterarm mit einer dichten Reihe kleiner Knöpfe zu versehen. Nur eine kleine Zutat, die aber bei der sonstigen Schmucklosigkeit der Kleidung — auch das Dürspan ist jetzt kaum noch anzutreffen — ihre Wirkung nicht verfehlt. Seltener begleiten Knöpfe und Knopflöcher die seitlichen Schlitze des Rockes oder Surkots. Dagegen spielt leuchtende Farbigkeit eine große Rolle in der Kleidung und ersetzt, indem sie deren wohlberechneten Zuschnitt noch besonders hervorhebt, das fehlende schmückende Beiwerk. In kräftigen Farben, uni und gemustert, heben sich Ober- und Untergewand und Mantel voneinander ab. Die schon einmal in der zweiten Hälfte des 10. Jahrhunderts vorübergehend aufgetauchte Mode der vertikalen farbigen Zweiteilung eines Gewandstückes, mi-parti genannt, kommt jetzt von neuem auf und behauptet sich mit Unterbrechungen bis ins 16. Jahrhundert hinein. An den Schlitzen und Rändern wird das von der Farbe des Oberkleides deutlich abweichende, dagegen nicht selten dem Farbton des Untergewandes angepaßte Futter sichtbar, an dessen Stelle im Winter warmer Pelz tritt. Hermelin, Marder, Zobel und graues Eichhörnchen (Feh), das sog. Grauwerk, sind hier die bevorzugten Pelzarten.

Die Mantelform, die dem hohen Mittelalter das typische Gepräge gibt, ist der Tasselmantel, der vor allem das ganze 13. Jahrhundert beherrscht. Schon im frühen 12. Jahrhundert hatte sich der Mantelverschluß von der Schulter nach vorn verschoben. Allmählich ändert sich auch die Grundform. Sie nähert sich immer mehr dem Halbkreis, während sie in den früheren Jahrhunderten rechteckig gewesen war. Bisweilen ist dem wie der Rock bis auf die Füße herabfallenden Mantel ein schmaler Kragen angeschnitten. Zum Festhalten und Schließen dienen die Tasseln (mhd. tassel, mlat. tassellus, afrz. tassiel), zwei durch eine Schnur verbundene Scheibenfibeln, die es ermöglichen, daß der Mantel hin- und hergeschoben werden oder offen bleiben kann, ohne infolge seiner Schwere vom Körper herabzugleiten. Eine Abart des Tasselmantels ist der im Verlauf des 14. Jahrhunderts an seine Stelle tretende Nuschenmantel, der nicht mehr einem vollen Halbkreis, sondern nur noch einem Kreissegment mit abgeschnittener Spitze gleicht und infolgedessen am Halse besser anliegt. Den Verschluß bildet statt der Tasseln eine Spange, die Nusche (mhd. nusche). Gleichfalls im wesentlichen erst dem 14. Jahrhundert gehört ein in zwei Varianten getragener Mantel an, auf den meist ein breiter Schulterkragen aus

Hermelin herabfällt. Er ist an der rechten Seite entweder in ganzer Länge oder bis über Ellbogenhöhe aufgeschnitten und leitet mit diesem Zuschnitt zur Mantelform der zweiten Hälfte des 14. Jahrhunderts über, der Heuke. Die für den freien Gebrauch der Hände bequemere Form ist der an beiden Seiten geschlitzte Mantel, die Husse (frz. housse). Diese wird, entsprechend dem Kürzerwerden der Gewandformen im ersten Viertel des 14. Jahrhunderts zu einem etwa halblangen Mäntelchen von kreisförmigem Schnitt, das bis zur Schulter aufgeschnitten ist, in der Art, daß von den beiden entstehenden Teilen das Rückenteil doppelt so breit ist wie die Vorderseite. Wie Rock und Surkot so ist auch der an Leuchtkraft der Farbe mit diesem wetteifernde Mantel im Winter mit warmem Pelzfutter versehen, das bei jeder Bewegung sichtbar wird und so, besonders wenn es sich um den sehr beliebten Hermelin handelt, die vornehm reiche Wirkung des Mantels noch erhöht. Während Tassel- und Hermelinkragenmantel ausschließlich den höheren Ständen vorbehalten sind — der letztere gibt in Form und Farbe sogar das Vorbild des späteren Fürstenmantels ab —, bedient sich die Landbevölkerung einer Hülle, die schützt, ohne bei der Arbeit hinderlich zu sein. Dies ist die Glocke (mhd. glocke, glogge), ein runder, nur mit einem Kopfloch versehener Umhang. Noch besseren Schutz als diese gewährt die Kappe (mhd. kappe, lat. cappa), die eine Glocke mit angearbeiteter Kapuze darstellt. In langer Form als Kapuzenmantel ist er die bevorzugte Reisekleidung der höheren Stände, verkürzt als Kragenkapuze oder Gugel (mhd. kugel, kogel, gogel, gugele, lat. cucullus) bleibt sie bis ins 16. Jahrhundert die Schutztracht der Bauern, Jäger und Landleute, die dann vereinzelt in die Volkstracht übergeht, wo sie sich, z. B. bei der Frauentracht der nordfriesischen Inseln, bis in die Gegenwart erhält.

In der Bein- und Unterkörperbekleidung tritt im Laufe des 12. Jahrhunderts im Zusammenhang mit dem endgültigen Sichdurchsetzen des langen Rockes eine Veränderung ein. Die Strumpfhose spaltet sich in eine Hüften und Oberschenkel bedeckende kurze Hose, die Bruche (mhd. bruoch, auch niderwat = nidergewant genannt) und in lange enge Strümpfe, die an ihr festgenestelt werden. Die wichtigste Fußbekleidung bleibt der bis zu den Knöcheln reichende

Schlupfschuh. Neben ihm behauptet sich im 12. und 13. Jahrhundert ein flacher, über dem Spann ausgeschnittener Schuh, dessen angeschnittene Seitenlaschen in einen schmalen Querriemen auslaufen. Die einfachste Beschuhung ist eine Ledersohle als Verstärkung des Beinlings unter dem Fuße. Der Landmann bedient sich eines gröber gearbeiteten und höher hinaufreichenden Schlupfschuhes. Der Handschuh hat sich aus dem ehemaligen Fäustling längst zu einem Fingerhandschuh mit breiter Stulpe umgebildet, der in dieser Form zur Falkenjagd unentbehrlich ist, aber auch sonst allmählich zum modischen Zubehör der Tracht wird.

Deutlicher als an dem nur geringe Veränderungen aufweisenden Schuhwerk tritt die stärkere Entfaltung modischer Formen bei den Kopfbedeckungen zutage, die langsam eine größere Rolle zu spielen beginnen als bisher. Der in schriftlichen Quellen schon in ottonischer Zeit erwähnte und hier hauptsächlich für die Sachsen in Anspruch genommene Strohhut taucht seit der zweiten Hälfte des 12. Jahrhunderts auf bildlichen Darstellungen auf. Es ist ein Hut mit spitzem Kopf und schräger Krempe, der auch aus Filz getragen wird. Häufig gehen Kopf und Krempe unakzentuiert ineinander über. Diese schützende Kopfbedeckung wird in erster Linie von der Landbevölkerung bei der Feld- und Gartenarbeit benutzt, auch Kaufleute tragen ihn meist, deren Weg über staubige Landstraßen führt. Im 14. Jahrhundert gesellt sich zu ihm ein schmaler Hut mit hohem Kopf, dessen hinten hochgebogene Krempe nach vorn an Breite zunimmt und weit über die Stirn hinausragt. Er bleibt bis ins 16. Jahrhundert hinein eine auch bei den oberen Ständen besonders zur Jagd beliebte Kopftracht, die nach englischer Mode oft dicht mit Pfauenfedern benäht wird, der sog. „Pfawenhuot". Ein an beiden Seiten befestigtes Band gestattet, ihn auf den Rücken herabhängen zu lassen. Aus der alten halbkugeligen Kappe entwickelt sich am Ausgang des 12. Jahrhunderts eine barettartige Mütze von leicht gebauschter Form, häufig mit Kreuzbügeln und einem Knopf in der Mitte, das Urbild des späteren Fürstenhutes. Sie bleibt hauptsächlich dem hohen Adel vorbehalten und erhält in der zweiten Hälfte des 13. Jahrhunderts eine hochstehende Krempe aus Stoff oder Pelz, vornehmlich Hermelin. Diese Pelzmütze wird auch mit losem Kopfteil getragen, das wie ein Tuch vom vorderen Rand bis in den Nacken herabhängt und in dieser Form wie eine Vorwegnahme der Kopfbedeckungen des 15. Jahrhunderts anmutet. Neben diesen repräsentativen Kopftrachten begegnet als bequeme Haustracht eine kleine, den Kopf eng umschließende Bundhaube aus Leinen oder Seide, die unter dem Kinn gebunden wird und in fast der gleichen Form im 16. Jahrhundert wieder auflebt. Wie eine extreme Abart des Strohhutes wirken die den Juden schon seit mehreren Jahrhunderten vorgeschriebenen kleinen Spitzhüte mit gelb gefärbter Krempe und trichterförmigem Kopf, der im 13. Jahrhundert einen knopf- oder stielartigen Auswuchs erhält. Ob diesen Spitzhüten eine nationale Kopftracht zugrunde liegt, ob sie aus dem antiken Pileus hervorgegangen oder eine Deformierung des Strohhutes sind, ist noch ungeklärt. Mehr ein Schmuck des Kopfes ist der Kranz oder Kopfreif (mhd. schapël, schepël, schappël, scheppël. Der Ausdruck Schäpel oder Schappel hat sich bis in die Gegenwart erhalten als Bezeichnung der Jungfrauenkrone süddeutscher [Schwarzwald] und Schweizer Volkstrachten). Das Schapel kommt im späten 12. Jahrhundert auf, wird von Männern und Frauen in nahezu gleicher Weise getragen und schwindet in der Männertracht erst mit dem letzten Abklingen mittelalterlich-ritterlichen Geistes in der ersten Hälfte des 16. Jahrhunderts. Man trägt es als Verzierung der Kopfbedeckung oder als selbständigen Schmuck, aus Metall in Gestalt kleiner aneinandergereihter Rosetten, als Reif mit Perlen- und Edelsteinbesatz oder aus gedrehten Schnüren gebildet. In Gestalt einer Zinkenkrone war der Kopfreif gleichsam landesherrliches Hoheitszeichen, das aber zunächst noch an keine feste Form gebunden war. Auch Kränze aus künstlichen oder natürlichen Blumen waren beliebt, und nur solche kamen auch als bäuerlicher Kopfschmuck in Frage. Während bisher von Haarmoden kaum die Rede sein konnte, macht sich seit dem Ende des 12. Jahrhunderts eine stärkere Differenzierung des Haarschnittes und der Haarbehandlung bemerkbar. Man läßt das volle Haupthaar bis in den Nacken wachsen, wo es gerade geschnitten wird. Es rahmt das Gesicht zu beiden Seiten ein und fällt vom Scheitel in die Stirn. Höfische Sitte schreibt sorgfältige Kräuselung

Psalterfragment, 1. H. 13. Jh.
(Der Bethlehemitische Kindermord)

Bibel aus Heisterbach, um 1240
(Der Prophet Amos als Hirte)

Bibel aus Heisterbach, um 1240
(Aus dem Hohenlied Salomonis)

Tafel 10

Manessische Handschrift, 1. Viertel 14. Jh.
(Der Spruchdichter Spervogel)

Manessische Handschrift, 1. Viertel 14. Jh.
(Der von Kürenberg)

Tafel 12

Sog. Kaiser Otto I. u. Kaiserin Adelheid im Dom zu Meißen,
2. H. 13. Jh.

vor. Das lange Haar wird unten eingelockt und schmiegt sich als dichter Lockenkranz um den Nacken. Die Stirnhaare werden meist zu kleinen runden Löckchen aufgedreht, die unter der Mütze oder dem Kopfreif hervorquellen. Gegen Ende des 13. Jahrhunderts tritt eine stärkere Auflockerung der Haarmasse ein. In weichen Spirallocken umspielt es jetzt die Wangen, eine konzentrierte Wiederholung der gleichen Kurve, in der die bildende Kunst der ersten Hälfte des 14. Jahrhunderts ihre fast von aller Schwere befreiten Gestalten ausschwingen läßt. Als modisch gilt seit dem 12. Jahrhundert völlige Bartlosigkeit. Jedoch verschwindet der meist kurz gehaltene Vollbart keineswegs. Er findet sich sowohl als Auszeichnung der höchsten Stände — trug doch die Farbe seines Bartes dem Staufenkaiser Friedrich I. den Beinamen Barbarossa ein — wie auch als Kennzeichen der gering Geachteten. Den Juden war das Scheren des Bartes sogar verboten.

An der Frauentracht lassen sich im Prinzip die gleichen formalen Veränderungen beobachten wie an der Männertracht, mit der sie überdies noch in einzelnen Gewandstücken völlig übereinstimmt. Der von Byzanz übernommene Hängeärmel hält sich, oft bis zu den Füßen herabreichend, bis an den Anfang des 13. Jahrhunderts, wo er sich nicht mehr in gleichmäßig zunehmender Weite öffnet, sondern häufig nur als lange tütenförmige Erweiterung vom Handgelenk herabhängt. Dann herrscht endgültig der enge, lange Ärmel vor, der entsprechend der männlichen Tracht in der Frühzeit des 14. Jahrhunderts die dichte Reihe kleiner Knöpfe erhält. Das Kleid mit rundem Halsausschnitt und kleinem vorderem Schlitz, den im 13. Jahrhundert das Dürspan zusammenhält, liegt am Oberkörper eng an, dessen Formen deutlich hervortreten. Seitliches Schnüren bis zur Hüfte hebt diese „heimeliche" Tracht, wie sie von den zeitgenössischen Dichtern genannt wird, in den letzten Jahrzehnten des 12. Jahrhunderts noch besonders hervor. Um die gleiche Zeit etwa tritt als neue modische Erscheinung zum erstenmal in der abendländischen Frauentracht die Schleppe auf (mhd. swanz oder svenzelîn), zu der das durch Keile erweiterte Kleid sich nach hinten verlängert. In demselben majestätischen Linienfluß wie der Rock des Mannes umwogt das Kleid im 13. Jahrhundert den Körper der

Frau, oft wie der Rock über den Hüften von einem langherabhängenden, schmalen Gürtel mit zierlicher Metallschnalle zusammengehalten. Der Gürtel wird auch unter dem engärmligen Untergewand getragen, wie ein Blick durch die weiten Armschlitze der auch für die weibliche Kleidung bereits vor der Jahrhundertmitte nachweisbaren Suckenie beweist, deren Entwicklung dann parallel der männlichen verläuft. Das heißt, auch die Frau bedient sich dieses im 14. Jahrhundert surcot oder sorkeit genannten Übergewandes in der Folgezeit vornehmlich in zwei Formen, mit stark erweiterten, auf die Brustpartie des Kleides übergreifenden Armschlitzen und mit engem, nur gerade der oberen Ärmelweite entsprechendem Armausschnitt. Auch das Obergewand mit halblangen, etwas schräg geschnittenen Ärmeln fehlt nicht. Da das lang herabwallende Surkôt auch von fast schleppender Länge ist, wird es beim Schreiten meist gerafft. Die hierbei entstehenden großflächigen Faltenbäusche sowie der Farbenkontrast zwischen Ober- und Untergewand und dem im Kolorit ebenfalls abweichenden Futter beleben das sonst schmucklose, nur am Halsausschnitt und Handgelenk mit einer Borte abschließende Kleid auf sehr reizvolle Art. Ebenso trägt auch der mit Pelz gefütterte Mantel zur farbigen Gesamtwirkung bei. Es ist der bereits bei der männlichen Tracht im einzelnen beschriebene Tasselmantel, auf den dann im Verlauf des 14. Jahrhunderts der Nuschenmantel folgt. Außerdem scheint als Reisekleidung auch der Frau der Kapuzenmantel willkommen gewesen zu sein. Ihre Unterkleidung umfaßt kaum mehr als das Hemd und die knielangen, von einem Strumpfband festgehaltenen Strümpfe. Die Füße stecken wie beim Mann in bis über die Knöchel reichenden Schlupfschuhen, die über dem Fußblatt mit Borten oder Riemen besetzt oder bestickt sind.

Größere Aufmerksamkeit als bisher wird seit der Spätzeit des 12. Jahrhunderts auf die Kopftrachten gewendet. Die typische Kopfbekleidung des 13. Jahrhunderts, gleichsam der krönende Abschluß von Kleid und Tasselmantel, ist das Gebende (mhd. gebende), das am Ende des 12. Jahrhunderts aus der frühmittelalterlichen Kopfbinde entsteht. Es setzt sich aus zwei Teilen zusammen, einem fest um Kinn und Kopf geschlungenen Leinenband, dem eigentlichen Gebende, und einem aus gesteiftem Leinen bestehenden Stirnreifen. Beide sind anfangs schmal, bisweilen hängen auch die Enden der Kinn- und Kopfbinde an einer Seite herab. Dann nehmen sie an Breite, der Stirnreif außerdem an Festigkeit zu und wachsen immer mehr zu einer einheitlichen Kopftracht zusammen, über die häufig noch das sehr beliebte Schapel oder eine Zackenkrone gesetzt wird. Im frühen 14. Jahrhundert ist das Gebende wieder zu einer schmalen Binde geworden, ebenso wie der jetzt am oberen Rande mit einer Rüsche geschmückte Reif. Unter beiden quillt das lange offene Haar üppig hervor, während es im 13. Jahrhundert meist unter dem Gebende verborgen bleibt oder in zwei Zöpfen auf den Rücken herabhängt, eine Haartracht, die sich schon im 12. Jahrhundert großer Beliebtheit erfreut und auch in späteren Jahrhunderten wieder aufgenommen wird. Wer das Haar nicht offen herabfallen lassen will, kann es auch in einem großmaschigen Netz auffangen, unter dem es sich über den Ohren zu dichten Puffen aufbauscht. Auch eine um den Hinterkopf gelegte Zopffrisur kommt bereits in der ersten Hälfte des 14. Jahrhunderts auf. Über das Gebende wird gelegentlich noch ein Kopf und Schultern lose und faltig umspielendes Schleiertuch gelegt (mhd. sleier, sleiger, sloier, sloiger, slogier), eine verkürzte Form des alten Kopftuches, das dann bis ins 16. Jahrhundert in immer wechselnder Gestalt die wesentliche Kopftracht der verheirateten Frau bleibt. In den ersten Jahrzehnten des 14. Jahrhunderts gesellt sich zu dem lose über den Kopf gehängten Schleier ein zweites, Hals, Kinn und Wangen verhüllendes Schleiertuch, die rîse (vom mhd. rîsen herabfallen). Auch der Hut ist der Frauentracht nicht unbekannt. „O bitte, rückt an Euren Hüten!" ruft Walther von der Vogelweide in einem Lied den spielenden Mädchen zu, um zu sehen, ob unter der beschattenden Krempe sich vielleicht die im Traum geschaute Geliebte birgt. Man trägt einen flachen, breitkrempigen, von einem Kinnband festgehaltenen Hut, der vor allem auf Reisen vor den scharfen Strahlen der Sonne schützen soll. Er geht in dieser Form in die Volkstracht über. So gehört er z. B. im 16. Jahrhundert zum festen Bestande der ostfriesischen Tracht, die auch im 19. Jahrhundert noch an ihm festhält. Ebenso dürften die flachen, breitkrempigen Hüte der alpenländischen Volkstrachten (Südtirol, Steiermark, Kärnten) auf diese mittelalterliche Kopfbedeckung zurückzuführen sein.

Das Bild der mittelalterlichen Tracht wäre unvollkommen, wollte man die Rüstung beiseite lassen. Denn weit mehr als etwa in späteren Jahrhunderten die Uniform rundet sie die männliche Kleidung, die durch die lang herabfallenden zivilen Gewänder nur einseitig repräsentiert wird, zu einem Ganzen ab. Rüstung im engeren Sinne ist die Schutztracht, die der Krieger anlegt, um sich gegen feindliche Angriffe zu sichern. Ihre Ausgestaltung wird bedingt durch den Charakter der Waffen, die ebenfalls noch zur Rüstung hinzugerechnet werden. Da nun die mittelalterlichen Kämpfe ausschließlich Nahkämpfe von Mann gegen Mann sind und die Waffen Hieb-, Stich- und Wurfwaffen — die wichtigsten sind Schwert, Axt, Speer, Lanze und Bogen — muß die Aufgabe der Rüstung eine möglichst vollständige Bedeckung des Körpers sein mit einem Material, das jedem Hieb und Stich starken Widerstand entgegensetzt. Am festesten sind Leder und Metall, die deshalb immer wieder zu Rüstungsstücken verwendet werden. Der hauptsächlichste Teil der Rüstung ist der Brustharnisch. Er ist in karolingischer Zeit, soweit wir aus den Handschriftenminiaturen eine Vorstellung gewinnen, nach römischem Vorbild oder als Schuppenrock gearbeitet, hat gewöhnlich halbe Ärmel und bedeckt die Oberschenkel etwa zur Hälfte. Als weiterer Schutz kommt ein Helm hinzu und eine Kniepanzerung. Der Helm reicht, vornehmlich in der ersten Hälfte des 9. Jahrhunderts, an den Seiten bis über die Ohren und ist in der Mitte häufig mit einem Federbusch geschmückt, oder es ist der danach aufkommende flache Rundhelm mit festem Nacken- und Ohrenschutz, der im 12. Jahrhundert außerdem noch ein Nasenband erhält. Aus ihm entwickelt sich der Topfhelm des hohen Mittelalters. Zum Schuppenpanzer gesellt sich im frühen 10. Jahrhundert ein Ringharnisch. Der Unterschied zwischen beiden ist nur gering. Denn beide bestehen aus einem derben Leder- oder Stoffrock, auf den im einen Fall Metallplättchen schuppenartig übereinander, im anderen Metallringe, einzeln oder zu Ketten verbunden, nebeneinander genäht werden. Dieser geschobene Ringpanzer, wie man den Harnisch mit aufgenähten Ringen nennt, wird im 12. Jahrhundert durch den leichteren geflochtenen ersetzt, die Halsberge (mhd. halsbërc, halsberge) oder Brünne. Erst mit diesem nicht ganz knielangen, langärmligen Kettenhemd mit angeschnittenen Fausthandschuhen ist die erste vollständige Ausgestaltung der Rüstung erreicht. Auch die übrigen Teile bestehen jetzt aus einem Ringgeflecht: die bis zu den Oberschenkeln reichenden Beinlinge, nicht mehr wie ehedem ein nur die Vorderseite deckender, hinten festgeschnürter Beinschutz, die Halsbrünne oder das Hersenier (mhd. hersenier, hersnier), eine ursprünglich unmittelbar mit der Halsberge verbundene Ringkapuze, und die Beckenhaube (mhd. beckenhûbe, beckelhûbe). In den ersten Jahrzehnten des 13. Jahrhunderts bilden die halbkugelige Beckenhaube und die Halsbrünne bereits ein zusammenhängendes Ganzes. Die letztere ist vorn und hinten zu einem viereckigen Brust- und Nackenschutz verlängert, der sich in der Frühzeit des 14. Jahrhunderts zu einem runden Schulterkragen wandelt. Über die Beckenhaube kann noch der den ganzen Kopf bedeckende, oben flache Topfhelm mit Nasenband und Augenschlitzen gestülpt werden. Er erhält als plastischen Aufputz anstelle des bisher nur aufgemalten das Zimier (mhd. zimier, zimiere, zimierde, frz. cimière von cime Gipfel), ein meist dem Wappen entnommenes oder auf es bezügliches Symbol, das auf Schild und Lanzenfähnlein wiederkehrt, die beide nicht mehr zur Rüstung im engeren Sinne gehören. Statt der Beckenhaube bevorzugt hauptsächlich das Fußvolk den ungefähr zur gleichen Zeit aufkommenden, von einem ledernen Sturmband gehaltenen Eisenhut, der in der Form dem Strohhut entspricht. Eine verstärkte Sicherung für das Knie ist eine aus Platten zusammengesetzte Panzerung, das Schinier (mhd. schinier, schinnelier, afrz. genouillière). Zu diesen nur aus Metall bestehenden eigentlichen Rüstungsteilen gesellen sich noch einige Gewandstücke, die teils zum Schutz der Rüstung da sind, teils um den Körper vor ihrer Schwere und ihrem Druck zu schützen. Dieses sind die Batwat (mhd. batwât), ein kleines gepolstertes Mützchen, das zum Abschwächen des Druckes von Beckenhaube und Halsbrünne unter diesen getragen wird. Den gleichen Dienst leistet das Wams (mhd. wambîs, wambeis, wambas, wambes) dem Rumpf, ein unter der Halsberge angelegter, gefütterter Leibrock, der dem Druck oder Scheuern des Kettenhemdes vorbeugen soll. Schließlich gehören noch das Crinale (mhd. crinâle), eine Helmdecke aus festem Stoff, und das Waffenhemd (oder der Waffenrock, mhd. wâpenhemede, wâpenroc), das meist ärmellose Obergewand über der Brünne, zu diesen ergänzenden Teilen der Rüstung. Sie haben beide den gleichen Zweck, die direkte Einwirkung der Sonnenstrahlen auf das Metall abzuschwächen und dadurch einerseits eine zu starke Erhitzung zu vermeiden, andererseits das helle Erglänzen bei darauffallendem Sonnenlicht, das dem Feind schon auf weite Entfernung den nahenden Gegner ankündigen, außerdem aber auch beim Kampf stark blenden würde, etwas zu dämpfen. Auch vor Staub und Feuchtigkeit schützt das Waffenhemd die Brünne und das Crinale den Helm. Wams und Waffenhemd sind im Schnitt dem Rock und der Suckenie vergleichbar, ohne allerdings deren Länge zu erreichen, und besonders das letztere, meist aus farbiger Seide gearbeitete, ist ganz dazu angetan, die prächtige Wirkung der Rüstung noch zu erhöhen. Über Waffenrock oder Brünne wird der bereits im 13. Jahrhundert recht tief sitzende Schwertgurt geschnallt, der Dupsing (oder Dusing), dessen Sitz für die Tracht der zweiten Hälfte des 14. Jahrhunderts ausschlaggebend wird.

In älteren Kostümgeschichten wird oft die Ansicht vertreten, die Tracht des Mittelalters, die für beide Geschlechter nahezu die gleichen faltigen Gewänder vorschreibt, offenbare die überragende Stellung, die man der Frau im gesellschaftlichen und geistigen Leben jener Zeit, der Zeit des Minnesangs mit seinem Frauendienst und seiner Frauenverehrung, einräumt. Eine genauere Betrachtung der kostümlichen Einzelheiten ergibt jedoch gerade das entgegengesetzte Bild. Nicht die Frauentracht ist führend, nicht sie diktiert ihre Formen der männlichen Kleidung, sondern die Männertracht hat den Vortritt, der ihr auf Jahrhunderte hinaus verbleibt. Sie ist bei weitem mannigfaltiger und abwechslungsreicher, neue Formen und modische Veränderungen treten an ihr zuerst zutage, die etwas später dann häufig von der Frauentracht übernommen werden. Die Tracht spiegelt daher eher die Zurückgezogenheit wieder, in der das Leben der vornehmen Frau im Mittelalter sich abspielt, die Zurückhaltung, die die Sitte ihr auferlegt und die mit dem Minnedienst der von Frankreich übernommenen höfischen Lyrik keineswegs im Widerspruch steht. Doch die Tatsache, daß der männlichen Tracht im Mittelalter der Vorrang vor der weiblichen gebührt, erklärt noch nicht ihren Charakter, der letzten Endes nur aus der geistigen Gesamthaltung jener Zeit zu verstehen ist. Es ist der überpersönliche idealistische Grundzug der kirchlich orientierten mittelalterlichen Weltanschauung, der auch in der Tracht zum Ausdruck kommt. Nicht Betonung der individuellen Körperformen, sondern gleichmachende Verhüllung, die möglichst wenig preiszugeben sucht, ist vom 11. bis ins 14. Jahrhundert die vorherrschende Tendenz. Wenn von Zeit zu Zeit immer wieder über das Gegenteil Klage geführt wird, so beweist dies nur die gleiche Grundeinstellung. Dabei negiert die Tracht, vor allem im 13. Jahrhundert, den Körper durchaus nicht. Die Überwindung der frühmittelalterlichen sackartigen Gewandformen und die größere Anpassung an den Körper ist ja gerade der große Fortschritt, der sich seit dieser Zeit in der Tracht bemerkbar macht und zum ersten Male auch in ihr ein künstlerisches Gestaltungsprinzip Form gewinnen läßt. Aber dieser Stilwillen heißt nicht Individualismus sondern ins Überpersönliche gesteigerter Idealismus. Die von beiden Geschlechtern gemeinsam getragenen lang herabwallenden Gewänder heben den Menschen über sich selbst hinaus zu einer Erscheinung voll Hoheit und Würde, wie sie am ausdrucksvollsten vielleicht in den Stifterfiguren im Westchor des Naumburger Domes gestaltet worden ist, die die bildende deutsche Kunst des Mittelalters auf ihrem Höhepunkt zeigen und uns die Verkörperung des ritterlichen Menschen jener Zeit bedeuten, dessen Ideal „diu maze" ist. Gerade dieser Grundzug höfisch-ritterlichen Wesens — Ausdruck des kämpferischen und streitbaren Charakters ist die Rüstung —, das bewußte Sichbeschränken innerhalb selbstgewählter und für richtig gehaltener Formen und die sittliche Mäßigung, die die höfischen Epen der Blütezeit mittelalterlicher Dichtung preisen und die Spruchweisheit Walthers von der Vogelweide predigt, tritt auch im Kostüm der oberen Stände zutage. In dieser Tracht kann man nicht hasten und eilen, nicht ausgelassen springen und tollen, sondern nur schreiten, wie ja auch der Tanz des Mittelalters ein gemessenes und abgewogenes Sichbewegen im Reigen ist. Der schwere Tasselmantel erfordert eine bestimmte Handhabung des Raffens und Festhaltens, die geradezu zur Anstandsregel wird: der leicht und spielerisch wirkende Griff nach dem Mantelriemen mit zwei Fingern, das Zusammenraffen über dem Leib oder das Ergreifen des seitlichen Mantelsaumes mit fast gestrecktem Arm, Bewegungen, die uns die Naumburger Stifterfiguren oder der Bamberger Reiter veranschaulichen und die Dichter besingen. Auch die prunkvolle Überladung, die der Tracht der frühen deutschen Kaiserzeit eigen war, ist geschwunden. Nirgends macht sich mehr ein Zuviel bemerkbar. Dagegen verrät das maßvolle Verteilen schmückenden Beiwerks sowie der die monumentale und zugleich vornehm elegante Wirkung wohl berechnende Zuschnitt der Kleidung bereits ein hochentwickeltes ästhetisches Formenempfinden, das Formenempfinden einer Zeit, die ihren eigenen Stil gefunden hat und fähig ist, ihn in Wort, Raum und Bild künstlerisch zu gestalten und in ihrer gesamten Lebenshaltung zum Ausdruck zu bringen. Der Träger dieses Lebensstiles und sein Inhalt zugleich ist, wie bereits angedeutet, das christliche Rittertum. Dieser auf der Vasallität und dem Lehenswesen aufgebaute mittelalterliche Kriegerstand hatte sich zu einer zwar durch Pflichten stark gebundenen aber auch ebensosehr durch Freiheiten und Vorrechte ausgezeichneten Gesellschaftsschicht herausgebildet, die den gesamten Adel, den hohen reichsunmittelbaren sowie den niederen, die Ministerialen, in sich schloß und, nachdem die Klöster die Pionierarbeit geleistet und die nötige Grundlage geschaffen hatten, zum Träger einer auf christlichen Ideen aufgebauten, verfeinerten weltlichen Kultur wurde. Gerade das Verschmelzen und Durchdringen christlicher Ideale mit kriegerischem und kämpferischem Geist macht das Wesen des Rittertums aus. Nur in ihm konnte die Idee zu den Kreuzzügen, diese Verbindung von Abenteuerlust, Sucht nach Kriegsruhm und religiöser Begeisterung, die heiligen Stätten biblischer Geschichte mit dem Schwerte den Ungläubigen wieder zu entreißen, so schnell und gründlich Fuß fassen, daß sie nahezu zwei Jahrhunderte hindurch die gesamte abendländische

Ritterschaft in Bann hielt. In dieser Zeit wurden nach dem Vorbild der Mönchsorden Ritterorden gegründet, deren Mitglieder den Kampf gegen die Heiden zu ihrer Lebensaufgabe machten. Sie leisteten oft, man braucht nur an die Tätigkeit des Deutsch-Ritterordens in Preußen zu denken, dem die Christianisierung und Kolonisierung des Landes zu verdanken ist, die gleiche Kulturarbeit, die vier bis fünf Jahrhunderte zuvor die Klöster vollbracht hatten. Und wie diese einst die Pflegstätten der Dichtung — einer allerdings lateinisch geschriebenen — gewesen waren, so ging die Führung in der Dichtkunst seit der zweiten Hälfte des 12. Jahrhunderts auf das Rittertum über, das sie zu einer später nur noch einmal wieder erreichten Höhe erhob und die deutsche Sprache des Mittelalters, das Mittelhochdeutsche, zur Vollendung brachte. An den Fürstenhöfen waren die ritterlichen Sänger oft und gern gesehene Gäste. Hier erhielten sie Anregungen und Aufträge, die neusten Lieder fanden hier zuerst ein williges Gehör, und nicht selten wurden musische Wettkämpfe ausgefochten, wie der zur Legende gewordene Sängerkrieg auf der Wartburg, wo der kunstbegeisterte Landgraf Hermann von Thüringen, der Schwiegervater der hl. Elisabeth, Hof hielt. Die Fürsten griffen sogar selbst zum Stift, und sowohl Heinrich VI. wie der junge Konradin, der mächtigste und der letzte Staufer, haben uns Proben des Minnesangs hinterlassen, jener einzigartigen, nur aus den Lebensformen des Rittertums verständlichen Liebeslyrik. Die höfischen Epen haben mit Ausnahme des bürgerlichen Verfassers von Tristan und Isolde, Meister Gottfried von Straßburg, ausschließlich adlige Autoren. Ihre Welt ist die ritterliche, deren ganze Lebenshaltung uns daraus entgegentritt. Wir lernen die standesgemäße Erziehung der Mädchen und Knaben kennen, die zum großen Teil außerhalb des elterlichen Hauses stattfindet, in den Klöstern, wo jene Lesen und Schreiben und feine Handarbeiten erlernen, auf fremder Burg oder an einem Fürstenhof, wo diese, nachdem sie dem Zuchtmeister entwachsen, Knappendienste leisten, bis sie mit dem 21. Lebensjahre den Ritterschlag, die swertleite, erhalten. Tourniere werden geritten und Schlachten geschlagen, aus deren ausführlicher Schilderung wir die Art des Kampfes sowie den Gebrauch und die genauen Bezeichnungen der einzelnen Rüstungsstücke erfahren. Wir hören von dem Leben auf den Burgen und an den Fürstenhöfen. Ritterliche Bauweise und Wohnkultur wird wieder lebendig, von der wir uns leider nur recht unvollkommen noch durch den Augenschein überzeugen können, da nicht eine der Burgen oder Kaiserpfalzen aus der Blütezeit des Rittertums im ursprünglichen Zustand auf uns gekommen ist und uns so die weltliche Parallele zu den großen Kirchenbauten des Mittelalters fehlt. Aber auch diese selbst strahlen ritterlichen Geist wider, wie auch die Kirchenfürsten ihre ritterliche Herkunft selten verleugnen. Wir brauchen uns nur St. Georg in Limburg an der Lahn zu vergegenwärtigen, diese Verbindung von Dom und Burg. Auch der plastische Schmuck der Kirchen, die Figurenzyklen an den Portalen und Tympanen geben oft religiöse Inhalte in adlig-ritterlicher Form wieder. Denn diese biblischen Könige und Heiligen, von denen manch einer in Ritterrüstung erscheint — Mauritius, Gereon oder St. Georg — die klugen und törichten Jungfrauen, die Tugenden und Laster, sie sind nichts anderes als die in christlich-dogmatische Form gebannten adligen Männer und Frauen jener Zeit. Und schließlich halten, vornehmlich seit dem 13. Jahrhundert, die Ritter und Fürsten mit ihren Gemahlinnen nach ihrem Tode in eigener Person Einzug in die Kirchen als lebensgroße in Stein ausgehauene Grabdenkmäler.

Diese kurzen Andeutungen mögen genügen, uns die Welt zu vergegenwärtigen, in der die Tracht des hohen Mittelalters entstanden und aus der heraus sie zu erklären ist. Es ist nicht nur das deutsche, es ist das gesamte abendländische Rittertum, das sich, begünstigt durch den gemeinsamen Zusammenschluß in den Kreuzzügen, über alle völkischen Bindungen hinaus zu den gleichen Idealen bekennt. Feste Gestalt erhalten diese zuerst in der französischen Ritterschaft, wie ja überhaupt Frankreich im 12. Jahrhundert wesentliche Neuschöpfungen auf dem Gebiete der Architektur, bildenden und Dichtkunst zu verdanken sind. So deutlich sich diese auch in der ganzen deutschen Kunst feststellen lassen, ebenso wie das Neue und völlig Eigene, was die deutschen Baumeister, Bildhauer und Dichter aus den französischen Anregungen schaffen, so schwer ist es, den gleichen Prozeß auch für die Tracht zu beweisen. Denn wenn auch einzelne französische Kostümbezeichnungen, wie z. B. cotte, surcôt u. a., in den mittelhochdeutschen Sprachgebrauch übergehen, so läßt sich das Entsprechende doch nicht von dem Kostümstück selbst behaupten. Es sind überhaupt kaum lokale Unterschiede in der Tracht der oberen Stände und auch keine direkten Entlehnungen zu beobachten. Vielleicht tritt das im 11. und 12. Jahrhundert so stark gegeißelte enge Anliegen der Gewandformen am Körper noch mehr in der französischen Frauentracht zutage als in der deutschen. Auch die dichte, geradezu ins Ornamentale umgestaltete Parallelfältelung des anschmiegsamen Kleides, wie sie in gesteigertem Maße die Portalfiguren der Kathedrale zu Chartres zeigen, findet sich in dieser Vielfalt nirgends in der deutschen Tracht. Jedenfalls aber sind diese Unterschiede, die eine genaue Lokalforschung noch herausarbeiten müßte, sehr gering, im Vergleich zu der erst im 15. Jahrhundert einsetzenden stärkeren Differenzierung, und die Tracht des hohen Mittelalters ist in allen abendländischen Kulturstaaten die gleiche.

# III. Die deutsche Tracht des späten Mittelalters

## 1. Das knappe Kostüm der zweiten Hälfte des 14. Jahrhunderts

Wie in der Geschichte umwälzende Ereignisse oft lange, bevor sie tatsächlich eintreten, sich in Einzelheiten ankündigen, so ist auch der grundlegende Umschwung, den die Tracht in der zweiten Hälfte des 14. Jahrhunderts erfährt, bereits ein Vorbote der neuen Zeit. Es ist mehr als ein bloßer Formenwandel, der sich da vollzieht, mehr als eine neue Mode, die eine alte ablöst. Es ist tatsächlich die Überwindung des Mittelalters, die in der Tracht am frühesten und einprägsamsten zum Ausdruck kommt, zu einem Zeitpunkt, als vom Geist der Neuzeit im übrigen noch wenig zu spüren ist. Wenn Jakob Burckhardt die Renaissance als „die Entdeckung der Welt und des Menschen" gekennzeichnet hat, so gilt für die Tracht der zweiten Hälfte des 14. Jahrhunderts vor allem das letztere. Sie entdeckt den Menschen, genauer gesagt den menschlichen Körper und paßt sich ihm in einer in der Prägnanz kaum je wiederkehrenden Plastizität an. Der erwachende Individualismus gegenüber der kirchlich gebundenen geistigen Solidarität des Mittelalters wird auch in der von jetzt an schnelleren Abfolge der Moden spürbar, während bisher eine Tracht oft Jahrzehnte und länger anhielt, ohne sich wesentlich zu wandeln. Auch der wirtschaftliche und politische Aufschwung, den die Städte seit dem 14. Jahrhundert nehmen, hat seinen nicht geringen Anteil an dem größeren Formenreichtum und dem häufigeren Wandel in der Tracht. Es ist jetzt nicht mehr nur ein Stand allein der Träger verfeinerter Lebenskultur und mithin der eigentliche Schöpfer der Tracht. Neben Adel und Rittertum, dessen Stern zu verblassen beginnt, tritt als neu aufkommende Kulturmacht das Bürgertum. Sein wachsender Wohlstand drängt zu Aufwand und

Abwechslung und seine erstarkende Macht zur Repräsentation. Beide Stände gestalten fortan gemeinsam die Mode, wenn auch dem Bürger im Prunk und Schmuck der Kleidung und ihres Materials durch obrigkeitliche Bestimmungen immer noch starke Grenzen gezogen sind. Gemeinhin bringt man, gestützt auf die Äußerungen zeitgenössischer Schriftsteller, das Aufkommen neuer Gewandformen gerade um die Mitte des 14. Jahrhunderts mit dem Weichen des Schwarzen Todes, der Pest, in Zusammenhang, jener furchtbaren Seuche, die, vom Orient kommend, drei Jahre lang von 1348—1350 in ganz Europa wütet und an 25 Millionen Menschen hinwegrafft. Gewiß hat das Ende dieser schreckensvollen Heimsuchung, die einerseits maßlose Lockerung der Sitten, andererseits Askese und Bußfertigkeit zur Folge hatte, für die europäische Menschheit eine Erlösung bedeutet, und der neu erwachte Lebensmut spricht sich auch im neuen Gewande aus. Der Zuschnitt aber, den diese neue Tracht hat, verrät das aufkeimende neue Lebensgefühl, die sich verändernde Einstellung zur Umwelt und zum eigenen Selbst in geistiger wie körperlicher Beziehung.

Das vollkommen Neue, was die Tracht der zweiten Hälfte des 14. Jahrhunderts bringt, ist das Aufgeben des langen, über den Kopf gestreiften Hängegewandes zugunsten eines vorn zu knöpfenden, das also nicht mehr über-, sondern angezogen wird. Bedingt wird diese veränderte Tragweise durch die starke Verengung der Gewandformen, die ein Hineinschlüpfen unmöglich macht. Am deutlichsten treten die Neuerungen wieder an der männlichen Tracht zutage, deren führende Rolle hier besonders in die Augen fällt. Das Engerwerden des Obergewandes setzt schon in der ersten Hälfte, in den 30iger Jahren, des 14. Jahrhunderts ein. Hier taucht bereits ein etwa bis zur Wade reichender Rock auf, der am Oberkörper eng anliegt und unterhalb des tief sitzenden Gürtels, an dem gewöhnlich die sog. Almosentasche aus Leder oder Stoff hängt, faltig ausfällt und mit vorderen und seitlichen Schlitzen versehen ist. Diese meist reich ausgestattete, trapezförmige Tasche mit abgerundeten Ecken hat nach ihrer ursprünglichen Bestimmung, das für wohltätige Spenden reservierte Geld aufzunehmen, den Namen Almosentasche beibehalten, auch als sie nur noch ein kleinere Gegenstände des täglichen

Bedarfs bergendes modisches Zubehör der Kleidung ist. Über dem Leib ist der Rock aufgeschnitten und mit Knöpfen geschlossen. Auch eine vom Kragen bis zur Gürtung durchgehende Knöpfung findet sich schon, außerdem hat der Rock an jeder Seite über dem Gürtel häufig einen Schlitz zum Hineinstecken der Hände. Der breite Schulterkragen mit angeschnittener Kapuze sowie der enge, in einen langen Streifen auslaufende Halbärmel entsprechen noch dem Surkot des frühen 14. Jahrhunderts. Gegen die Jahrhundertmitte setzt eine Verkürzung dieses Rockes bis zu den Knien ein, wobei der Gegensatz zwischen dem prall sitzenden oberen Teil und dem faltig ausschwingenden Schoß besonders deutlich hervortritt. Und noch ein bis zwei Jahrzehnte weiter, und der Rock, jetzt Schecke (mhd. schëcke, schëgge) genannt, umspannt eng den ganzen Rumpf und einen Teil der Oberschenkel, etwa am Ende des Rumpfes von einem breiten, oft aus reicher Goldschmiedearbeit bestehenden Gürtel, dem Dupsing, umschlossen. Die jetzt in ihrer ganzen Länge geknöpfte Schecke liegt so fest am Körper an, daß Taille und Hüftpartie deutlich hervortreten. Steppen des Schoßes und Polstern der Brust hebt den starken Taillenschnitt, um den am Jahrhundertende ein zweiter Gürtel gelegt wird, ohne daß der tiefe Dupsing verschwindet, ganz besonders hervor. Daß dieses Gewandstück in übertrieben modischer Ausführung, besonders wenn man außerdem die noch zu erwähnende unzulängliche Befestigung der Beinlinge bedenkt, dem Spott und der Entrüstung ein willkommenes Ziel bot, leuchtet ohne weiteres ein. Am Halse schließt die hoch hinaufreichende Schecke meist mit einem kleinen Stehkragen ab. Der Ärmelschnitt entwickelt sich folgerichtig aus den gewohnten Formen und den formalen Bedingungen der neuen Tracht. Der lange enge und der Halbärmel bleiben die beiden Formen, der erstere gewöhnlich der des Untergewandes, des Wamses, der andere der der Schecke. Am Ende des 14. Jahrhunderts bildet sich aus beiden ein am Unterarm enger, am Oberarm gebauschter, zunächst beutelförmig rund dann tütenförmig spitz zugeschnittener Obergewandärmel, der zu den umfangreichen Gebilden des 15. Jahrhunderts hinüberleitet. Der lange Streifen, der in den ersten Jahrzehnten des 14. Jahrhunderts dem Halbärmel des Obergewandes angeschnitten ist, wird in der zweiten Hälfte zum bloßen Zierstreifen, der häufig aus gezackten Stofflappen, den allmählich in Mode kommenden Zaddeln, zusammengesetzt ist. „Item di Herren ritter und knechte, wanne daz si hobeten (höfisch gekleidet gingen), so hatten si lange Lappen an iren armen bit uf di erden", heißt es in der Limburger Chronik von diesem modischen Zubehör der Tracht der oberen Stände. Der enge Ärmel des Wamses behält die dichte Reihe kleiner Knöpfe bis zum Ellbogen bei und wächst über die Handwurzel hinaus zu einer zuerst engen, später trichterartig geweiteten Verlängerung, der Muffe oder dem prischen (vom mhd. brîse Einfassung), das oft so lang ist, daß es umgeschlagen werden muß. Dieser Ärmel ist fast das einzige, was vom Wams zu sehen ist, das sich völlig von den bisher gewohnten Untergewandformen unterscheidet und im Schnitt der engen Schecke angepaßt wird. Es erhält außerdem besondere praktische Bedeutung als Halt für die Beinlinge, die nicht mehr an der Bruche, sondern an ihm festgenestelt werden. Zur Verstärkung dienen lederne Überhosen, sog. Ledersen oder Lersen. Die Schecke ist wohl das charakteristische, aber nicht einzige Obergewand der zweiten Hälfte des 14. Jahrhunderts. Zwei neben ihr nachweisbare Röcke behalten den losen Gewandschnitt des hohen Mittelalters bei und geben ihn an die Tracht des frühen 15. Jahrhunderts weiter, die wieder lockere Formen bevorzugt. Es sind ein halblanger, ungegürtet getragener und ein langer, in der Taille gegürteter Rock mit vorderem Knopfverschluß und der gleichen Kragen- und Ärmelbildung wie an Schecke und Wams. Im Mantelschnitt sind wenig Neuerungen festzustellen. Tassel- und Nuschenmantel werden noch das ganze 14. Jahrhundert hindurch getragen. Aus dem Mantel mit breitem Überfallkragen und seitlicher Öffnung entwickelt sich im letzten Drittel die von der rechten Schulter bis auf den Oberarm geknöpfte Heuke.

Die Fußbekleidungen bleiben die den Beinling verstärkenden Ledersohlen, der flache Schlupfschuh und ein mit Schnallen geschlossener Laschenschuh mit langem Schlitz über dem Fußblatt. Alle laufen vorn in eine scharfe, dornähnliche Spitze aus, den Schnabel, der häufig die doppelte Länge des Fußes überschreitet und, um nicht abzubrechen, ausgepolstert wird. Diese „schuch mit snebeln", die mit Unterbrechungen über ein Jahrhundert in Gebrauch bleiben, sind der Obrigkeit stets von neuem ein Dorn im Auge, und immer wieder wird versucht, durch Festsetzen einer Höchstlänge dieser Mode die Spitze abzubrechen.

Von den Kopfbedeckungen steigt die bisher hauptsächlich von der Landbevölkerung und auf Reisen übergezogene Kragenkappe zur Modetracht auf. Das Neueste werden „Geschwänzte Gugeln", so genannt nach dem lang herabhängenden Streifen, zu dem sich der Kapuzenzipfel auswächst. Der angeschnittene Schulterkragen der Gugel wird häufig, entsprechend der im letzten Drittel des 14. Jahrhunderts einsetzenden bereits erwähnten Zaddelmode, lappig ausgeschnitten. Die Bügel- und Krempenmützen des 13. und frühen 14. Jahrhunderts wachsen sich zu einer engen und hohen Krempenmütze aus, die nach wie vor nur beim hohen Adel anzutreffen ist. Dem veränderten engen Kostüm der zweiten Hälfte des 14. Jahrhunderts fügt sich das lange Haupthaar nicht mehr ein. Man verkürzt es deshalb wieder bis zu den Ohren und trägt es ungekräuselt und aus der Stirn gestrichen, dazu einen kurzen, etwas spitz zugeschnittenen Vollbart in Verbindung mit einem schmalen, abwärts gebogenen Schnurrbart.

Wieder wie schon im hohen Mittelalter sind Männer- und Frauentracht eng miteinander verwandt. Auch das bisher locker herabfallende Kleid der Frau legt sich bereits vor der Mitte des 14. Jahrhunderts am Oberkörper dicht an und schwingt nach unten faltig aus. Dann setzt hier ebenfalls die fortschreitende Verengung ein, deren Resultat ein ungefähr der frühen Schecke entsprechendes Kleid ist, das wie diese vorn geschlossen und über den Hüften von einem tiefsitzendem Gürtel umspannt wird. Neben dieses durch die Gegensätzlichkeit des Schnittes besonders reizvoll wirkende Kleid tritt ein zweites von etwas ausgeglicheneren Formen. Es schmiegt sich ebenso fest an, wird meist an einer Seite geschnürt, etwa von der Achselhöhle bis zur Hüfte und fällt ungegürtet, durch Keile erweitert, in weich gleitenden Falten bis auf den Boden herab, auf dem es ringsum etwas aufliegt. Der Ärmel gleicht dem des Wamses, hat die lange Reihe kleiner Knöpfe, dann die Verlängerung bis fast zum Fingeransatz und schließlich die trichterförmige Erweiterung. Ganz abweichend gegen früher, wo das Kleid bis ziemlich zur Halsgrube hinaufreichte, ist der Ausschnitt, der sich jetzt in einem weiten Oval bis zu den Schultern hinzieht. Über das Untergewand ist in dieser Periode kaum etwas auszusagen. Es tritt weder unter dem breiten Ausschnitt hervor noch gestatten der Ärmelschnitt oder Schlitze im Kleide Rückschlüsse wie bisher. Der vorherrschende Mantel in der zweiten Hälfte des 14. Jahrhunderts ist der Nuschenmantel, dessen Spange neben dem gelegentlich noch anzutreffenden Dürspan und dem Dupsing — der Gürtel führt auch bei der Frauentracht diesen Namen — das einzige Schmuckstück ist. Sein Halsausschnitt paßt sich häufig dem weiten Kleidausschnitt an. Auch die Schnabelschuhmode wird von der Frau in bescheidenerem Umfange mitgemacht. Lange scharfe Schnäbel verbieten die langen Röcke ja von selbst.

Wie das Gebende die charakteristische Kopftracht des hohen Mittelalters ist, so wird für die beginnende Spätzeit der Kruseler (mhd. kriuseler) die typische Kopfbedeckung der deutschen Frau. Er entwickelt sich aus dem losen Kopftuch annähernd zur Haubenform. Was ihm den Namen eingetragen hat, ist der dichte Rüschenbesatz, der sich bereits am Gebende des beginnenden 14. Jahrhunderts ankündigte. Die frühste, schon vor der Jahrhundertmitte nachweisbare Form des Kruselers ist ein lose übergehängter Kopfschleier, dessen vorderer Rand gekräuselt ist. Durch Anpassung an die Kopfform entsteht aus ihm der haubenartige Kragenkruseler, der das Gesicht eng umrahmt und auf Schulter und Nacken als breiter, am Rande gekrauster Kragen aufliegt. Er hält sich bis in das erste Drittel des 15. Jahrhunderts hinein. Gleichzeitig mit ihm wird als dritte Form der Kruseler in Verbindung mit der Rîse getragen, die am unteren Rande ebenfalls die breite Rüsche schmückt. Nur ganz vereinzelt sind neben dem Kruseler noch einige andere Kopfbedeckungen in Gebrauch. Zu diesen gehören ein dem Kragenkruseler ähnelnder Schutenhut, ferner als Parallele zur männlichen Tracht eine hohe gewölbte Mütze, die sich ganz entsprechend auch nur bei Damen des hohen Adels findet, und ein kleines tellerartiges Mützchen, das, etwas schief auf dem Kopfe sitzend, von einem Band um Kinn und Wangen festgehalten wird. Da dieses Deckelmützchen nur einmal begegnet, nämlich auf dem Buxtehuder Altar des Meisters Bertram (Hamburg, Kunsthalle), und zwar in so detaillierter Wiedergabe, daß an seiner historischen Echtheit nicht zu zweifeln ist, haben wir es hier eventuell mit einem ersten Auftauchen lokal begrenzter Kostümform zu tun. Das Haar wird auch in der zweiten Hälfte des 14. Jahrhunderts noch in gewohnter Weise frisiert. Soweit es nicht völlig unter dem Kruseler verschwindet, hängt es offen herab.

Auch die Ritterrüstung erfährt in der zweiten Hälfte des 14. Jahrhunderts eingreifende Veränderungen, die den Übergang bilden zur vollständigen Plattenrüstung des späten Mittelalters. Der Kettenpanzer verlangte nach einer Verbesserung, da er gegen Hieb- und Stoßverletzungen doch keinen genügenden Schutz bietet. Man verstärkt zunächst die Beine, vor allem die nicht ausreichend geschützten Unterschenkel durch eine Metallschiene. Das Knie hatte schon in der ersten Hälfte des 14. Jahrhunderts eine aus gewölbten Eisenplatten zusammengesetzte Schutzhülle erhalten, das bereits erwähnte Schinier. Der im Kettenstrumpf steckende Fuß wird ebenfalls durch Eisenplättchen gesichert. Vorn erhält er einen scharfen Dorn als Abwehrmittel gegen das anstürmende Fußvolk. Länger als die Beine scheinen sich die Arme mit der bloßen Kettenpanzerung begnügt zu haben, ehe auch sie mit einer Schiene, dem Brazel (mhd. brâzel, afr. brachelle) auch mûsenier (miusenier) genannt, bedeckt werden. Als erstes wird der an der Halsberge sitzende Netzhandschuh durch einen Eisenhandschuh mit Stulpe und beweglichen Fingern ersetzt. Den größten Wandel macht der Waffenrock durch, denn er wird aus einem bisher nur die Brünne schützenden Übergewand zum festen Bestandteil der Rüstung und schließlich am Beginn des 15. Jahrhunderts zum Harnisch. Der lose sitzende, durch Keile erweiterte Überrock schrumpft zu einem Rumpf und Oberschenkel fest umschließenden, ledernen Rüstungsstück zusammen, das innen mit Eisenplättchen belegt ist. Um die Hüften schmiegt sich der schwere, breite Dupsing, der den jetzt Lendner genannten Waffenrock fest an den Körper pressen und durch seine Schwere vor dem Hochschieben bewahren soll. Je weiter die

Beinpanzerung hinaufsteigt, desto kürzer werden Halsberge und Lendner. In den beiden letzten Jahrzehnten des 14. Jahrhunderts beginnt dann, durch Verbesserung der Plattenrüstung sich aus dem Lendner der Harnisch zu entwickeln. Statt der zahlreichen kleineren Eisenplättchen schützt eine in der Mitte scharfgratige, gewölbte Eisenplatte die Brust und zwei durch Scharniere mit der Brustplatte verbundene den Rücken. Unterhalb des nun stark betonten Tailleneinschnittes schließt sich die aus Ringen zusammengesetzte Schurzpanzerung an, oder der Lendner wird in dieser Periode des Überganges zum Plattenpanzer vorn vom unteren Rande bis zur Tailleneinziehung geschnürt. Mit dem Fortfall jeder deckenden Hülle über der Panzerung ist dann der letzte Schritt zum vollständigen Plattenpanzer getan, der die technische Vollendung mittelalterlicher Rüstung bedeutet. Der ungefüge Topfhelm des hohen Mittelalters erhält in der zweiten Hälfte des 14. Jahrhunderts ein Visier mit Augen- und Mundschlitz, das sich an einem Scharnier bewegen läßt. Über dem Kopf steigt er jetzt in steiler Wölbung in die Höhe und senkt sich nach hinten bis in den Nacken herab. Die Halsbrünne wird erst zu Beginn des 15. Jahrhunderts durch eine am Helmrand befestigte Plattenpanzerung ersetzt.

Die geistesgeschichtlichen Hintergründe des umfassenden Formenwandels, der sich in der zweiten Hälfte des 14. Jahrhunderts an der Tracht vollzieht, sind bereits im einleitenden Abschnitt dieses Kapitels kurz angedeutet worden. Sie kennzeichnen den Umschwung, der in der gleichzeitigen bildenden Kunst den Realismus heraufführt, im allgemeinen. Über die besondere Form einiger Gewandstücke, insbesondere alle uns übertrieben und widerspruchsvoll dünkenden modischen Einzelheiten, klärt uns ein Vergleich mit der Ritterrüstung auf. Kriegerische und bürgerliche Tracht des Mannes zeigen in wesentlichen Stücken weitgehende formale Übereinstimmungen. Eine Verbesserung der ersteren war aus technischen Gründen geboten. Sie brachte, wie wir gesehen haben, die Verstärkung des Ringgeflechtes durch die Plattenpanzerung, die, abgesehen von Arm- und Beinschienen, sich vor allem des Waffenrockes bemächtigte und das weite Hängewand zum Lendner umbildete. Ihm entspricht in der bürgerlichen Tracht die Schecke, deren Entwicklung aus dem Rock oder Überrock wir schrittweise verfolgen konnten. Überflüssig dünkte bei ihr der tiefsitzende Gürtel bei starker Taillengliederung, während er beim Lendner seine praktische Bedeutung hat. Sicher ist er von der Ritterrüstung, bei der der Schwertgurt ja schon im 13. Jahrhundert ziemlich tief saß, übertragen worden, wofür auch die Übernahme des ursprünglich nur den ritterlichen Schwertgurt bezeichnenden Wortes Dupsing in die zivile Tracht spricht. Ähnlich mag es sich auch mit den Schnabelschuhen verhalten. Am Eisenschuh hat der scharfe Dorn als Abwehrwaffe seine Berechtigung, in der bürgerlichen Tracht bedeutet er eine modische Übertreibung, die sich allerdings lange großer Beliebtheit erfreut und auch im Verein mit anderen modischen Zuspitzungen das spätgotische Formengefühl treffend zum Ausdruck bringt. Schließlich kann man auch für die eine gewölbte Brust markierende Polsterung der Schecke die zum Harnisch überleitende Plattenpanzerung des Lendners als Vorbild nehmen. Aus alledem wird ersichtlich, wie stark das Ritterwesen immer noch die Mode beeinflußt, in anderem Sinne freilich als im hohen Mittelalter. Nicht das Rittertum als Träger verfeinerter Lebenskultur schafft hier die Formen der Tracht, sondern das Rittertum als Kriegerstand wirkt mit dem Zuschnitt seiner Rüstung auf die bürgerliche Tracht ein.

## 2. Die Zeit lockerer und bauschiger Gewandformen

Zum mindesten für die nächsten zwei Jahrhunderte Trachtengeschichte ist es charakteristisch, daß in formaler Hinsicht eine Tendenz stets von einer entgegengesetzt gerichteten abgelöst wird, ohne daß es, etwa nach Erreichung eines Höhepunktes, zu einem langsamen Abklingen einer Mode oder durch Verschmelzung zweier konträrer Trachtenformen zu einer neuen modischen Einheit kommt. Ziemlich unmittelbar folgt auf die knappe, enge Tracht der zweiten Hälfte des 14. Jahrhunderts ein lockeres, bauschiges Kostüm von weit ausholenden, gerundeten Formen. Ist jene wie kaum eine der folgenden Moden durch den Bau des Körpers bestimmt und kommt nur dann vollendet zum Ausdruck, wenn sich ein ebenmäßiger Wuchs unter ihr birgt, es sei denn, daß man, wie es vielfach geschah, körperliche Mängel durch künstliche Mittel auszugleichen sucht, so läßt diese die Körperformen hinter dichten Falten zurücktreten, die die genauen Umrisse verwischen und nur die Masse als solche bestehen lassen. Ihr Hauptreiz besteht in ihren eigenen, zum Teil in keiner Weise an den Körper gebundenen Formen, die sich zu recht eigenwilligen Gebilden auswachsen. Hierin und in den mannigfaltigen, schnell wechselnden modischen Kleinigkeiten unterscheidet sie sich auch von der ähnliche Tendenzen offenbarenden, aber im ganzen einförmiger wirkenden hochmittelalterlichen Tracht und zeigt, daß sie bereits einer kostümlich fortgeschritteneren Periode angehört. Kündete der für die sichtbaren Dinge der Welt sich schärfende Blick sich zunächst durch ein auf realistische Wiedergabe des Körpers gerichtetes Kostüm an, so bringt das durch den erwachenden Individualismus gestärkte politische Selbstbewußtsein zum ersten Male das Hervortreten lokaler und nationaler Unterschiede in der Tracht. Das Emporkommen bürgerlicher Macht will sich auch in eigenen kostümlichen Schöpfungen dokumentieren. Wie sich einst das gesamte abendländische Rittertum als kulturelle Einheit zusammenfand und die Formen der Tracht bestimmte, so suchen jetzt die zu Kulturzentren aufsteigenden Städte ihrerseits die Mode zu beeinflussen. Modische Mittelpunkte beginnen sich herauszubilden, die in Fragen des Kostüms tonangebend werden, während man sich andernorts zurückhaltender kleidet, und ganz vereinzelt lassen sich auch kostümliche Eigenbildungen feststellen, deren Geltungsbereich mehr oder weniger eng begrenzt ist. Diese Besonderheiten beschränken sich aber nur auf einzelne Teile der Tracht. Meist treten sie an den Kopfbedeckungen zutage. So nimmt z. B. in Köln und am Niederrhein der Kruseler wahrscheinlich wegen der darunter sitzenden Frisur eine Form an, die man auf Grund ihres Umrisses treffend Kleeblattkruseler genannt hat. Sie kehrt in Oberdeutschland auf dem Tiefenbronner Altar des Lukas Moser von 1431 wieder. In Thüringen dagegen, hauptsächlich auf Erfurter Denkmälern, rahmt er nicht in der üblichen weichen Rundung, sondern in scharfkantigen Konturen das Gesicht ein. Größer als diese innerdeutschen Sonderbildungen sind die Unterschiede, die sich im 15. Jahrhundert in der Tracht der einzelnen europäischen Länder und Staaten herauszubilden beginnen. Man kann allmählich an seiner Kleidung den Franzosen, Deutschen oder Italiener deutlich voneinander unterscheiden und in Italien wiederum die Venezianerin etwa von der Dame aus Florenz. In Westeuropa entwickelt in dieser Zeit das französisch-niederländische Kostüm eine von keinem anderen Land erreichte Eleganz und Formenfülle, die nicht ohne Einfluß auf die deutsche Tracht bleibt. Hier ist das im Jahre 1363 unter Philipp dem Kühnen wieder aufgerichtete Herzogtum Burgund tonangebend und behält diese führende Stellung, bis es nach dem Tode Karls des Kühnen, der 1477 in der Schlacht bei Nancy im Kampf gegen die Eidgenossen ums Leben kommt, wieder auseinanderfällt. Es ist sicher kein Zufall, daß gerade in diesem Lande die Tracht des frühen 15. Jahrhunderts sich am üppigsten entfaltet. Umfaßt es doch, teils durch Heirat oder Erbschaft erworben, teils im Kriege erkämpft, fast die gesamten Niederlande, das damals reichste, wirtschaftlich und kulturell am weitesten fortgeschrittene Gebiet Europas, dessen Handelsstädte zu internationaler Bedeutung aufsteigen und dessen bildende Kunst in der Malerei den Realismus der neuen Zeit einleitet. Die weltaufgeschlossenen niederländischen Städte mit ihrem sicher fundierten Reichtum, ihrem blühenden Gewerbe und ihrer großzügig-behäbigen bürgerlichen Kultur ermöglichen den durch ihre Herkunft an das französische Hofleben gewöhnten burgundischen Herzögen die Entfaltung der Macht und des Glanzes, die ihren Hof zum prächtigsten in ganz Europa machen. Höfische Eleganz und bürgerliche Gediegenheit formen auch die neue Mode, in der der französische Westen sich zum ersten Male deutlich nachweisbar als tonangebend erweist. Die gleiche Mannigfaltigkeit wie die französisch-niederländische Tracht und denselben überquellenden Reichtum an Einzelformen hat die deutsche nicht aufzuweisen. Sie tritt aber ihrerseits auch mit einer Reihe zwar nicht ganz so eleganter, aber ebenso charakteristischer, das veränderte Formengefühl zum Ausdruck bringender Neubildungen hervor.

Schon in den beiden letzten Jahrzehnten des 14. Jahrhunderts kündet sich der Formenwandel in der Tracht an. Vor allem weisen der lange Rock mit Taillengürtung sowie der weit geöffnete Halbärmel oder der Tütenärmel an der Schecke den Weg, den die Mode in den folgenden Jahrzehnten einschlägt. Die Schecke wird abgelöst durch den Tappert (mhd. taphart, daphart, frz. tabard), einen faltigen Überrock von wechselndem Schnitt. Größe, Zuschnitt und Material sind so beschaffen, daß er den Mantel entbehrlich macht, vielmehr Mantel und abschließendes Obergewand in einem darstellt. Das jetzt einsetzende wachsende Interesse an Einzelformen gegenüber dem auf die große schmucklose Linie gerichteten Sinn des hohen Mittelalters tritt besonders an den voluminösen Ärmelbildungen zutage. Aber auch für Weite, Länge und Kragenschnitt ergeben sich reiche Entwicklungsmöglichkeiten. Die eigenwilligste Ärmelform ist der Beutelärmel. Der lose geschnittene Ärmel läuft am Unterarm in einen weiten Beutel aus, der bald an Ausdehnung zunimmt und erst in den dreißiger Jahren hinter anderen Formen zurücktritt. Ein häufig mit Pelz verbrämter, breiter Schlitz am oberen Teil des oft bis zu den Knien reichenden Beutels ermöglicht das Durchstecken der Arme. Seltener ist die vor allem für die französisch-niederländische Tracht charakteristische Form, bei der der Beutelärmel fest das Handgelenk umschließt. An Umfang übertrifft ihn noch der lange Flügelärmel, der vom Ellbogengelenk in weiter Öffnung herabhängt oder in einen losen Rückenumhang übergeht. Reichlicher Zaddelschmuck bei beiden Ärmeln trägt noch mehr zu ihrer Fülle bei. Im Hinblick auf Größe und Stoffreichtum stellen sie Extreme dar. Eine mäßige Lockerung gegenüber der prallen Enge des 14. Jahrhunderts zeigt ein leicht gebauschter Ärmel, der am Handgelenk von einer kleinen Manschette zusammengehalten wird und auch am Wams Verwendung findet. Die schlichteste und angemessenste Ärmelform, die zu den Bildungen der zweiten Hälfte des 15. Jahrhunderts überleitet, ist ein bequem sitzender, gleichmäßig weiter Ärmel. Wie ein Rückgriff auf die ärmellosen Obergewänder des hohen Mittelalters mutet der Tappert mit weiten Armschlitzen an, der vom 3. bis ins 7. Jahrzehnt getragen wird. Neben ihm behauptet sich ein etwa der Husse entsprechender, an den Seiten offener Tappert. Die Kragenbildung, auf die die französisch-niederländische Tracht neben den Ärmeln ihr besonderes Augenmerk richtet, fällt bei der deutschen weniger ins Gewicht. Man trägt den Tappert mit kleinem rundem Halsausschnitt oder mit einem meist halbhohen Stehkragen, der vorn entweder offen auseinandersteht oder durch Verschnürung oder Knöpfe geschlossen wird. Nur vereinzelt erreicht er die Höhe und Eleganz seiner westlichen Vorbilder. Die gleiche Lockerung, Weichheit und Fülle wie die Ärmel zeigt auch der Gesamtzuschnitt des Tappert. In seine losen, faltigen Stoffmassen hüllt er den Körper ein, ihn bald bis zu den Fußspitzen bedeckend, bald bis zur Wade oder zum Knie entblößend. In der Fältelung macht sich eine gewisse Regelmäßigkeit und die Bevorzugung tiefer, schwerer Röhrenfalten bemerkbar. Oft sind Vorder- und Rückenteil in breite Falten gelegt, während die Seiten glatt bleiben. Soweit der Tappert nicht frei ausfällt, hält ein bequem umgelegter Gürtel ihn in der Taille oder über den Hüften zusammen, ohne wie ehedem bei der Schecke die eine oder die andere Körperpartie besonders zu betonen. Der Verschluß wechselt. Meist wird der Tappert wieder wie die alten Schlupfgewänder über den Kopf gestreift und ist zu diesem Zweck mit einem vorderen, bisweilen mit Knöpfen zu schließenden Schlitz versehen. Auch die Knöpfung auf der Schulter findet sich. Die Zaddelung wurde schon bei den Ärmeln erwähnt. Sie greift auch auf den unteren Rand des Tappert über und kehrt am Kragen der Gugel sowie an den aus ihn hervorgehenden, turbanartigen Kopfbedeckungen wieder. Bereits zum Jahre 1351 heißt es in der Limburger Chronik: „Di lappen an den gugeln waren versniden unde gezaddelt." Im ersten Drittel des 15. Jahrhunderts erreicht die Zaddelmode ihren Höhepunkt, trotzdem die Obrigkeit immer wieder gegen sie ankämpft und schon eine Nürnberger Polizeiverordnung vom Ende des 14. Jahrhunderts bestimmt hatte, daß es verboten sei, „zerhauven rock, der unten und an den ermeln zerschnitten sei", zu tragen. Die Zaddeln bilden nicht die einzige Verzierung des Tappert. Wo sie fehlen, sind dafür häufig der untere Rand, die seitlichen Schlitze, die Armausschnitte und die Halsöffnung mit Pelz verbrämt, der zu der reichen Musterung des Damast- oder Brokatgewebes oder zu dem kräftigen Kolorit des Wollstoffes einen wirkungsvollen Gegensatz bildet. Wenige Jahrzehnte nach der Zaddelmode kommt gegen Ende des 14. Jahrhunderts die Schellenmode auf, die ebenfalls bis weit in die erste Hälfte des 15. Jahrhunderts hinein dauert. Man liebt es, vom Dupsing an Ketten kleine Glöckchen herabhängen zu lassen oder sich einen Schellenkragen um die Schultern zu legen, eine modische Spielerei, an der die Narrentracht festhält. Das unter dem Tappert getragene Wams spielt noch die gleiche untergeordnete Rolle wie in den vorangegangenen Jahrzehnten. Fast nur Ärmel- und Kragenbildung sind der Betrachtung zugänglich. Es überwiegt der glatte, enge Ärmel, den um die Jahrhundertwende noch die Muffe ziert. Daneben findet sich wie am Tappert ein oft beträchtliche Dimensionen annehmender, gebauschter Ärmel mit festem Bündchen am Handgelenk. Am Hals schließt das Wams mit rundem Ausschnitt oder mit einem halbhohen Stehkragen ab. Im übrigen gleicht es in seinem Gesamtschnitt etwa der verkürzten Schecke, liegt am Rumpf fest an und dient zur Befestigung der Beinlinge, die noch in gewohnter Weise getragen werden.

Bei den Fußbekleidungen macht sich eine Rückbildung des Schnabelschuhes zu maßvollen, dem Umriß des Fußes angepaßten Formen bemerkbar. Neben den üblichen Schlupf- und Schnallenschuh und die Ledersohlen, die jetzt eine große Rolle zu spielen beginnen, treten in den ersten Jahrzehnten des 15. Jahrhunderts ein halbhoher Stiefel meist mit seitlicher Schnürung und seit dem zweiten Viertel zweihackige Holzsohlen mit einem Lederriemen über dem Fuß, die Trippen. Diese in der französisch-niederländischen Tracht besonders beliebte Beschuhung, die nur auf der Straße getragen wird, deren Zustand eine einigermaßen gegen Schmutz schützende Fußbekleidung erfordert, paßt sich in Länge und Breite der jeweils herrschenden Schuhmode an und behauptet sich in Deutschland bis ans Ende des 15. Jahrhunderts.

Die so vielgestaltig anmutenden Kopfbedeckungen lassen sich zum großen Teil auf die Gugel zurückführen, deren gewohnte Form als Kragenkapuze sich jetzt zu turbanartigen Gebilden umwandelt, indem der Kragenrand hochgerollt und mehrfach verschlungen wird, während der Kopfteil sich sackartig erweitert und oft bis auf die Schulter herabfällt. Der lange Zipfel der „geschwänzten Gugel" findet als Tragband Verwendung, das entweder lose herunterhängt oder um Kinn und Kopf geschlungen wird und nach dem Seidenstoff, Zendal, aus dem die Gugel besteht, den Namen Sendelbinde führt. Aber auch in der alten Form, der Mode entsprechend jetzt hauptsächlich mit gezaddeltem Kragenrand, wird die Gugel noch beibehalten, ebenso ist auch die hohe Krempenmütze mit gewölbtem Kopf noch nicht geschwunden und der Hut mit schräger Krempe. Dagegen scheint ein Filzhut mit breiter, etwas aufgeschlagener Krempe und hohem geradem Kopf, in Frankreich und den Niederlanden, wo diese Hüte in Brügge in besonderer Güte hergestellt wurden, eine bevorzugte Kopfbedeckung, sich in Deutschland nicht der gleichen Beliebtheit erfreut zu haben.

Besonders modisch wirkt ein Haarschnitt, der gleichzeitig mit Tütenärmel und hohem Stehkragen gegen Ende des 14. Jahrhunderts aufkommt und sich bis ins erste Viertel des 15. Jahrhunderts hält. Das vom Wirbel gleichmäßig nach allen Seiten gekämmte Haar wird im Nacken und über den Ohren abrasiert, so daß es glatt wie eine Kappe den Schädel bedeckt, häufig aber auch sich in Locken über den Kopf ringelt. Mehr an die gewohnte Haartracht schließt sich eine Frisur an, bei der das Haar weich und lockig bis in den Nacken fällt und sich über Schläfen und Ohren in leichten Locken aufbauscht. Auch ein Mittelscheitel ist in den ersten Jahrzehnten des 15. Jahrhunderts nicht selten. Das Gesicht bleibt bartlos, nachdem der kurze Spitz- und Vollbart wieder geschwunden sind.

Während der Tappert in der Männertracht den Mantel entbehrlich macht, hält die Frau an dem langen, ärmellosen Umhang fest, dessen Verschluß jetzt bis unter das Kinn hinaufrückt und gewöhnlich von Haube oder Kopftuch verdeckt bleibt. Meist greift das Pelzfutter auf die Ränder des mit dem fortschreitenden 15. Jahrhundert an Weite zunehmenden Mantels über. Modische Eleganz verrät ein steifer, hochgestellter Kragen am Mantel, der dem gleichzeitigen Tappert entlehnt ist. Diesem entsprechen auch die Ärmelformen des Kleides, der Beutel- und Flügelärmel, sowie später der glatte verengte Ärmel. Auch im Gesamtzuschnitt macht es denselben Formenwandel durch wie die männlichen Obergewänder.

Es modelliert den Körper nicht mehr, läßt ihn aber auch nicht hinter Faltenmassen völlig verschwinden. Der breite Ausschnitt geht zu Beginn des 15. Jahrhunderts wieder zurück. Das Kleid reicht jetzt bis zum Hals, schließt hier mit einem niedrigen, bisweilen vorn offenen Stehkragen ab oder mit kleinem rundem Ausschnitt, der sich erst im letzten Viertel des 15. Jahrhunderts wieder erweitert und von dem mehr spitz verlaufenden der französisch-niederländischen Tracht unterscheidet. Gleichzeitig mit dem Hinaufrücken des Ausschnittes nimmt auch der Gürtel seine ursprüngliche Lage wieder ein und läßt die Figur in dem langen, ringsum schleppenden Kleide fast kurztaillig erscheinen. Als charakteristische Neubildung tritt neben das Kleid mit Tüten-, Beutel- oder Flügelärmel eine Art Mantelkleid, bei dem die Gürtung nur vorn sichtbar ist. Den Rücken und die Seiten hüllt ein unterhalb der Schultern hervorwachsender, angeschnittener Umhang ein, der die Länge des Kleides erreicht. Eine Variante, die dem Tappert mit Armschlitzen zu vergleichen ist, stellt ein hauptsächlich auf Nürnberger Denkmälern begegnendes Kleid dar, bei dem der Rückenumhang an den Seiten nicht offen herabhängt, sondern statt dessen zwei weite, mit Pelz umrandete Armschlitze aufweist. Wie bei der männlichen Tracht bilden auch am Kleide der Frau die Zaddeln einen Schmuck der umfangreichen Ärmelformen und Gewandränder, und sogar der wie ein Bandelier umgelegte Schellenkragen findet sich gelegentlich. Ebensowenig wie das Wams unter dem Tappert wird das Untergewand unter dem Kleid sichtbar. Im Ärmelschnitt setzt es die Tradition des 14. Jahrhunderts fort, denn in den ersten drei Jahrzehnten überwiegt noch der enge Ärmel mit kleinen Knöpfen, dann wird er locker und faltig und schließt wie der Wamsärmel mit einem Bündchen am Handgelenk ab. Am Halse ist das am Oberkörper eng anliegende Unterkleid meist rund ausgeschnitten, der Rock fällt, da das Kleid wegen seiner schleppenden Länge gerafft werden muß, bis auf die Füße herab. Diese stecken in kurzen Socken und flachen, gewöhnlich das ganze Fußblatt bedeckenden Schuhen, die erst wieder gegen die Jahrhundertmitte länger und spitzer zu werden beginnen.

Die vorherrschende Kopfbedeckung im ersten Drittel des 15. Jahrhunderts ist noch der Kruseler in den beschriebenen Formen als Kragenkruseler und in Verbindung mit der Rise. Die lokal begrenzten Sonderbildungen des abgeeckten und Kleeblattkruselers sind bereits erwähnt worden. Mit dieser Rüschenhaube, deren geringe Entwicklungsmöglichkeiten geschickt ausgenutzt werden, hat die deutsche Tracht sich eine reizvolle Kopfbedeckung geschaffen, an der sie fast ein Jahrhundert festhält. In anderen Ländern findet sie sich kaum, nur die französisch-niederländische Tracht kennt in den ersten Jahrzehnten des 15. Jahrhunderts ein der Frühform des Kruselers entsprechendes, mit Rüschen umsäumtes Kopftuch. Auch der glatte Kopfschleier kommt jetzt wieder zu seinem Recht. Er ist lang und schmal, wird lose über den Kopf gelegt mit den Enden nach vorn oder über die Schulter zurückgeworfen. Erst nach der Jahrhundertmitte tritt er wieder mehr hinter festgeknoteten Haubenformen zurück. Die Anfänge dieser aus dem Kopftuch geknüpften, allmählich zu komplizierten und umfangreichen Gebilden anschwellenden Hauben fallen in die Frühzeit des 15. Jahrhunderts und sind denkbar einfachster Art. Das rechteckige Kopftuch wird mit seiner Breitseite über den Kopf gelegt und unter dem Kinn zusammengehalten. Bald genügt diese schlichte Form nicht mehr, und man beginnt, das Tuch in besondere Brüche zu falten. Darunter wird häufig eine Kopf, Kinn und Hals bedeckende Binde umgebunden.

Die Frisur bleibt oft noch ähnlich der des 14. Jahrhunderts; man trägt weiterhin das offene, im Nacken etwas zusammengefaßte Haupthaar, das sich locker über Schläfen und Wangen herabringelt. Als neue Mode kommt die sog. Hörnertracht auf, bei der das Haar über den Schläfen zu gedrehten oder geflochtenen Knoten aufgesteckt wird, die entweder von kreuzweis über den Kopf gelegtem Band umschlossen oder von einem Haarnetz überspannt werden. Diese Frisur, der der Kleeblattkruseler seinen Umriß verdankt, scheint sich in Deutschland hauptsächlich auf den Westen beschränkt zu haben, der sich hierin an die benachbarte französisch-niederländische Tracht anlehnt, die die Hörnerfrisur schon seit dem Ende des 14. Jahrhunderts kennt und sie in der Folgezeit zu immer größer und steiler werdenden Formen entwickelt. Eine eng anliegende Haube mit zwei hörnerartigen Erweiterungen über den Haarknoten verdeckt hier die Frisur. Während die Hörnertracht das Haar an zwei Stellen zusammenballt, kommen bei einer anderen vorwiegend deutschen Frisur, die noch zu Beginn des 16. Jahrhunderts allgemein getragen wird, die von hinten lose um den Kopf gelegten Zöpfe besonders zur Geltung.

Seit mit dem 15. Jahrhundert lokale Unterschiede in der europäischen Modetracht hervorzutreten beginnen, ist es nicht immer leicht, ihren Geltungsbereich genau festzulegen. Dies gilt weniger von den deutschen Sonderbildungen, die sich meist mit ziemlicher Bestimmtheit umgrenzen lassen, als von den Modeformen, die sich in der tonangebenden französisch-niederländischen Tracht zu besonderer Prägnanz und Vielfalt entwickeln. Auf glaubwürdigen Porträtdarstellungen, Grabsteinen, Epitaphien, Stifterbildnissen auf Gemälden religiösen Inhalts, zu denen sich in der zweiten Hälfte des 15. Jahrhunderts die ersten gemalten Porträts gesellen, fehlen sie wie auch modische Extravaganzen, während Darstellungen erzählenden Charakters, neben der Tafelmalerei hauptsächlich Graphik und Handschriftenillustrationen, sie wiedergeben und darüber hinaus durch ihre bunte Mannigfaltigkeit das modische Bild außerordentlich bereichern. Um ein konkretes Beispiel zu nennen: die Hörnerfrisur findet sich hauptsächlich auf westdeutschen, speziell kölnischen Stifterbildnissen, sonst, vor allem in ihren Spätformen, die gerade in der französisch-niederländischen Tracht besonders ausgeprägt sind, nur noch auf genrehaften Darstellungen. Ebenso kehrt die gleichfalls an das burgundische Vorbild gemahnende Eleganz in der Männertracht, durch die sich z. B. die Gemälde des Konrad von Soest, der berühmte Nieder-Wildunger Altar von 1404 und der später entstandene Dortmunder Marienaltar auszeichnen, nur ganz vereinzelt und eingeschränkt auf Porträtdarstellungen wieder. Wo liegt hier die genaue Grenze? Gehörten viele der in Burgund zu reicher Ausgestaltung gelangten Modeformen auch zum festen Bestande der deutschen Tracht oder geben nur die einen einfacheren Zuschnitt zeigenden Grabdenkmäler und Votivbilder ihr wahres Abbild wieder? Es wird sich weder das eine noch das andere mit einem ausschließlichen Ja beantworten lassen. Sicher hat man sich in den Rheinlanden, das liegt nahe und läßt sich auch beweisen, französisch-niederländisches Trachtengut eher zu eigen gemacht als in innerdeutschen Kulturzentren, von denen Erfurt im frühen 15. Jahrhundert in modischer Hinsicht besonders fortschrittlich gewesen zu sein scheint. An den Fürstenhöfen herrscht von vornherein, begünstigt durch ausgedehnte verwandtschaftliche Beziehungen, größere Eleganz und Mannigfaltigkeit als in den in der Entfaltung ihres Kleiderluxus durch obrigkeitliche Verbote immer noch eingeschränkten Städten. Im übrigen aber ist das modische Gesamtbild der deutschen Tracht im 15. Jahrhundert, wie bereits betont, tatsächlich einfacher und zurückhaltender als im benachbarten Westen, der in Fragen des Kostüms allein anregend und gebend auf sie einwirkt. Die Tracht bestätigt hier die allgemeine kulturelle Lage. Deutschland nimmt im 15. Jahrhundert nur wenig teil am großen Leben der europäischen Welt. Das neue Bildungsideal reift in Italien, die Zentren der modernen Kunst sind die italienischen Städte und die burgundischen Niederlande, und an den großen überseeischen Entdeckungen ist es unbeteiligt. Dazu kommt die innere Zersplitterung und Uneinheitlichkeit, das Fehlen einer starken Zentralgewalt, die im europäischen Staatenverbande die Einheit des Reiches vertritt. Der deutsche Kaiserhof ist weniger als je das Zentrum deutscher Kultur und wird an Luxus und Eleganz vom burgundischen Hof weit überstrahlt. Auch die einzelnen Fürstenhöfe, im hohen Mittelalter einst Mittelpunkte kulturellen und geistigen Lebens, man braucht nur an den Welfenhof zur Zeit Heinrichs des Löwen, an die Babenberger in Wien oder an den Hof des Landgrafen Hermann von Thüringen zu denken, treten im 15. Jahrhundert nur wenig hervor, und selbst die aufstrebenden deutschen Handelsstädte sind, verglichen mit den gleichzeitigen niederländischen und italienischen Handelsmetropolen und Stadtrepubliken, noch von kleinbürgerlicher Enge und provinzieller Rückständigkeit.

### 3. Die wieder verengte Tracht der zweiten Hälfte des 15. Jahrhunderts

Die zweite Hälfte des 15. Jahrhunderts bringt zwar ein verändertes modisches Bild, steht aber an Reichtum und Fülle der Formen immer noch hinter dem fortgeschrittenen Westen zurück.

Im Vergleich zu den raffinierten Spielereien französisch-niederländischer Modeformen im dritten Viertel des 15. Jahrhunderts ist die deutsche Tracht nach der Jahrhundertmitte von einer fast befangen wirkenden Zurückhaltung, die erst schwindet, als im Laufe der letzten Jahrzehnte sich Neubildungen bemerkbar machen, die in den neunziger Jahren zu schneller Entwicklung gelangen und zu der Üppigkeit des 16. Jahrhunderts überleiten. Standen die ersten Jahrzehnte des 15. Jahrhunderts im Zeichen lockerer gebauschter Kostümformen, so tritt gegen die Mitte bereits wieder eine Verengung ein, die, entsprechend der Tracht des 14. Jahrhunderts, in den achtziger Jahren ihren Höhepunkt erreicht. Wie vor hundert Jahren ist die Mode wieder auf Betonung der Körperformen eingestellt, unterscheidet sich aber von dem damaligen Kostüm durch eine gewisse Spitzigkeit der Linienführung, die den Menschen eine bestimmte eckige Beweglichkeit und Gespreiztheit verleiht. Darüber hinaus steht die Tracht jetzt im Dienste eines mit absoluter Einheitlichkeit durchgeführten Formprinzips, der Betonung des Vertikalen, die sich vor allem in einer zunehmenden Verlängerung einzelner Teile des Kostüms über die gegebene Körperform hinaus äußert. Der Tappert bleibt weiterhin das Hauptobergewand der männlichen Kleidung. Von den vielen Formen der ersten Jahrhunderthälfte hält sich nur der seit den dreißiger Jahren sich durchsetzende etwa knielange, gegürtete Rock mit regelmäßiger vorderer und rückwärtiger Fältelung und gleichmäßig geschnittenen Ärmeln. Seinen Schmuck bildet die Pelzeinfassung der Ränder, Schlitze, Ärmel und des Kragens; auch die Almosentasche hängt noch immer am Gürtel in nur wenig veränderter Form. Am Jahrhundertende hat er alle modische Eleganz eingebüßt und ist zu einem bequemen Rock geworden, der von gleichem Zuschnitt, nur aus derberem Stoff und ohne Pelzverbrämung auch vom Bauern getragen wird. An die lange lockere Frühform des Tappert erinnert ein ungegürtet bis auf die Füße herabfallender, faltiger Rock, der gelegentlich noch über den Kopf gestreift werden muß, meist aber vorn sich in ganzer Länge öffnet und am Halse mit einem umgelegten Pelzkragen abschließt, der sich als schmaler Pelzstreifen an den Rändern fortsetzt. Aus diesem vorn offenen, gürtellosen Überrock mit bald sich erweiternden Ärmeln geht die Schaube hervor, das repräsentative Obergewand der ersten Hälfte des 16. Jahrhunderts. Die Verengungstendenz der Tracht kommt seit den sechziger Jahren in einem hauptsächlich der jüngeren Generation vorbehaltenen, kurzen Obergewand zum Ausdruck, das am Oberkörper fest anliegt, die Tailleneinziehung deutlich markiert und mit seinem kleinen, vorn und hinten gefälteten und an den Seiten geschlitzten Schoß die Hüften knapp bedeckt. Mit der Reichhaltigkeit der gleichzeitigen französisch-niederländischen Mode, die ihr Hauptaugenmerk wieder auf die Ärmel- und Kragengestaltung richtet, kann sich dieses Obergewand sowie die zuvor geschilderten Überröcke nicht messen. Seine Ärmel sind glatt und meist von gleichmäßig bequemem Zuschnitt, der Halsabschluß ist einfach, ohne Kragen. Schmückend wirkt ein in die Rückenbahn eingesetzter spitzer Zwickel — es ist schwer ersichtlich, ob es sich nur um einen Zwickel oder einen tatsächlichen Ausschnitt handelt —, mit dem bald der bis zur Taille reichende, spitze Ausschnitt des anfänglich hochgeschlossenen Obergewandes korrespondiert. Einen ganz ähnlichen Zuschnitt nimmt zur gleichen Zeit das Wams an. Es öffnet sich ebenfalls weit über der Brust, und unter dem verschnürten spitzen Ausschnitt wird das Hemd sichtbar, das von nun an zu einem auch das Äußere der Tracht stark mit beeinflussenden Teil derselben wird. Häufig füllt auch statt des weißen Hemdes ein farbiges, von dem Kolorit des Wamses sich deutlich abhebendes Gewandstück den Ausschnitt aus. In ihm können wir wohl das zu Anfang des 16. Jahrhunderts häufig erwähnte Brusttuch (auch Brustfleck genannt) erblicken, das auch den tiefen Ausschnitt des Frauenkleides bedeckt. Neben dem spitz ausgeschnittenen Wams, das seit den letzten Jahrzehnten des 15. Jahrhunderts auch ohne verhüllendes Obergewand getragen wird und wie das Hemd ebenfalls wachsenden Einfluß auf die äußere Gestaltung der Tracht erlangt, behauptet sich bis in die neunziger Jahre ein durch Knöpfe oder Schnüre hochgeschlossenes Wams, meist mit halbhohem Stehkragen, der unter dem Obergewand hervorsieht. Am Ärmelschnitt machen sich einige Neuerungen bemerkbar. Im dritten Viertel des 15. Jahrhunderts schwillt der enge Ärmel an den Achseln oft zu kleinen Puffen an, einer Modeform, die besonders

Stifterfiguren in der Schloßkirche zu Barby, Ende 14. Jh.

Sog. Esiko im Dom zu Merseburg, um 1380

Hans Multscher, Hl. Georg, vor 1458

Knieende Stifterin,
1. Drittel 15. Jh.

Knieender Stifter,
Anf. 15. Jh.
(Von der Lorcher Kreuztragung)

Tafel 16

Doppelgrabstein Joh. v. Dalberg u. Anna v. Bickenbach in der Katharinenkirche zu Oppenheim, † 1415

Grabstein des Nikolaus Hofmaier in St. Moritz zu Augsburg, † 1427

Tafel 18

Friedrich Herlin, Männer im Betstuhl, um 1460/70

Friedrich Herlin, Frauen im Betstuhl, um 1460 70

Grabstein des Theodor Brun, † 1462

in der französisch-niederländischen Tracht weite Verbreitung gefunden und auf die Gestaltung des Obergewandärmels eingewirkt hat. Dann tritt, gleichsam als fühle der Arm sich durch den engen Ärmel in seiner Bewegungsfreiheit gehemmt und suche sich nun gewaltsam Spielraum zu verschaffen, an verschiedenen Stellen eine Schlitzung ein, die sich entweder auf seine halbe oder ganze Länge erstreckt oder auf die Gelenke am Ellbogen und an der Schulter beschränkt. Querbänder oder kleine Schnüre halten die restlichen Teile des Ärmels zusammen. Gleichzeitig mit der Schlitzung setzt langsam von neuem wieder eine Fülle und Bauschung der Gewandformen ein, da der Ärmel des Hemdes oder unterlegter Stoff nun durch die Schlitze und Einschnitte quellen kann. Dazu wird in den neunziger Jahren auf eine vor einem Jahrhundert gebräuchliche Mode zurückgegriffen: der Ärmel endet am Handgelenk wieder in einer kleinen Muffe, die hinter der früheren an Größe zurücksteht. Die Länge des Wamses hat abgenommen. Es reicht jetzt gerade bis zum Tailleneinschnitt, wo die länger gewordenen Beinlinge, die inzwischen zur Hose zusammengewachsen sind, aber sich auch in der alten getrennten Form noch bis ans Ende des Jahrhunderts halten, an ihm festgenestelt werden. Die Änderung des Gewandschnittes bringt es mit sich, daß auf das Hemd jetzt größere Sorgfalt gelegt wird als bisher, wo es nur ein notwendiges Kleidungsstück war. Es hat einen weiten, runden Ausschnitt, der den Mann in Anlehnung an die gleichzeitige Frauentracht bis zu den Schultern entblößt. Vorn ist es meist dicht gefältelt und mit abschließender Stickerei in Gold und bunter Seide geschmückt. Die Ärmel, die aus den Schlitzen des Wamses herausquellen, sind lang und weit und schließen am Handgelenk mit einem kleinen Bündchen oder einer Krause ab. Als Ersatz gleichsam für das in den letzten Jahrzehnten beiseite gelassene enge Obergewand hängen die jungen Leute sich keck ein kurzes Mäntelchen über eine Schulter, das von einer langen Schnur lose zusammengehalten wird und mehr enthüllt als es verdeckt. Es hebt die Knappheit des Wamses und der nun in ihrer ganzen Länge sichtbaren Hose eher noch hervor. Diese liegt so eng und prall an, daß der den vorderen Verschluß bildende, dreieckige Hosenlatz sich zur sog. Schamkapsel oder Braguette erweitert, die in der ersten

Hälfte des 16. Jahrhunderts zu einem voluminösen Gebilde anschwillt. Im Gegensatz zu der ähnliche Tendenzen verfolgenden knappen Tracht des späten 14. Jahrhunderts, die trotz aller Enge durch die halblange Schecke und den tief umgelegten Dupsing der Figur doch eine gewisse Gedrungenheit verlieh, läßt das Kostüm des ausgehenden 15. Jahrhunderts mit seiner bis zum Tailleneinschnitt reichenden Hose und dem spitz ausgeschnittenen Wams die Gestalt gestreckt erscheinen.

Schuhe und Kopfbedeckungen steigern diese Vertikaltendenz. Man bevorzugt wieder den Schnabelschuh, der dem des 14. Jahrhunderts an Länge nicht nachsteht und ihn an Schärfe der Zuspitzung eher noch zu übertreffen scheint. Unter ihn werden meist die Trippen gebunden, deren Länge sich der des Schnabels anpaßt. Die Schuhe sind jetzt weiter ausgeschnitten als früher und bedecken häufig nur noch Hacken, Zehen und die seitlichen Ränder des Fußes. Dieser Schuhschnitt erweist sich als der entwicklungsfähige und leitet über zu den breit ausladenden Entenschnäbeln, Bärenklauen und Kuhmäulern des 16. Jahrhunderts. Natürlich bleiben neben den die Mode auf die Spitze treibenden Schnabelschuhen die bequem sitzenden, halbhohen Schlupfschuhe mit Riegelverschluß noch weiterhin in Gebrauch. Daneben ist wieder einmal ein Stiefel aufgekommen, dessen langer Schaft diesmal bis unter das Knie reicht und meist umgeschlagen wird, ein Vorläufer der hochschäftigen Stiefel des 17. Jahrhunderts.

Wie der Fuß durch den Schnabelschuh über seine natürlichen Dimensionen hinaus verlängert wird, so wird der Kopf erhöht durch eine im achten und neunten Jahrzehnt vorherrschende, etwa der Kuppa eines umgestülpten Kelches zu vergleichende Mütze, die den Hinterkopf zur Hälfte frei läßt. Sie spielt wie so manches andere Kleidungsstück in der französisch-niederländischen Tracht eine besondere Rolle. Älter und weniger prägnant als diese kelchartige ist eine den ganzen Kopf bedeckende Mütze mit schmaler, vorn hochgeschlagener Krempe. Aus Pelz hält sie sich bis weit in das 16. Jahrhundert hinein. Als letzter Rest der aus der Gugel entwickelten Turbanformen mit sackartigem Kopfteil, die der ersten Hälfte des 15. Jahrhunderts ihr charakteristisches Gepräge gaben, tritt uns seit den sechziger Jahren eine Zipfelmütze entgegen, deren mehr oder weniger spitzer Zipfel, der nach einer Seite überhängt, in einer breiten Quaste endigt. Im vorletzten und letzten Jahrzehnt kommen als neue Kopfbedeckungen, die erst in der ersten Hälfte des 16. Jahrhunderts zu voller Entfaltung gelangen, die Netzhaube, auch Kalotte oder Haarhaube genannt, auf und das Barett. Die erstere, die aus einem leichten Gewebe, das ihr den Namen gegeben hat, besteht, schmiegt sich eng um den Kopf, nimmt aber auch Dimensionen an, die an die gleichzeitige Frauenhaube erinnern. Am Rande wird sie von einem festen Bande zusammengehalten. Das Barett erscheint zuerst in seiner einfachsten Form mit hinten hochgeschlagener Krempe. Unter den meist den Hinterkopf frei lassenden Kopfbedeckungen quillt das üppige, lockige Haupthaar hervor, das man seit der Jahrhundertmitte in wachsender Länge trägt, bis es sich am Ende in dichten Locken um Nacken und Schultern ringelt. Gleichzeitig setzt auch eine Verlängerung des Haares in die Stirn hinein ein, die häufig fast ganz zugedeckt wird. Das Gesicht bleibt noch vorwiegend bartlos.

Die Frauentracht paßt sich der Verengung der Gewandformen sowie der Streckung der Proportionen und der Betonung der Vertikalen in gleicher Weise an wie das männliche Kostüm. Dabei gilt auch hier wieder die für das 15. Jahrhundert schon so oft betonte Tatsache: Gesteigerter als in der deutschen Frauentracht kommt der Formenwille der ausklingenden Spätgotik in der französisch-niederländischen Tracht zum Ausdruck. Der ärmellose Mantel wird zunächst in gewohnter Weise beibehalten. Gegen das Jahrhundertende hin nimmt er an Weite und Faltigkeit zu, wobei sich besonders eine parallele Fältelung bemerkbar macht, die ebenso wie ein neu auftauchender, spitzer Nackenausschnitt, der meist von einem hellfarbigen Einsatz ausgefüllt wird, erst jenseits der Jahrhundertwende zur vollen Entwicklung gelangt. Das Kleid zeigt in den Einzelheiten die gleichen Veränderungen, die sich am Rock und Wams des Mannes beobachten ließen. Es umschließt wie bisher eng den Oberkörper und fällt unterhalb des die Taille fest umspannenden Gürtels lose und faltig herab. Am Halse hat es jetzt einen runden, mäßig weiten Ausschnitt, und statt der mannigfaltigen stoffreichen Ärmelbildungen des frühen 15. Jahrhunderts herrscht ein glatter, gleichmäßig weiter Ärmel vor. Erst gegen Ende der achtziger Jahre weicht diese betonte Einfachheit und Schmucklosigkeit etwas reicher wirkenden Formen. Der runde Ausschnitt erweitert sich zusehends, bis wieder das weite Dekolleté vom letzten Drittel des 14. Jahrhunderts erreicht ist. Außerdem wird das Kleid jetzt über der Brust aufgeschnitten und der Schlitz durch Schnüre, Ketten oder Spangen zusammengehalten. Den Einschnitt füllt ein aus Brokat, Spitze oder Stickerei bestehender Brustlatz aus. Am Ausschnitt befestigte Ketten oder Perlenschnüre, die von einer Schulter zur anderen übergreifen oder um den Hals gelegt sind, verhindern, daß bei der zunehmenden Weite des Ausschnittes das Kleid von den Schultern gleitet. Durch diesen weiten runden Ausschnitt unterscheidet sich die deutsche Tracht von der französisch-niederländischen, die den spitzen bevorzugt, der mit der Zeit an Tiefe zunimmt und gewöhnlich von einem im Kolorit kontrastierenden Pelz- oder Samtbesatz gerahmt wird. In abgeschwächter Form wird der spitze Ausschnitt von der kölnischen Tracht übernommen, auch am Mittelrhein tritt er vereinzelt auf. Es läßt sich also im Rheingebiet wieder wie bereits in den ersten Jahrzehnten des 15. Jahrhunderts die Annahme westlich benachbarter Kostümformen beobachten, für die vor allem die niederrheinisch-kölnische Tracht besonders empfänglich erscheint. Das gleiche gilt für den Ärmelschnitt und wird sich auch bei der Kopftracht feststellen lassen. Man trägt in Köln um die Jahrhundertwende einen nach unten sich stark erweiternden Ärmel ähnlich wie in der niederländischen Tracht. Im übrigen Deutschland überwiegt der wieder verengte, bisweilen nur halb- oder dreiviertellange Ärmel, der ganz oder teilweise aufgeschlitzt und mit Stoff unterlegt ist, der sich durch die Schlitze bauscht. Der lange, am Unterarm glatte Ärmel endet mit einer bis zum Fingeransatz reichenden, trichterförmigen Erweiterung. Der Rock des Kleides, der bisher in natürlichem Faltenwurf bis auf die Erde herabfiel, trägt seit dem vorletzten Jahrzehnt durch leichte Änderungen im Schnitt ebenfalls zur Belebung und reicheren Ausgestaltung des Gesamtkostüms bei. Bisweilen ist er vorn in der Mitte aufgeschnitten, oder die lose übergeschlagene Vorderbahn wird seitlich durch den Gürtel gezogen oder mit der Hand gerafft, so daß über dem Leib ein weiter faltiger Bausch entsteht, dessen Plastizität durch ein daruntergelegtes Kissen oder Polster noch erhöht wird. Diese in zeitgenössischen Berichten vielfach erwähnte Manier trägt sehr zu der veränderten Körperhaltung bei und beeinflußt das weibliche Körperideal des frühen 16. Jahrhunderts, wo die nackte Frauengestalt stets mit vorgewölbtem Leib wiedergegeben wird. Man braucht nur an Dürers Kupferstich „Das große Glück" oder ähnliche Aktdarstellungen zu denken. Vom Untergewand wird jetzt nur der lange Rock unter dem gerafften Kleid sichtbar. Im übrigen paßt es sich dem veränderten Kleiderschnitt an. Auch sein Ausschnitt nimmt an Weite bedeutend zu, und die Ärmel fallen fort, damit das Hemd sich durch den geschlitzten Kleiderärmel bauschen kann. Dieses wird von nun an vielfach in gleicher Weise mitbestimmend für das äußere Bild der Frauentracht wie unter dem Wams des Mannes. In der Literatur des späten 15. und frühen 16. Jahrhunderts ist häufig von einem Halshemd die Rede. Hiermit scheint ein Schultern und Hals bedeckendes weißes Tuch gemeint zu sein, das den Zweck hat, den Kleidausschnitt zu verkleinern. Soweit unter dem langen Rock die Füße sichtbar werden, stecken sie in spitzen Schnabelschuhen, die an Länge und Schärfe denen der männlichen Tracht nur wenig nachgeben. Die Frau hat sich also in der zweiten Hälfte des 15. Jahrhunderts der Schnabelschuhmode weniger verschlossen als ein Jahrhundert zuvor. Ebenso werden auch die Trippen von ihr in der gleichen zugespitzten Form getragen.

Einen angenehmen Kontrast zu der Einförmigkeit des Kleiderzuschnittes bildet die Vielfalt der Kopfbedeckungen. Es dominiert das zur Haube gekniffte Kopftuch in zahlreichen Variationen, von denen nur einige markante Gruppen hervorgehoben werden sollen. Das unter dem Kinn zusammengehaltene Kopftuch nimmt im letzten Drittel des 15. Jahrhunderts an Umfang und Mannigfaltigkeit der Kniffung bedeutend zu. Bald liegt es breit auf Schultern und Rücken auf, bald steht es, hochgetürmt und gestützt durch ein Drahtgestell, in weitem Umkreis vom Kopfe ab. Den Höhepunkt an Größe und Kompliziertheit der Faltung bedeutet wohl die Haube auf Dürers Trachtenstudie von 1500 (Wien, Albertina), die uns durch den Vermerk: „Also gett man zu Nörmerck in die Kirchn" ausdrücklich als Kirchenhaube bezeugt wird. Abweichend von dieser erscheint eine andere, kaum weniger ausgedehnte Haube, bei der die Enden des hier langrechteckigen Kopftuches über beide Schultern nach vorn herabhängen. Eine weitere Variante, die sich fast bis an die Mitte des 16. Jahrhunderts hält, zeigt das Tuch fest um Kopf, Kinn und Hals gewickelt, wobei das eine Ende meist seitlich eingeschlagen ist oder auch lose nach der Seite überfällt. Neben den gekniffften Haubenformen steht die im Nacken geknotete, die ebenfalls aus dem langen Kopftuch hervorgeht, das zunächst fest um den Kopf geschlungen wird. Die Enden des bald durch eine Unterlage umfangreicher gestalteten Tuches hängen entweder auf den Rücken oder nach beiden Seiten über den Haubenrand herab. Man steckt sie auch gelegentlich gewunden am Hinterkopf auf. Diese aus dem Kopftuch geknüpfte Haube bildet den Übergang zu einer fest gearbeiteten von ähnlichem Aussehen, die zu Beginn der neunziger Jahre aufkommt und rund drei Jahrzehnte unverändert beibehalten wird. Sie ist eine spezifisch deutsche Bildung, die in Süd- und Mitteldeutschland ihr Hauptverbreitungsgebiet findet, und nächst dem Kruseler die eigenartigste Kopfbedeckung der Spätgotik und Renaissance. Ein festes Band umgibt sie am Rande, im Nacken wird die Stoffmenge der über ein Drahtgestell gespannten Haube zusammengefaßt. Sie umschließt glatt den Kopf, steigt von der Stirn ziemlich steil nach hinten in die Höhe und steht hier in weitem Umkreise vom Hinterkopf ab. Unter ihr wird häufig ein tief in die Stirn fallender Schleier getragen, der im Nacken geknotet und bisweilen auch als Kinnbinde umgelegt wird. In der zweiten Hälfte des 15. Jahrhunderts treten auch die norddeutschen Hansestädte mit eigenen, sehr charakteristischen Kopftrachten hervor. In Stralsund tragen die Frauen nach der Jahrhundertmitte Leinenhauben, die einem waagerecht auf den Kopf gestülpten, vorn weit überstehenden, halbierten Hohlzylinder gleichen, und die Lübecker Patrizierinnen setzen einige Jahrzehnte später eine tütenförmig spitz gekniffte Haube über ihre Zopffrisur. Eine Sonderstellung nimmt wieder die kölnische Tracht ein, die als einzige eine der Frühform des Hennin, der sog. burgundischen Haube, angenäherte Kopfbedeckung kennt. Diese etwa einem flachen, abgestumpften Kegel entsprechende Haube kommt in der französisch-niederländischen Tracht schon vor der Mitte des 15. Jahrhunderts auf und erhält in dieser Gestalt Eingang in die kölnische Tracht. Ihre weitere Entwicklung, die sie zu einem spitzen Zuckerhut anwachsen läßt, an dessen Spitze ein langer Schleier befestigt ist, findet hier keinen Nachhall. Dagegen taucht am Jahrhundertende die mit weißem Schleiertuch unterlegte, flach über Kopf und Schultern gebreitete, schwarze Haube der niederländischen Tracht auch in Köln auf. Eine Reihe turban- und wulstähnlicher Kopfbedeckungen ließe sich noch anfügen, bei denen es aber fraglich ist, ob sie in dieser Form tatsächlich getragen worden sind. Sie begegnen niemals auf authentischen Porträtdarstellungen, wie Grabsteinen oder Stifterbildnissen, dagegen stets auf Bildwerken und Gemälden erzählenden religiösen Inhalts. Vielleicht handelt es sich bei diesen ebenso minutiös und detailliert wie die übrigen wiedergegebenen Kopftrachten um auf der Mysterienbühne gebräuchliche Kostümstücke, die den Vorstellungen, die man von orientalischer Tracht hat, entsprechen. In den gleichen Zusammenhang gehören auch alle weiteren phantasievollen Umbildungen der Tracht, denen aber nicht weiter nachgegangen werden kann. Das Haar wird weiterhin zu der in den ersten Jahrzehnten des 15. Jahrhunderts aufgekommenen Zopffrisur aufgesteckt, nur windet man jetzt die Zöpfe nicht immer um den ganzen Kopf, sondern begnügt sich häufig damit, die dicken Flechten nur über die Ohren zu legen, dazwischen hängt bei jungen Mädchen am Hinterkopf eine an einem Kopfreif sitzende Fransenborte herab, die den Namen Gefrens führt.

# IV. Die deutsche Tracht der Reformationszeit

## 1500 bis ca. 1550

Mit dem 16. Jahrhundert bricht für Deutschland eine leider nur kurze kulturelle Hochblüte an. Überall frisches Streben, quellende Kräfte, neuer Auftrieb. „O Jahrhundert, o Wissenschaften! Es ist eine Lust zu leben!" ruft Ulrich von Hutten begeistert aus und trifft damit den allgemeinen Ton der Zeit. Die ganze Nation ist aufgerüttelt, zu Taten bereit und scheint erst jetzt den Anbruch der Neuzeit wachen Sinnes mit zu erleben. Die großen geistigen Wandlungen und Zeitereignisse spielen sich nicht mehr außerhalb des Deutschen Reiches ab. Durch die Reformation wird es mit einem Schlage in den Brennpunkt der europäischen Welt gerückt und scheint die Führung übernehmen zu wollen, bis nach wenigen Jahrzehnten der allgemeine Auftrieb erlahmt, das große Ganze über kleinlichen Streitereien und Sonderinteressen vergessen wird und die Einheit der Nation auf Jahrhunderte hinaus eine Utopie bleibt. Doch davon ist am Beginn des Jahrhunderts noch nichts zu spüren. Schon die Gestalt des neuen Kaisers berechtigt zu großen Hoffnungen. Es ist Maximilian I., der seit 1493 die Kaiserkrone trägt, „der letzte Ritter", an dessen Hofe die fast schon erloschene ritterliche Kultur des absterbenden Mittelalters wieder auflebt, und der durch seine beiden Ehen mit Maria von Burgund, der Tochter Karls des Kühnen und Erbin des burgundischen Reiches, und mit der mailändischen Prinzessin Bianca Maria Sforza dem letzten Glanz des burgundischen Hofes wie der überfeinerten italienischen Stadtkultur nahesteht. In ihm erwächst der deutschen Kunst und dem deutschen Humanismus ein Mäzen. Er läßt die Dichtungen des Mittelalters sammeln, Chroniken und Handschriften abschreiben, plant große Geschichtswerke und ist an der Erfindung des „Weißkunig" und „Theuerdank", zwei romanhaft allegorischen Beschreibungen seines Lebens, selbst beteiligt. Künstler wie Dürer, Burgkmair, Schäuffelein sind für ihn tätig. Die graphische Kunst kommt in den ihm gewidmeten oder in seinem Auftrage entstandenen Werken zu voller Entfaltung. Auch die Malerei erreicht jetzt den Anschluß an die formalen künstlerischen Probleme der Zeit und erklimmt die Höhe, auf der sie in den Niederlanden bereits seit fast einem Jahrhundert verharrt. Der Süden, die oberdeutschen Städte sind hier führend, der Oberrhein, Augsburg, Nürnberg, und in Nürnberg steigt die deutsche Kunst in der Gestalt Albrecht Dürers zu internationaler Bedeutung auf. Er ist die erste moderne deutsche Künstlerpersönlichkeit, die den engen Bezirk handwerklicher Gebundenheit sprengt und nicht nur das Werk für sich allein sprechen, sondern darüber hinaus auch den Schöpfer des Werkes zu Worte kommen läßt. Die bildende Kunst sowie das Kunstgewerbe, vor allem die Goldschmiedekunst, stehen hinter der Malerei nicht zurück. Nur die Architektur hat ihr nichts Ebenbürtiges an die Seite zu stellen. Die großen Kirchenbauten gehören dem scheidenden Mittelalter an, und erst der Gegenreformation bleibt es vorbehalten, eine neue glanzvolle Periode kirchlicher Baukunst einzuleiten. Auch die profane Architektur der ersten Hälfte des 16. Jahrhunderts hat nichts hinterlassen, was die Höhe der gleichzeitigen Malerei erreicht. Eine ähnlich unbedeutende Stellung nimmt die Dichtkunst ein, deren Tragik es ist, daß in dem Augenblick, wo nach langer Zeit des Niederganges sich wieder neue Kräfte regen, die Reformation einsetzt, die die Literatur in den nächsten Jahrzehnten so ausschließlich in den Dienst der Theologie stellt, daß daneben sich keine freie Poesie entfalten kann. Es ist ein großer Unterschied zwischen der kulturellen Hochblüte des 16. Jahrhunderts und jener ersten großen Blütezeit deutscher Kunst und Kultur in der ersten Hälfte des 13. Jahrhunderts. Ganz abgesehen davon, daß sie nicht wie jene alle Gebiete der Kunst gleichmäßig erfaßt und neben der kaum wieder erlangten Höhe der Malerei und Graphik die Bedeutungslosigkeit von Architektur und Dichtung stehen, ihr fehlt auch die Geschlossenheit der Weltanschauung und der Form, die jener Inhalt, Rückhalt und Größe gibt. Die ersten Jahrzehnte des

16. Jahrhunderts sind eine Zeit der Gärung, des Um- und Aufbruchs und der Neubildungen in geistiger wie in formaler Beziehung. Die feste kirchlich orientierte Weltordnung des Mittelalters ist ins Wanken geraten. Zwei Kräfte sind gegen sie aufgestanden, die Renaissance und die Reformation, der Individualismus der Neuzeit und eine aus ihm geborene, in erster Linie dem eigenen Gewissen verantwortliche, vertiefte Religiosität. Auch die Ausdrucksmittel der bildenden Kunst des Mittelalters haben sich erschöpft. Die Gotik ist in der Architektur bei einer doktrinären Überspitzung angekommen, über die hinaus es keine Weiterentwicklung gibt, und selbst die auf der Höhe stehende Malerei ringt um eine neue Form. Dessen sind sich die besten Künstler wohlbewußt, und keiner hat es in seinem ganzen Lebenswerk wie in Worten so deutlich zum Ausdruck gebracht wie der größte unter ihnen, Albrecht Dürer. Als drittes fehlt der Reformationszeit, was das hohe Mittelalter noch besaß, die Einheitlichkeit der von einer Gesellschaftsschicht geschaffenen und von ihr getragenen Kultur. Dieses Bild ändert sich schon im 14. Jahrhundert, wo, wie betont wurde, das Bürgertum als Kulturfaktor neben dem Adel eine Rolle zu spielen beginnt. Diese wächst im 15. Jahrhundert und erreicht in der ersten Hälfte des 16. Jahrhunderts ihren Höhepunkt. Die deutschen Städte, speziell die oberdeutschen Reichsstädte — etwas anderes ist es mit den norddeutschen Hansestädten, deren Blüte dauert, solange die Macht der Hanse unerschüttert ist — stehen jetzt auf dem Gipfel ihrer Macht. Das Patriziat hält an Reichtum und Machtentfaltung hinter Adel und Fürstlichkeiten nicht mehr zurück. Es ist die Zeit, wo einzelne Handelsgeschlechter ein ungeheueres Vermögen erwerben, wo Kaufmannsfamilien, wie die Welser und Fugger in Augsburg, von denen ein Italiener 1517 schreibt: „Sie (die Fugger) gehören zu den größten Kaufleuten, die man in der Christenheit kennt", vom Kaiser (Karl V.) zum Dank für finanzielle Unterstützungen und Geldzuwendungen in den erblichen Adel und Reichsgrafenstand erhoben werden. Ein Fugger darf es sich sogar erlauben, den Schuldschein des Kaisers zu zerreißen. In den Städten blüht jetzt die Kunst, die einst im frühen Mittelalter von den Klöstern ausging und im hohen von den Bedürfnissen des Adels bestimmt wurde.

Aus dem Bürgertum zieht sie ihre Kräfte, und für es schafft sie in gleicher Weise wie für Kaiser und Fürsten. Sieht man es doch einem Porträt oft kaum noch an, ob ein reicher Bürger dargestellt ist oder eine fürstliche Persönlichkeit, wenn nicht Hoheitsabzeichen sie kenntlich machen, oder etwa einem Pokal, ob er eine fürstliche Tafel zieren soll oder den Bürgersaal des Magistrats. Die Erfindung des Buchdrucks und im Zusammenhang damit das Aufkommen der vervielfältigenden Künste tun das ihre, Kunst und Bildung einem größeren Kreise zugänglich zu machen als bisher. Auch das große Leben flutet in diesen Jahrzehnten lebhafter als je durch die oberdeutschen Städte. Reichstage und Fürstenzusammenkünfte werden in ihren Mauern abgehalten und erfüllen die engen Gassen mit buntem, zum Teil internationalem Leben.

Die Tracht ist wieder ein getreues Spiegelbild ihrer Zeit. Ihr fehlt die auf die große Linie und hoheitsvolle Wirkung gerichtete Einfachheit des hohen Mittelalters sowie die raffinierte Eleganz der Mode am burgundischen Hofe. Alles Überquellende, Überschäumende der Frühzeit des 16. Jahrhunderts kommt an ihr zum Ausdruck, die Überfülle der Kraft wie der allgemeine Wohlstand. Selten ist eine Tracht so reich in den Formen, so prunkvoll in den Ausdrucksmitteln und dabei in ihrem ganzen Wesen so bürgerlich, so unaristokratisch gewesen wie die der ersten Hälfte des 16. Jahrhunderts. Dabei ist die neue Mode nicht ausschließlich in den Städten entstanden. Das reichsstädtische Patriziat und die Fürstenhöfe sind ihre Schöpfer und Träger, und auf die Spitze getrieben wird sie von einer Volks- und Berufsschicht, die im 16. Jahrhundert von besonderer Wichtigkeit ist als Grundlage künftiger Heere, von den Landsknechten, und sowie von den in ihrem Troß mitziehenden „fahrenden Fräulein". Die deutsche Tracht steht in der ersten Hälfte des 16. Jahrhunderts an Reichtum und Fülle hinter keiner anderen zurück, wie es im 15. Jahrhundert der Fall war, wo die herrschende Mode außerhalb der deutschen Grenzen zu ihrer glanzvollsten und reichhaltigsten Entfaltung kam. Mit dem Zerfall des burgundischen Reiches verliert der Westen seine führende Stellung auf dem Gebiet der Mode und erlangt sie erst unter Ludwig XIV. wieder.

Bereits nach der Mitte des 14. Jahrhunderts kündigte sich die

Neuzeit in der Tracht durch einen gegen das Mittelalter völlig veränderten Gewandschnitt an, hinter dem sich eine neue realistische Körperbeobachtung und Körperdarstellung barg. Jetzt um die Wende vom 15. zum 16. Jahrhundert ist die naive Freude an allen sichtbaren Dingen der Welt sowie die Fähigkeit, sie künstlerisch zu gestalten, so groß geworden, daß man auch modische Dinge um ihrer selbst willen der Wiedergabe und Betrachtung wert hält. Dürer führt uns in einer Reihe mit erklärenden Unterschriften versehenen Aquarelle die Nürnbergerin auf dem Kirchgang, im Hauskleid und in Festtracht vor, nachdem er schon auf seiner ersten italienischen Reise das Kostüm der Venezianerin festgehalten hat. Holbein zeigt zwanzig Jahre später die zum Ausgang gerüstete Baseler Patrizierin, Aldegrever gibt 1538 in einer Folge von tanzenden Paaren nicht nur genaue Bewegungsstudien sondern vor allem bürgerliche Paare in der Haltung und reichen Tracht ihrer Zeit wieder. Bis in die höchsten Kreise dringt das Interesse an kostümlichen Darstellungen, sogar Kaiser Maximilian befaßt sich mit trachtlichen Einzelheiten zu den Illustrationen der von ihm geplanten Werke. Aus der ersten Hälfte des 16. Jahrhunderts stammen auch die ersten Trachten- und Kleiderbücher, die sich seitdem in unübersehbarer Folge bis in die Frühzeit des 19. Jahrhunderts fortsetzen. Den Höhepunkt dieser besonders durch ihren begleitenden Text für die Kostümkunde aufschlußreichen, im Hinblick auf die historische Glaubwürdigkeit des Dargestellten teils aber auch mit großer Vorsicht zu behandelnden Bücher bedeutet wohl die modische Selbstbespiegelung des Augsburgers Mathäus Schwarz, der sich in seinem „Klaidungsbuechlin" (Braunschweig, Mus.) von der Wiege bis zum Tode Jahr für Jahr hat abkonterfeien lassen, nur um sich in dem jeweils von ihm getragenen Anzug zu präsentieren.

Hatte die Tracht der zweiten Hälfte des 15. Jahrhunderts ein auf Zuspitzung, Schärfe und Gespreiztheit gerichtetes Formengefühl zum Ausdruck gebracht, so stellt sie sich jetzt wiederum auf Rundung, Breite und Fülle ein, hatte in den vergangenen Jahrzehnten die Vertikale dominiert, so gelangt nun in den einzelnen Kleidungsstücken wie in der Gesamterscheinung die Horizontale zur Herrschaft und mit ihr ein verändertes, zum ersten Male aus genauer Aktdarstellung gewonnenes Körperideal. Schon die zweite Hälfte des 14. Jahrhunderts hatte ja versucht, dem Körper im Gewande in neuer realistischer Weise Rechnung zu tragen, hundert Jahre später ist man bestrebt, ihn als belebten Organismus wiederzugeben, kommt aber über die Eckigkeit des Gliederpuppenhaften noch nicht hinaus. Erst dem 16. Jahrhundert gelingt die Beherrschung und einwandfreie Darstellung des menschlichen Körpers. Das Hauptinteresse gehört jetzt nicht mehr der Wiedergabe der Bewegung allein, sondern dem, was, selbst unter der Körperoberfläche verborgen, die Bewegung hervorbringt, dem Muskel. Das Ideal des von Kraft geschwellten, muskulösen Körpers spiegelt auch die Tracht wider, vor allem die männliche, die in entsprechender Weise wie in der vorigen Epoche einzelne Teile über die gegebene Form hinaussteigert. Ihre wichtigsten Neubildungen sind die Schaube und das Barett, beide schon im 15. Jahrhundert angekündigt. Die Schaube vereinigt die gleichen Eigenschaften in sich wie der Tappert, den sie fortsetzt, ist Mantel und abschließendes Obergewand zugleich, von würdevollem, repräsentativem Aussehen. Wir verstehen unter ihr einen halblangen oder langen, vorn offenen Überrock mit wechselndem Ärmelschnitt und breitem, umgeschlagenem Kragen, der das Pelz- oder Seidenfutter zeigt. Die bauschigen Ärmel sind am oberen Teil mit einem Schlitz versehen, durch den die Arme gesteckt werden, eine Bildung, die bereits die französisch-niederländische Tracht des 15. Jahrhunderts kennt, und die nun bei der Schaube zur Regel wird. Länge und Weite des Ärmels sind verschieden, das größte Volumen beansprucht er vom 2. bis ins 4. Jahrzehnt, wo er in weitausladenden Puffen sich um den Oberarm bauscht und unterhalb des Schlitzes oft stark verengt herabhängt, einem schmalen Futteral vergleichbar, das die Länge der Schaube erreicht und oft sogar überschreitet. Auch ein langer, weiter, sackähnlicher Ärmel, der unten in einem Bund zusammengefaßt wird, ist nicht selten. Die gleiche Entwicklung nimmt der Kragen, der zur Zeit größter Breitenausdehnung der Schaube gewöhnlich über die Schultern hinübergreift und sich am vorderen Rande als breiter Überschlag fortsetzt. Zu dieser Zeit wird die Schaube nicht länger als bis zum Knie getragen, während sie zu

Beginn des Jahrhunderts in Angleichung an den langen Überrock meist bis zu den Knöcheln reicht oder über der Wade abschließt. Gegen die Jahrhundertmitte macht sich dann erneut ein Formenwandel bemerkbar. Die Schaube schrumpft zur Harzkappe zusammen, die sich in Einzelheiten dem Schnitt des Wamses anpaßt, oder tritt zurück hinter dem spanischen Mäntelchen. Dagegen lebt sie als Amtstracht für Gelehrte, Bürgermeister und Ratsherren bis ins 18. Jahrhundert hinein, vereinzelt sogar bis in die Gegenwart unverändert fort. Sind doch der heute noch gebräuchliche Professorenornat, die Juristenrobe und der Pastorentalar nichts anderes als die vereinfachte Schaube.

Das wichtigste Kleidungsstück unter der Schaube ist das Wams, das nun um die Wende des 16. Jahrhunderts über seine rein praktische Bedeutung hinaus dekorativen Wert erlangt und wie das Hemd ein wichtiger Faktor in der äußeren Erscheinung der Tracht wird. Das Schultermäntelchen der letzten Jahrzehnte des 15. Jahrhunderts hatte die Entwicklung des Wamses zum Prunk- und Schaugewand eingeleitet, die Schaube setzt diesen Prozeß fort. Vorn weit geöffnet, mit breit ausladenden Ärmeln, ist sie kein Hindernis für die Entfaltung des Wamses zu Breite und Fülle. Es begegnet uns mit kleinem oder tiefem, viereckigem, rundem oder ovalem Ausschnitt oder hochgeschlossen und reicht wie bisher bis zur Taille, wo die Hosen an ihm befestigt werden. Der am häufigsten vorkommende Ärmel ist ein weiter, oft mehrfach gebauschter, der sich am Unterarm oder am Handgelenk verengt. Daneben finden wir den von zahlreichen kleinen Schlitzen zerschnittenen und in parallele Querwülste zerlegten Ärmel. An ihm wie am ganzen Wams kommt die inzwischen zur reinen Modeform gewordene Schlitzung als Ausdruck des gesteigerten Schmuckbedürfnisses recht zur Entfaltung. Von oben bis unten breiten sich Reihen kleiner Schlitze über das Wams aus, durch die sich die unterlegte Seide in Puffen bauscht. Sie hebt sich stets vom Kolorit des Wamses ab, und häufig trägt auch noch ein auswechselbarer andersfarbiger Ärmel zur farbenprächtigen und reichen Gesamtwirkung bei, die durch das Material, Samt, Damast, Brokat oder Seide, überdies noch erhöht wird. Seine Ergänzung findet das Wams in einem zweiten oder in einem

Ärmelrock, dem sog. Faltrock, einem etwa bis zum Knie reichenden Rock mit faltigem Schoß, der, zumal wenn er noch unter der Schaube angelegt wird, den Eindruck der Breite und Fülle erheblich steigert. Am Oberkörper liegt der meist viereckig oder rund ausgeschnittene Faltrock glatt an, bisweilen, entsprechend der Mode, von langen Schlitzen durchzogen. Da, abgesehen von einigen vorn geknöpften Röcken, kein Verschluß sichtbar wird, muß der Rock über den Kopf gestreift und auf der Schulter oder unter der Achsel geschlossen worden sein, was sich bei der Größe des Ausschnittes sehr leicht durchführen läßt. Im Ärmelschnitt vervollständigen sich Faltrock und Wams gegenseitig. Oft ist er ärmellos oder nur mit kurzen Schulterpuffen versehen, da zwischen den weit ausladenden Ärmeln des Wamses und der Schaube ein dritter, notwendigerweise ebenfalls stoffreicher Ärmel zuviel werden würde. Hat aber das Wams selbst keine Ärmel, was auch vorkommt, dann bringt der Faltrock die Ergänzung durch den seinen, der im Schnitt dem des Wamses entspricht.

Für den Unterkörper wird die eng anliegende, aus den Beinlingen zu einem Kleidungsstück zusammengewachsene Hose auch fernerhin beibehalten. Gelegentlich trennt man sie jetzt schon in zwei Teile, in die die Oberschenkel bedeckende eigentliche Hose und die bis über das Knie reichenden Strümpfe, die, um ein Herabgleiten zu verhindern, von einem Strumpfband festgehalten oder auch an die Hose genäht werden. In die ersten Jahrzehnte des 16. Jahrhunderts fällt somit die Entstehung des langen Strumpfes — kurze Socken hatte man ja schon in spätgermanischer Zeit gekannt — dessen man sich seit der Erfindung der Strickmaschine gegen Ende des Jahrhunderts, mit deren Hilfe der genähte Strumpf durch den gewirkten ersetzt wird, immer häufiger bedient. Das Gesamtkostüm wäre uneinheitlich, wollte man nicht auch an der Beinbekleidung das auf Üppigkeit und Fülle gerichtete Formengefühl zum Ausdruck bringen. Man schlitzt sie deshalb in derselben Weise wie das Wams, bald schräg, bald gerade oder durchgehend, wobei parallele Querbänder oder Nesteln in gleichmäßigen Abständen die einzelnen Teile zusammenhalten, und läßt das unterlegte Futter durch die Schlitze quellen. Bald geht man dann so weit, das Futter zur selbständigen Hose zu erheben und aus der eigentlichen zerschnittenen Hose einen Überzug zu machen, und erreicht so, indem man beides beliebig austauschen kann, mit wenig Mitteln größere Mannigfaltigkeit und Abwechslung. Die Entwicklung des Hosenlatzes zur kapselförmigen Braguette ist bereits kurz angedeutet worden. Auch die Mi-parti-Mode, die man besonders gern bei der Hose anwendet, erfreut sich seit dem späten 15. Jahrhundert wieder einiger Beliebtheit.

Bis an die zwanziger Jahre des 16. Jahrhunderts behält man an dem faltigen, langärmligen Hemd noch den gewohnten weiten Ausschnitt bei. Dann dringt die neue Mode, das Hemd hochgeschlossen zu tragen, durch. Es erhält einen Stehkragen, auf den sich nun die oft kostbare Stickerei beschränkt, und als Abschluß darüber eine kleine Krause, desgleichen am Handgelenk, wo sie unter dem Ärmel des Wamses hervorsieht. Vorn — seltener an der Seite — hat das Hemd, das über den Kopf gestreift wird, einen kurzen Schlitz, der mit Knöpfen, Bändern oder Haken und Ösen geschlossen wird. Die dichte Fältelung des Renaissancehemdes ergibt sich aus dem Schnitt. Denn die Ärmel sind nicht an der Achsel eingesetzt, sondern mit ihrer ganzen Stoffbreite bis an den Kragen durchgeführt, ein Zuschnitt, der sich bei einigen Volkstrachten (Hauenstein) bis nahe an die Gegenwart erhalten hat.

Die bevorzugte männliche Fußbekleidung in den ersten Jahrzehnten des 16. Jahrhunderts ist das Kuhmaul — auch die Bezeichnung Bärenklaue oder Entenschnabel war gebräuchlich — ein an den Seiten weit ausgeschnittener, flacher Schuh mit höherem Hackenteil und kurzer breiter Kappe über den Zehen, deren geschweifte, den Fuß künstlich verbreiternde Form dem ganzen Schuh den Namen eingetragen hat. Oft hält ein Querband über dem Fuß ihn fest. Mehr Schutz als das wenig mehr als die Fußsohle deckende Kuhmaul gewährt ein ihm an Breite entsprechender Schuh, der bis zum Knöchel reicht und hier in einem zwei- bis dreifachen, geschlitzten und gepufften Überschlag abschließt. Auf dem Land, zur Jagd und auf Reisen bedient man sich langschäftiger Stiefel, die, wenn sie ganz hochgezogen sind, das Knie bedecken und an der Hose festgenestelt werden. Meist aber trägt man sie unter dem

Albrecht Dürer, Trachtenstudien, 1500

Jakob Elsner, Frauenbildnis, um 1490

Rueland Frueauf d. Ä., Männl. Bildnis, um 1490

Tafel 24

Bildnis Klaus und Margareta Stalburg, 1504

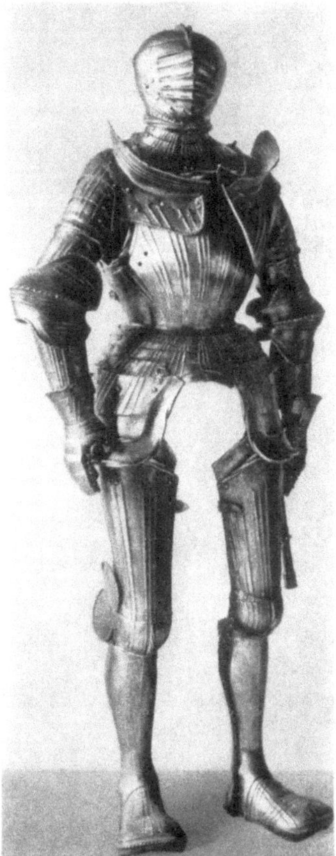

Turnierharnisch d. Kurfürsten Joh. Fried. d. Großmütigen, um 1530

Ritterrüstung um 1460/70

Tafel 26

Christoph Amberger, Männl. Bildnis, 1525

Christoph Amberger, Weibl. Bildnis, 1525

Tafel 28

Barthel Bruyn, Männl. Bildnis, um 1530/40

Barthel Bruyn, Weibl. Bildnis, um 1530/40

Tafel 30

Hans Mielich, Herzog Albrecht V. von Bayern, 1556

Hans Mielich, Herzogin Anna von Bayern, 1556

Epitaph eines Ehepaares, um 1580 (restauriert)

Knie eingeschlagen und am Überschlag, häufig auch am Schaft ebenfalls mit Schlitzen versehen. Daß auch die einfache Ledersohle als Fußbekleidung noch nicht geschwunden ist, geht z. B. aus einer Eintragung in Dürers Tagebuch der niederländischen Reise (1521) hervor, wo er „3 Stüber for ein Paar Schuch in die Hosen" als Ausgabe bucht. Auch Handschuhe aus Leder oder Stoff, bisher immer nur zu besonderen Gelegenheiten benutzt, gehören seit dem 16. Jahrhundert endgültig zum modischen Beiwerk und machen wie alles andere die Schlitzmode mit.

Unter den Kopftrachten der ersten Hälfte des 16. Jahrhunderts steht das Barett an erster Stelle. Es führt in seinen zahlreichen Ausführungen in anschaulicher Weise den ganzen Formenwandel von der Knappheit zur Breite und von der Breite wieder zur Verengung vor. Die einfachste Form ist die schon aus den neunziger Jahren bekannte, ein kleines Barett mit weichem, rundem Kopf, dessen nur die Rückseite bedeckende Krempe an den Kanten etwas nach außen gebogen vom Kopf absteht. Mit Beginn des neuen Jahrhunderts wird das Barett reicher an Details. Es ist jetzt ringsherum von einer Krempe umgeben, die in zwei herunterklappbare Hälften zerfällt. Dieses Barett mit zweiteiliger Krempe nimmt an Ausdehnung zu, der Kopf wird breiter, die Krempe höher und steifer und „zerschlitzt und zerhauen", wie es in zeitgenössischen Kostümbeschreibungen gewöhnlich heißt. Die Schlitze werden mit Band durchzogen oder mit kleinen goldenen Hefteln zusammengehalten. In dem Maße, in dem das Barett an Breite gewinnt, wird es flacher und platter, so daß Kopf und Krempe nahezu eine Fläche bilden. Am Ende der Entwicklung steht das flache, schmalkrempige Barett, das wie eine umgestülpte ovale Schüssel etwas schräg auf dem Kopfe schwebt. Die Neigung zu Schmuck und Prunk kommt in reichem Straußenfederschmuck zum Ausdruck, der am üppigsten von den umfangreichen Baretten der Landsknechte wallt. Etwas abweichend von den bisher geschilderten Formen ist ein Barett mit flachem, weichem Kopf und einer den Hinterkopf bedeckenden, heruntergeschlagenen Krempe. Statt der vorderen setzen an den Seiten zwei sich trapezförmig verbreiternde Klappen an, die über dem Kopf zusammengeknöpft sind. Unter den breit=

krempigen Baretten wird meist noch die gegen Ende des 15. Jahrhunderts aufgekommene, als Haustracht gebräuchliche Netzhaube getragen, die in ihrem leuchtenden Gold und ihrer farbigen Buntheit einen angenehmen Kontrast zu dem dunklen Samt- oder Seidenbarett bildet. Gelegentlich tritt an ihre Stelle auch eine den ganzen Kopf bedeckende, enganliegende Mütze, geradliniger als die weichgerundete, hochmittelalterliche Form, die unter dem Kinn gebunden wird. Zur Jagd und als Schutzkleidung bevorzugen auch die oberen Stände immer noch die Gugel und den schmalen Hut mit hinten hochgeschlagener Krempe. Den letzteren löst gegen die Jahrhundertmitte ein dem spanischen Hut entsprechender Jagdhut ab. Die Gugel mit langer, Kinn und Wangen verhüllender Sendelbinde ist bis in die ersten Jahrzehnte des 16. Jahrhunderts die vorgeschriebene Trauertracht. Um diese Zeit wird sie durch einen an der gewöhnlichen Kopfbedeckung befestigten Schleier ersetzt. So hören wir z. B., daß in Augsburg beim Tode Georg Ehms (1507) seine Söhne die Gugel mit langer Sendelbinde ablegen und nur mit schwarzem Schleier „more nobilium" der Leiche folgen. Die festliche Kopftracht ist der schräg auf das unbedeckte Haar oder über die Netzhaube gesetzte Kranz.

Das lange gelockte Haupthaar wird bald nach Beginn des 16. Jahrhunderts wieder kürzer geschnitten, so daß nur wenig mehr als die Ohren von dem jetzt glatten Haar bedeckt werden. Über der Stirn, die fast darunter verschwindet, schneidet es geradlinig ab. Dieser „Kolbe" genannten Frisur, die in den dreißiger Jahren dem kurzgeschorenen Haar weicht, entspricht ein kurzer, eckig geschnittener Vollbart, der durch einen abwärts gebogenen Schnurrbart ergänzt wird. Auch ein schmaler, von einem Ohr bis zum anderen sich hinziehender Bartstreifen findet sich häufig im frühen 16. Jahrhundert neben der außerdem beibehaltenen bartlosen Tracht. Gegen die Jahrhundertmitte setzt eine zunehmende Zuspitzung des Bartes ein.

Neben der Pracht und Fülle seiner Formen zeichnet sich das 16. Jahrhundert durch ein nie zuvor in gleicher Weise zur Schau getragenes Schmuckbedürfnis aus. Der Schmuck des Mittelalters, Fibeln, Tasseln, Fürspan, Gürtel und dergleichen, war mehr ein ergänzender Bestandteil der Kleidung gewesen, notwendig zum

Schließen oder Festhalten eines Gewandstückes, als ein bloß verschönerndes Beiwerk, zu dem er jetzt in erster Linie wird. Das an sich schon reiche Wams zieren breite Ketten in prächtiger Goldschmiedearbeit. Die Finger stecken voller Ringe, die auch auf Daumen und Zeigefinger sitzen und oft nur bis zum zweiten Glied gezogen werden. Außer Federn, Nesteln und kleinen Metallstiften prangen Anhänger und Agraffen am Barett, und um die Mitte des Jahrhunderts beginnt über dem Schoßwams auch wieder der Gürtel in der Männertracht eine Rolle zu spielen. Eine Neuerung des 16. Jahrhunderts ist die von dem Nürnberger Schlosser Peter Henle konstruierte, noch recht voluminöse Taschenuhr, die, dem Geschmack der Zeit entsprechend, mit anderen Gegenständen des persönlichen Gebrauchs als Anhänger getragen wird.

Trotz starker Differenzierung zwischen Männer- und Frauentracht sind auch im 16. Jahrhundert einzelne Kleidungsstücke wie im hohen Mittelalter beiden Geschlechtern gemeinsam, hauptsächlich die beiden Neubildungen, die Schaube und das Barett. Die Frauenschaube, die auch schon für das späte 15. Jahrhundert beglaubigt ist, sieht einfacher aus als die Männerschaube, deren Breite und Üppigkeit sie nicht erreicht, vornehmlich auch deswegen nicht, weil sie stets bis auf die Füße herabfällt. Kragen- und Ärmelbildung bewegen sich in bescheideneren Dimensionen, gelegentlich ersetzt ein angeschnittener Stehkragen den breiten Umschlag, und statt des Ärmels genügt bisweilen auch ein Schlitz allein. Neben der Schaube bleibt weiterhin als Kirchentracht der alte ärmellose Mantel in Gebrauch mit den bereits angedeuteten Veränderungen, der dichten Parallelfältelung und dem hellfarbigen Einsatz im spitzen Nacken- und Halsausschnitt, an dessen Stelle auch ein hoher steifer Stehkragen tritt. Er ist jetzt häufig so lang, daß er ringsherum gerafft werden muß. Wieviel Stoff zu solchem faltenreichen Mantel notwendig ist, verrät uns eine Notiz in Dürers Reisetagebuch: „Item der Thomasin hat meinem Weib geschenkt 14 Ellen guten dicken Haraß zu einer Höcken und dritthalb Ellen halben Atlas zu unterfüttern.“ Gleichzeitig erfahren wir hieraus, daß der ärmellose Frauenmantel Heuke (oberdeutsch Höcke, niederdeutsch Hoike) genannt wird, eine Bezeichnung, die uns schon in der

Männertracht des 14. Jahrhunderts entgegengetreten ist und mit dem Mantel von der bürgerlichen in die Volkstracht übergeht, wo sie sich vereinzelt, z. B. als Friesenhoike bis an den Anfang des 20. Jahrhunderts hält. Das Kleid setzt die gegen die Jahrhundertwende eingeschlagene Entwicklung fort. Der Rock fällt wie bisher weit und faltig auf die Erde herab, bei Festkleidern sich stets zu einer langen Schleppe, dem Schweif, verbreiternd. Am Saum, beim vorn geschlitzten Rock auch an den seitlichen Rändern, zieren ihn häufig mehrere Streifen dunklen Samt- oder Seidenbesatzes und erhöhen das farbenprächtige Bild, das durch den Zusammenklang von Ober- und Untergewand und das ebenfalls beim Raffen und Bauschen sichtbar werdende Futter entsteht. An den Rock schließt sich das allmählich sich zum Mieder entwickelnde — am meisten deutet die anscheinend nur in Sachsen getragene reichere Schnürung darauf hin — enge Oberteil des Kleides mit tiefem, vorn meist durch einen Brokatlatz ausgefüllten Ausschnitt und wechselnder Ärmelbildung. Der Ausschnitt nimmt bis gegen das vierte Jahrzehnt an Weite zu; Schulter, Brust und Rücken liegen größtenteils frei, nur von dem gefältelten Hemd bedeckt, dessen Zuschnitt, Schmuck und Entwicklung dem Männerhemd entspricht. Dann wird er langsam wieder kleiner, und neben das Kleid mit Brust- und Rückenausschnitt tritt ein viereckiger, der wie in der niederländischen Tracht sich nur auf die Vorderseite beschränkt. Um den Rand zieht sich breiter Samt- oder Brokatbesatz. Über den Ausschnitt wird häufig ein Brust und Rücken bedeckender Kragen gehängt, das Goller (oder Koller), aus dem sich im zweiten Viertel des 16. Jahrhunderts ein ärmelloses Jäckchen entwickelt, das den nur vom dünnen Hemd umhüllten Oberkörper gegen Kälte schützt und mit seiner dunklen Farbe und dem einfachen Schnitt den Übergang bildet zu den strengeren Formen der zweiten Jahrhunderthälfte. Der Ärmel des Kleides hat große Ähnlichkeit mit dem von Wams und Faltrock. Auch in der Frauentracht behauptet sich der mit Schlitzen und Puffen durchsetzte Ärmel, bei dem beides nur noch dekorativen Charakter hat, mehrere Jahrzehnte lang, ebenso ist auch der am Oberarm bauschige, den Unterarm glatt und fest umschließende Ärmel noch nach der Jahrhundertmitte anzutreffen.

Zu diesen Formen gesellt sich in den zwanziger Jahren der bereits von der niederrheinisch-kölnischen Tracht der Jahrhundertwende bekannte Ärmel, der sich unterhalb des Ellbogens zusehends erweitert und wie der Rock mit breitem, abschließendem Besatz geschmückt ist. Unter ihm kommt der faltige, am Handgelenk zu einer Krause zusammengefaßte Hemdärmel am besten zur Geltung. Ein Zubehör der Festtracht sind die sog. Flügelärmel, lange und breite, oft mit Pelz verbrämte Streifen, die an den Schultern befestigt werden und bis auf die Schleppe herabhängen oder über den Arm genommen werden. Gegen Mitte des 16. Jahrhunderts steigt auch die Schürze zum repräsentativen Kleidungsstück auf. Reich gefältelt, aus dünnem weißem Stoff liegt sie jetzt lang und schmal auch über dem festlichen Kleiderrock, nachdem sie schon lange — nachweisbar seit dem späten 14. Jahrhundert — einen notwendigen Bestandteil der Haustracht bildet. Die Fußbekleidung nimmt nicht so breit ausladende Formen an wie in der männlichen Tracht, doch zeigen die flachen Kuppen, die gelegentlich unter dem langen Kleid hervorsehen, daß ein dem Kuhmaul entsprechender Schuh getragen wird.

Die Fülle der Kopftrachten, die schon in der zweiten Hälfte des 15. Jahrhunderts recht beträchtlich ist, schwillt im 16. Jahrhundert vor allem durch die neu hinzutretenden Barettbildungen noch bedeutend an. Leichte Varianten, hauptsächlich unter den Haubenformen, offenbaren wie bisher lokale Besonderheiten. Die umfangreiche weiße Leinenhaube, die, über ein Drahtgestell gespannt und in komplizierte Brüche gelegt, um das Jahrhundertende den Höhepunkt einer langen Entwicklungsreihe bildet, schwindet im zweiten Jahrzehnt. An ihre Stelle tritt eine Haube, die Stirn und Wangenansatz bedeckt und am Hinterkopf zusammengehalten wird. Eine lange schmale Kinnbinde hängt, bisweilen an den Seiten zu Schluppen aufgesteckt, über Schultern oder Rücken herab. Ihr verwandt ist eine besonders im westlichen und südwestlichen Deutschland bevorzugte Haube, die, statt im Nacken zusammengenommen zu sein, lang auf den Rücken herabfällt. Die feste runde Haube verliert allmählich an Umfang und entwickelt sich im zweiten Viertel des 16. Jahrhunderts mehr in die Tiefe, dem Hinterkopf eine gewölbte Form verleihend, bis sie um die Jahrhundertmitte aus der deutschen Modetracht, der sie allein angehört, verschwindet. Durch Sonderbildungen tun sich wieder die niederrheinisch-kölnische Tracht und die norddeutschen Hansestädte hervor. In Köln behält man die an das niederländische Kostüm gemahnende, an den Seiten aufwärtsgebogene Leinenhaube bei, über die eine den ganzen Kopf umschließende Damast- oder Brokathaube gesetzt wird. Komplizierter in der Kniffung als diese ist eine weiße Leinenhaube, deren etwa handbreite Kinnbinde meist nur mehrfach geknifft lose über den Hinterkopf gelegt ist. In den Hansestädten, vor allem in Lübeck, trägt man bis nach der Jahrhundertmitte eine der festgearbeiteten Form entsprechende Haube, um die sich wie eine hochgeschlagene Krempe rings ein breiter plissierter Rand zieht. Die gleiche Haube scheint auch in Westfalen heimisch gewesen zu sein. In völliger Übereinstimmung mit der männlichen Tracht begegnen wir auch bei der Frau der schlichten, unter dem Kinn gebundenen Mütze, ferner der Netzhaube, die häufig nur den Hinterkopf bedeckt, und dem Barett in seinen mannigfaltigen Ausgestaltungen, die noch um eine leichte Variante des Barettes mit übergeknöpften Klappen, eine kleine, am vorderen Rande zungenförmig ausgezackte Form, bereichert werden. Doch während der Mann sich überall nur des Barettes bedient, hat es den Anschein, als ob im nördlichen und nordwestlichen Deutschland die Frau der Haube den Vorzug vor dem Barett gebe, während im Süden eher der umgekehrte Fall zu beobachten ist.

Man sollte meinen, daß mit dem Aufkommen dieser Kopfbedeckung der Entfaltung der Haartracht mehr Möglichkeiten gegeben seien als unter der den ganzen Kopf einhüllenden Haube. Doch besonders wirkungsvolle Frisuren hat die Mode der ersten Hälfte des 16. Jahrhunderts keineswegs geschaffen. Entfernte Verwandtschaft mit der Hörnerfrisur des frühen 15. Jahrhunderts hat der über den Ohren zu flachen Knoten aufgesteckte Zopf. Am günstigsten wirkt der oft von der Netzhaube verdeckte Hinterhauptknoten. Zwar sind bei dieser Frisur wie bei der vorigen die Haare glatt aus der Stirn gekämmt, doch verleihen ihr ein paar Schläfenlöckchen meist eine leichte Koketterie. Seit den zwanziger Jahren tritt neben die hochfrisierten Haare der Hängezopf, der — es sind gewöhnlich zwei auf den Rücken herabhängende Zöpfe — von Frauen jeden Alters getragen wird und besonders in Süddeutschland bis ans Jahrhundertende weite Verbreitung gefunden zu haben scheint.

Der reichen Tracht entspricht auch reicher Schmuck. Es sind im Grunde genommen die gleichen Schmuckstücke, die auch den Mann zieren, Schnallen und Agraffen am Barett, Fingerringe und Halsketten und, abgesehen von den engen Halsgeschmeiden, kaum in wesentlich zierlicherer Ausgestaltung. Von besonderer Wichtigkeit ist der Gürtel. Als schmale Kette von feinster Goldschmiedearbeit schlingt er sich lose oder fest um die Taille, nur noch ein Schmuck der Kleidung, da das Kleid mit festgearbeitetem Mieder an sich nichts braucht, was es in der Taille zusammenhält. Oft hängt das eine Kettenende mit abschließendem Schmuckstück bis auf den Rocksaum herab oder es sind Gegenstände des täglichen Bedarfs, eine Besteckscheide, ein Necessaire mit Nähzeug, ein Bisamapfel oder auch ein kleines Täschchen, daran befestigt. In Südtiroler Volkstrachten lebt diese Renaissancemode bis nahe an die Gegenwart fort. Abweichend von diesen schmalgliedrigen Gürtelketten sind häufig die breiten, stets eng um die Taille gelegten Prachtgürtel der kölnischen Tracht.

Die Ritterrüstung ist bisher in großen Zügen bis zum Übergang zur Plattenpanzerung aufgezeigt worden. Es war nötig, sie in die allgemeine kostümgeschichtliche Entwicklung des Mittelalters miteinzubeziehen, einmal weil das trachtliche Bild der Kreise, die in jener Zeit Mode und Kultur bestimmen, ohne sie unvollständig wäre, dann aber auch, weil, wie wir gesehen haben, die zivile Kleidung der zweiten Hälfte des 14. Jahrhunderts in der Rüstung ihr formales Vorbild findet. Dies läßt sich für das 15. Jahrhundert nicht mehr behaupten und im 16. ist sogar das Gegenteil der Fall. Die Entwicklung der Plattenrüstung bis zu dem Stadium, wo eine lückenlose Panzerung des Körpers zugleich die relativ größte Bewegungsfreiheit verbürgt, nimmt über die Hälfte des 15. Jahrhunderts in Anspruch, und es entbehrt nicht der tragischen Ironie, daß die technische Vollendung der Rüstung zu einer Zeit erreicht wird, in der die Technik der Kriegführung sie bereits überholt. In den Kriegen Karls des Kühnen gegen die Schweizer Eidgenossen (1474—1477) zeigt sich die strategische Überlegenheit leichtbewaffneten und daher schnellbeweglichen Fußvolkes gegenüber der in ihrer Bewegung gehinderten, schwergerüsteten Reiterei. Seitdem richten die Landesherren ihr Hauptaugenmerk auf die Ausbildung einer tüchtigen Infanterie; der Landsknecht drängt den Ritter in den Hintergrund, und der Adel, der bisher nur zu Roß gedient hat, wird nach und nach auch für den Dienst im Fußvolk gewonnen. Der zweite noch triftigere Grund für das allmähliche Unwirksamwerden der Rüstung liegt in der Einführung der Feuerwaffen, die, seitdem sie im 14. Jahrhundert zum ersten Male zur Anwendung gekommen, langsam immer weitere Verbreitung und größere Vervollkommnung erlangen und die Kriegführung auf eine ganz andere Basis stellen. Der Kampf von Mann zu Mann tritt zurück hinter dem Ferngefecht, und die Rüstung, die gegen Stich und Hieb geschützt hat, ist der sprengenden Wirkung des Geschosses nicht mehr gewachsen.

Stück für Stück wird der Harnisch, nachdem er sich gleichsam aus dem mit Platten unterlegten Lendner herausgeschält hat, zu immer größerer Vollkommenheit gebracht, wobei sich in der allgemeinen Formengebung die gleiche Entwicklung beobachten läßt wie in der Modetracht. Zunächst fällt der Dupsing fort, der bisher ziemlich kurze Schoßteil wird länger, und die Eisenschuhe reduzieren sich auf die natürliche Länge des Fußes. Der modische Rückschlag erfolgt in der zweiten Jahrhunderthälfte, wo, wie in der zivilen Tracht, auch bei der Rüstung wieder der Schnabelschuh vorherrscht, ohne allerdings die Schärfe zu erreichen wie bei seinem burgundischen Vorbild. Bei den Bein- und Armschienen sind keine großen formalen Veränderungen zu bemerken, abgesehen davon, daß ein Stück sich immer lückenloser an das andere fügt. Die Oberkörperpanzerung zerfällt von nun an in drei Teile, den Harnisch mit dem Schurz, der auch wieder an Länge abnimmt und, um völlig ungehindertes Ausschreiten zu ermöglichen, zwischen den Beinen bogig ausgeschnitten wird. Darunter wird das immer noch unter dem Harnisch getragene Kettenhemd sichtbar. Nach oben hin schließt sich eine Hals- und Nackenplatte an, die über den Kopf gestreift und am Harnisch festgeschnallt wird. Die Schulterpanzerung entwickelt sich zu einer mehr und mehr dem Gelenk angepaßten Form, die auf Brust und Rücken übergreift und vorübergehend im 15. und auch im 16. Jahrhundert am oberen Rande einen stumpfen oder rechtwinkligen Fortsatz findet. Der Helm erhält durch Anbringen des aufklappbaren Visiers größere Beweglichkeit, gleichzeitig plattet sich das Hirnstück ab, der vordere Teil wölbt sich vor, und von unten her wächst die bisher für sich bestehende Halsberge mit dem Helm zusammen und bekommt zeitweise einen breiten Nackenschutz. Diese Helmform, der sogenannte Schallern (französisch salade), wird am Ende des 15. Jahrhunderts abgelöst durch die nach ihrer Herkunft Burgunderhelm oder Bourgignon genannte Kopfrüstung, die sich der Kopfform anpaßt und aus vier durch Scharniere miteinander verbundenen Teilen besteht, dem Hirn- oder Scheitelstück, dem Stirnstulp, dem Visier und dem Kinnstück. Meist stellt ein schmaler Halskragen noch die letzte lückenlose Verbindung zwischen Helm und Harnisch her. Unter Kaiser Maximilian, dem man zu Unrecht die Erfindung des kannelierten Helms und Harnischs zuschreibt, bricht mit dem Wiederaufleben des Tournierwesens eine letzte Blütezeit der Ritterrüstung an, die aber, abgesehen von kleinen technischen Verbesserungen, keine wesentliche Umgestaltung des Plattenpanzers mehr bringt. Was jetzt in die Augen fällt, sind die rein modischen Veränderungen der Rüstung. Vom Kuhmaul bis zur Schlitzung und Puffung, die auf dem Harnisch angedeutet wird, macht sie die Mode der Reformationszeit mit. Selbst die Braguette fehlt nicht. Und als um die Mitte des 16. Jahrhunderts sich ein erneuter Formenwandel in der Tracht bemerkbar macht, folgt ihm die Rüstung ihrerseits und erreicht jetzt, nachdem die technische Vervollkommnung fast wirkungslos geworden ist, ihre höchste künstlerische Vollendung. Das Plattnerhandwerk und die Waffenschmiedekunst stehen im 16. Jahrhundert, vor allem in Augsburg und Nürnberg, in hoher Blüte, und ihre letzte und größte Leistung sind die mit Treibarbeit und Ätzungen reich geschmückten Prunkharnische, die in erster Linie für die Rüstkammern fürstlicher Herren angefertigt werden.

# V. Die „spanische" Mode in der deutschen Tracht

## ca. 1550 bis ca. 1620

Die Tracht, die das üppige, heitere Kostüm der ersten Hälfte des 16. Jahrhunderts ablöst, verschafft sich überall als „spanische" Mode Geltung. Es ist die dunkle, steif und gemessen wirkende Kleidung des spanischen Hofes, die vor allem an den süddeutschen Fürstenhöfen bereitwillige Aufnahme findet und von hier in die bürgerliche Tracht eindringt. Jedes Land variiert die neue Mode auf seine Weise, übernimmt einzelne Formen nicht in ihrer ganzen Strenge, fügt dem Kolorit eine heitere Note bei, ohne den einheitlichen Formencharakter wesentlich zu ändern. Dieser steht in deutlichem Gegensatz zur Tracht der vorangegangenen Epoche, deren veränderte kirchliche und politische Situation er widerspiegelt. Spanier sitzen auf dem deutschen Kaiserthron, seit 1519 bereits Maximilians Enkel Karl V., nach diesem sein Bruder Ferdinand, und wenn auch dessen Sohn und Nachfolger Maximilian II. trotz seiner spanischen Erziehung eine starke Abneigung gegen Spanien und spanisches Wesen empfindet, so hat doch inzwischen die Weltmachtstellung des spanischen Reiches das Kostüm seines Hofes zum tonangebenden gemacht. Hierzu kommt noch, daß der Aufschwung, der das deutsche Volk in den ersten Jahrzehnten des 16. Jahrhunderts beseelt, nur von kurzer Dauer ist. Die Reformation, in ihrem Anfangsstadium eine die ganze Nation bewegende Umwälzung, führt nicht zu dem Erfolg, den sie zunächst verheißt, weil neben dem großen Reformator der große Politiker fehlt, der die Einheit des Reiches erkämpft und sichert. Der Kaiser ist, ganz abgesehen davon, daß er als Spanier und Gegner der Protestanten den deutschen Interessen fremd und ablehnend gegenübersteht, doch nicht die geeignete Persönlichkeit, da sein Machtbereich ja weit mehr umfaßt als nur die deutschen Grenzen und überdies die Türkengefahr im Osten schleunige Abwehr fordert. Die deutschen Fürsten selbst sind durch die Reformation in zwei feindliche Lager gespalten. Vor allem mangelt es der protestantischen Partei an Einigkeit und einem befähigten Führer mit schneller Entschlußkraft. So kann seit der Mitte des 16. Jahrhunderts die Gegenreformation erstarken, zumal ihr in dem von dem Spanier Ignaz von Loyola gestifteten und 1540 vom Papst bestätigten Jesuitenorden der eifrigste und hartnäckigste Kämpfer gegen den Protestantismus ersteht. Zur politischen Zersplitterung Deutschlands gesellt sich nun auch die konfessionelle, die schließlich den Dreißigjährigen Krieg heraufbeschwört.

Bringt die Tracht der Reformationszeit die ganze Frische und Lebenslust der ersten Jahrzehnte des 16. Jahrhunderts, das gesteigerte Kraftgefühl und die naive Freude an der eigenen reichgeschmückten Erscheinung zum Ausdruck, so verkörpert die spanische Mode kühle Zurückhaltung, bewußte Strenge, Steifheit und Gemessenheit, ohne deshalb der Eleganz, des Reichtums und Prunkes zu entbehren. Tritt doch gerade gegen Ende des 16. Jahrhunderts die Spitze als kostbarer Schmuck der Kleidung in Erscheinung. Der Charakter der neuen Tracht ist sogar wieder ausgesprochen aristokratisch, in dem gleichen Maße wie der der vergangenen bei aller Fülle und Üppigkeit bürgerlich war. Ihre Verbürgerlichung führt zu Nüchternheit, während bei der Mode der Reformationszeit kaum ein Unterschied zwischen fürstlicher Prachtentfaltung und bürgerlichem Reichtum festzustellen ist, da reichsstädtisches Patriziat und Fürstenhöfe gemeinsam ihre Schöpfer sind. In der zweiten Hälfte des 16. Jahrhunderts büßt das Bürgertum seinen Einfluß auf die Gestaltung der Mode bereits wieder ein und bleibt von nun an hinter ihr zurück. In dieser Zeit beginnt die Differenzierung in der deutschen Tracht, die sich seit dem 15. Jahrhundert nur hier und da bemerkbar macht, sich allgemein durchzusetzen, so daß bald jede Freie und Reichsstadt ihren eigenen kostümlichen Charakter erhält, der sich sowohl von dem anderer Städte, besonders aber von dem von Adel und Fürsten getragenen Modekostüm unterscheidet, dessen Begriff sich jetzt allmählich herausbildet. Mode im eigentlichen Sinne ist fortan nur noch die höfische Kleidung, die unter der Vorherrschaft der spanischen Tracht in den einzelnen Ländern noch leichte Verschiedenheiten aufweist, bis der Siegeszug der französischen Mode hundert Jahre später auch diese aufhebt. Die Stände sind jetzt durch ihre Tracht strenger voneinander getrennt, als das Mittelalter es je mit seinen schärfsten Kleiderverordnungen erreicht hat, deren ständige Erneuerung und Erweiterung auch jetzt nicht nachläßt. Bis zum 16. Jahrhundert bestehen die ständischen Unterschiede im wesentlichen im Schmuck und Material, nicht aber im Zuschnitt der Kleidung, und selbst die Sonderbildungen des 15. Jahrhunderts sind nur kleine Varianten der herrschenden Mode und außerdem stets nur auf einzelne Teile beschränkt. Diese formale Einheitlichkeit verliert die Tracht seit dem späten 16. Jahrhundert, und die Übersicht gestaltet sich von nun an, da mit dem wachsenden Interesse an modischen Dingen auch die Fülle des Überlieferten, Porträtdarstellungen und Genrebilder, schriftliche Berichte, selbst erhaltene Kostüme, ständig zunimmt, immer schwieriger. Fortan ist nicht nur zwischen höfischer Modetracht einerseits und bürgerlich-städtischer Kleidung andererseits zu unterscheiden, besonders zahlreich sind gerade die Nuancen innerhalb der städtischen Trachten, die Unterschiede zwischen Norden und Süden, Osten und Westen, in denen neben anderem auch die ganze territoriale Zersplitterung des Reiches zum Ausdruck kommt, sowie die sozialen Abstufungen. Das Patriziat geht anders gekleidet als die Handwerker, diese wiederum wollen sich auch im Gewandschnitt von der dienenden Bevölkerung abheben, zu der die Landleute ebenfalls gezählt werden. Somit fällt auch die eigentliche Entstehung der Volkstrachten in die zweite Hälfte des 16. Jahrhunderts, wenn sich auch keine der heute noch bestehenden in ihrer Gesamterscheinung so weit zurückverfolgen läßt. Bis dahin weicht die bäuerische Kleidung im großen ganzen nur durch ihr gröberes Material und das Vermeiden aller derjenigen modischen Einzelheiten, die für die Landarbeit ungeeignet sind, von der Zeittracht ab. Daß mit der fortschreitenden Differenzierung der Kleidung auch die Amts- und Berufstrachten deutlicher hervorzutreten beginnen, versteht sich von selbst. Sie bereichern das modische Bild nicht durch eigene neue Formen, wohl aber durch ihr jeweilig festgelegtes Kolorit, durch besondere

Abzeichen in Gestalt von Knöpfen, Schnüren, Streifen, Besatzteilen und dergleichen und, da sie naturgemäß dem schnellen modischen Wechsel weniger unterworfen sind als die zivile Kleidung, durch ihren teils geringen, teils größeren Abstand vom Zeitkostüm. Das letztere ist bis in das 18. Jahrhundert auch ein entscheidendes Kennzeichen vieler städtischer Trachten. Sie folgen der Mode nur bedingt, nur in den wesentlichen formalen Veränderungen, die durch den gleichzeitigen Wandel des Zeitstiles begründet sind. Daneben halten sie an alten Trachtenstücken fest, die die Mode längst überholt hat. Der Grund für die jetzt stärker durchdringende ständische Gliederung der Kleidung und den zwiespältigen modischen Charakter der bürgerlichen Tracht ist in der kulturellen Verfassung der Zeit im allgemeinen und im Niedergang der städtischen Macht im besonderen zu suchen. Im Norden verlieren die deutschen Hansestädte die Herrschaft über die Nord- und Ostsee, die an die erstarkenden Randstaaten übergeht. Der Levantehandel, der die süddeutschen Städte reich und mächtig gemacht hat, wird durch die ständig drohende Türkengefahr gehemmt, und an den durch die überseeischen Entdeckungen erschlossenen neuen Handelswegen hat Deutschland keinen unmittelbaren Anteil. Überall Begrenzung des Betätigungsfeldes, Verengung, Stillstand oder Rückgang. Das gleiche Bild im politischen und geistigen Leben, Erstarrung in äußerlicher Form, Festhalten an Rechten und Privilegien, die zu einer anderen Zeit einst wichtig und fördernd gewesen waren. Es ist nur die notwendige Folge, daß dieser Stillstand städtischer Macht und Kultur und bürgerlichen Reichtums auch in der Tracht zum Ausdruck kommt. Demgegenüber steht das Erstarken der fürstlichen Souveränität, die, je mehr sie dem Absolutismus zustrebt, glanzvoller Repräsentation bedarf. Die zweite Hälfte des 16. Jahrhunderts zeigt zunächst den starken Zwiespalt zwischen dem protestantischen Norden und dem katholischen Süden. Die süddeutschen Fürstenhöfe erschließen sich, wenn auch bedingt, der italienischen Renaissancekultur und dem spanischen Zeremoniell. Die spanische Mode wird dort frühzeitig und bereitwillig übernommen. Im Norden verharrt man beim Hergebrachten und bekundet das auch durch zäheres Festhalten an der Tracht der Reformationszeit die kaum fremde Einflüsse aufzuweisen hatte. Ein Nebeneinanderstellen gleichzeitiger Fürstenbildnisse ergibt das kulturgeschichtlich interessante modische Resultat, daß die protestantischen Fürsten um die Jahrhundertmitte im allgemeinen noch das gewohnte Kostüm der ersten Hälfte des 16. Jahrhunderts tragen, während die katholischen bereits zur neuen Mode übergegangen sind. Auch die reformierte Schweiz bewahrt einen konservativen Charakter in der Kleidung, wie neben anderen die 1564 von Tobias Stimmer gemalten Bildnisse des Ehepaares Schwytzer beweisen, deren Kostüm sich von dem der dreißiger und vierziger Jahre nur wenig unterscheidet.

Die neue Mode führt die Tracht zu strengen, teilweise abstrahierenden Formen: Das starke Körpergefühl, das trotz aller Breite und Fülle auch noch dem Kostüm der ersten Jahrhunderthälfte innewohnt, indem es im männlichen Anzug in der Betonung eines von Kraft geschwellten muskulösen Körpers gipfelt und im weiblichen dem Körperbau durch größere Weichheiten und Rundungen entgegenkommt, tritt zurück. Ein neuer großer Abschnitt der Kostümgeschichte kündet sich an, in dem Gestaltungsprinzipien die Oberhand gewinnen, deren Ziel vor allem in der Erschaffung künstlicher Formen liegt, denen der Körper untergeordnet wird. Die Höhepunkte dieser Entwicklung bringt erst das 17. und 18. Jahrhundert, wo der menschliche Körper vom selbständigen Organismus, der die Formen der Tracht bestimmt, bisweilen nur zum vergewaltigten Träger kostümlicher Gebilde wird, deren formaler Eigenwert freilich ein starkes künstlerisches Gestaltungsvermögen offenbart. Eingeleitet wird diese Zeit der künstlichen Modeformen durch die allgemein sich ausbreitende Herrschaft der spanischen Tracht um die Mitte des 16. Jahrhunderts. Formal genommen bedeutet diese Mode den Übergang von der Horizontalen zur Schräge. Alles, was bisher auf Breite deutete, beginnt zu schwinden. Schon die Spätform der Schaube, die kurze Harzkappe (auch Gestaltrock genannt), hat nicht mehr die weit ausholenden Konturen. Der Kragen, der oft im Nacken hochgestellt wird, ist bedeutend schmaler, wird auch häufig nur durch einen angeschnittenen Stehkragen ersetzt. Die Ärmel, die nach wie vor lose herabhängen oder zu kleinen Schulterpuffen reduziert werden, verlieren die weite Bauschung am Oberarm. Mehr noch als die Harzkappe, die im letzten Drittel des 16. Jahrhunderts schwindet, verkörpert seit etwa 1560 ein kurzer ärmelloser Radmantel, das „spanische Mäntelchen" (oder die spanische Kappe), das veränderte Formengefühl. Von dem am Ende des 15. Jahrhunderts gebräuchlichen unterscheidet er sich durch seinen glatten unteren Abschluß, durch größere Weite und das steife Futter, das ihn in schrägem Umkreis vom Körper abstehen läßt. Außerdem erhält er einen hohen Stehkragen oder einen Umliegekragen, der wie bei der Harzkappe hochgeschlagen wird. Oft schmücken reiche Gold- oder Seidenborten die Ränder des in Spanien stets schwarzen, in Deutschland auch in gedämpften Farben getragenen Mantels, wie ja überhaupt das düstere Kolorit weder hier noch in den anderen Ländern mit den Formen zugleich übernommen wird. Das vorn geschlossene Wams liegt seit den vierziger Jahren eng und glatt am Körper an, von wenigen durchgehenden Längsschlitzen durchzogen, sofern sie nicht durch bloßen Besatz markiert werden. Wo die reihenweise Schlitzung beibehalten wird, verläuft sie nicht mehr wagerecht sondern schräg. Am Halse schließt es mit einem an Höhe zunehmenden Stehkragen ab, und statt des bisherigen bis zum Hosenansatz reichenden geradlinigen Taillenabschlusses bedeckt es mit einem kleinen schräg geschnittenen Schoß die Hüften, wobei die Taille jetzt tiefer rückt und sich nach vorn zuspitzt. Hierin entspricht das Wams dem Harnisch, der nach seiner zugleich zugespitzten und scharfgratigen Form den Namen Gansbauch führt. In Frankreich und den Niederlanden wird die neue Mode sogar so weit getrieben, daß das ausgestopfte und gepolsterte Wams tatsächlich gänsebauchartig über den kurzen Schoß hängt. Die Ärmel sind glatt und eng und dem Rumpfteil entsprechend mit Borten oder Schlitzen geschmückt. Wie schon in der ersten Hälfte des 16. Jahrhunderts wird über das Wams oft ein zweites ähnliches Gewand gezogen, das Goller, mit kleinen schrägen Schulteransätzen oder kurzen Puffärmeln. Vom Hemd ist nur noch die Rüsche oder der kleine Überschlag am Kragen und Handgelenk zu sehen. Beide nehmen seit den sechziger Jahren zunächst langsam, dann schneller an Breite zu und erreichen ihre größte Ausdehnung erst um die und nach der Jahrhundertwende, wo sie gewöhnlich nicht mehr am

Hemd sitzen, sondern einzeln umgelegt werden. Während der Kragen in der deutschen Tracht zurücktritt, entwickelt sich die Rüsche zur Kröse (Krause), und diese wächst sich schließlich zum Mühlsteinkragen aus. Einen besonderen Schmuck der schmaleren Kröse bildet die neu aufgekommene, noch großmaschige Spitze.

Die Hose entwickelt sich in der zweiten Hälfte des 16. Jahrhunderts von der geschlitzten zur Pluderhose. Die Querstreifen, die die Schlitze bisher in regelmäßigen Abständen zusammengehalten haben, fallen fort. In wenigen breiten Streifen, zwischen denen sich das weite Futter in großen, faltenreichen Puffen hervor„pludert", hängt sie bauschig herab. Bei der höfischen Tracht bedeckt die Pluderhose, die schon von den Zeitgenossen als typisch deutsche Mode angesehen wird, in Anlehnung an das spanische Kostüm nur etwa die Hälfte der Oberschenkel, bei den Landsknechten reicht sie fast bis zum Knöchel. Breit und ausladend wie das Futter der in Norddeutschland besonders üppig ausgebildeten Pluderhose, die hier noch einen Bausch um die Hüften erhält, ist oft das Strumpfband, das die an oder unter der Hose befestigten Strümpfe unter dem Knie festhält, und selbst die wieder kleiner werdende Braguette ist häufig mit großen Schleifen geschmückt. Eine Abart stellen die aus der spanischen Tracht übernommenen, vornehmlich in Westeuropa gebräuchlichen sog. Heerpauken dar, bei denen das meist von zahlreichen Streifen überspannte Futter so stark gepolstert ist, daß die kurzen Hosenbeine kugeligen Gebilden gleichen. Gegen 1590 setzt eine Rückbildung zu schlichteren Formen ein, und wir begegnen zum ersten Male der glatten, nur an den Nähten verzierten Kniehose, die in dieser Zeit als Pump- und Schlumperhose auftritt. Die erstere verjüngt sich nach unten, die Schlumperhose ist gleich weit geschnitten und an den Knien nicht immer zusammengebunden. Bei ihnen schwindet die Braguette, und der Latz erhält einen knöpfbaren Schlitz.

In der Fußbekleidung sind die Kuhmäuler bereits in den dreißiger Jahren einem der Form des Fußes angepaßten, flachen Schuh gewichen, dessen langes, von Schlitzen durchzogenes Vorderblatt vorn zunächst abgestumpft ist, dann allmählich wieder etwas zugespitzt wird. Man trägt diese Schuhe nicht nur aus Leder, sondern in Anlehnung an Hose und Wams auch aus Samt oder Seide. Die hohen Lederstiefel werden in der gewohnten Form beibehalten. Auch die Handschuhe verändern sich kaum, die Schlitzmode bleibt ihnen weiterhin treu.

Eine Bereicherung des modischen Beiwerkes bedeutet seit der Jahrhundertmitte das Taschentuch, nach seiner italienischen Herkunft und Bezeichnung (fazzoletto) Faziletlein oder fazenet genannt, das, mit Stickerei, Spitze oder Quasten verziert, meist in der Hand gehalten wird.

Die Mannigfaltigkeit der Kopfbedeckungen nimmt bedeutend ab. Von den zahlreichen Barettformen überdauert nur das kleine, schmalkrempige „spanische" die Jahrhundertmitte. Sein Kopfteil ist nun nicht mehr glatt, sondern leicht gefaltet. Es nimmt an Höhe zu und schneidet oben geradlinig oder leicht gerundet ab; es ist zur Toque geworden. Gegen das Jahrhundertende verschwindet das Samtbarett, und als wichtigste Kopfbedeckung behauptet sich der nach der Mitte des 16. Jahrhunderts aufkommende Filzhut mit schmaler Krempe und hohem, bald geradem, bald halbkugeligem, bald sich verjüngendem Kopf. Der breitkrempige Filzhut ist vor der Jahrhundertwende noch eine Seltenheit. Als Schmuck von Barett und Hut dienen nach wie vor Straußenfedern, einzeln oder in Tuffs, Schnüre, die den Edelmann kennzeichnen, Litzen, Agraffen oder Stifte. Im Sommer werden auch Strohhüte getragen. Die Pelzmütze mit Krempe, die schon das 15. Jahrhundert kennt, begegnet auch in der zweiten Hälfte des 16. Jahrhunderts noch, wo der Kopf bedeutend höher und spitzer wird. Das Haar behält den in den dreißiger Jahren übernommenen kurzen Schnitt bei und wird im letzten Drittel stark aus der Stirn gestrichen, der Bart bleibt als langer oder kurzer zugespitzter Vollbart stehen in Verbindung mit einem Schnurrbart.

Auch der Schmuck verliert etwas von der Üppigkeit, mit der er sich in der ersten Jahrhunderthälfte breit macht. Die Zahl der Fingerringe beschränkt sich jetzt vielfach nur auf einen besonders kostbar gearbeiteten, der zugleich die Schönheit der Hand betont. Die Halskette liegt nicht mehr breit über den Schultern, sondern hängt lang und schmal herab, der runde Anhänger verlängert sich zu einem ovalen, und um die schlanke, vorn zugespitzte Taille des Schoßwamses schlingt sich jetzt ein schmaler Gürtel. Allerdings tritt auch hierbei der Unterschied zwischen Norden und Süden hervor. Wo man sich die italienische Renaissancekultur zu eigen macht, überwiegt der verfeinerte Geschmack, der die wohlberechnete Wirkung eines einzelnen Schmuckstückes einer Reihe gleichwertiger vorzieht.

Während von der deutlicher werdenden ständischen und lokalen Differenzierung in der Männertracht, sieht man von der wechselnden Gestaltung der Pluderhose ab, noch nicht viel zu merken ist, und die Unterschiede hier auch nicht allzu groß werden, treten sie im Frauenkostüm bereits stärker hervor. Dieses hebt sich auch schärfer von der Tracht der anderen Länder ab, wie sich ja überhaupt lokale und nationale Besonderheiten an ihm zuerst feststellen ließen. Noch hat die Männertracht die Führung, noch gehen wesentliche formale Veränderungen von ihr aus und teilen sich der Frauenkleidung mit. Daneben aber beginnt gerade in den letzten Jahrzehnten des 16. Jahrhunderts die weibliche Tracht sich in Eigenbildungen zu entfalten, die zu den erwähnten künstlichen Modeformen hinüberleiten und ihr die vom Männerkostüm unabhängige Herrscherstellung in der Mode sichern. In dieser Zeit erscheint zum ersten Male der Reifrock in der Mode und erobert sich schnell die romanischen Länder. In Deutschland verhält man sich ihm gegenüber etwas zurückhaltend, jedenfalls entfaltet er sich nicht zu den Dimensionen wie in den westlichen Ländern. Die Frauentracht wird hier in zeitgenössischen Berichten im allgemeinen als „erbar" bezeichnet, womit in erster Linie die fast völlige Verhüllung gemeint ist im Gegensatz zu dem freigebigen Dekolleté der Frühzeit des 16. Jahrhunderts. Die Heuke beschränkt sich jetzt ausschließlich auf die bürgerliche Tracht und nimmt in den einzelnen Landschaften verschiedene Gestalt an. Der Süden verharrt noch bei der gewohnten dichtgefältelten Form, nur daß die Heuke jetzt nicht mehr wie zu Beginn des Jahrhunderts gerafft zu werden braucht. Auch die Lübeckerinnen z. B. halten an der Heuke mit breitem Rückenschild fest, die sie schon am Ende des 15. Jahrhunderts trugen. Dagegen nähert sie sich in Köln und am Niederrhein der niederländischen „Hoike", die, mit Draht zu einem Schirmdach versteift, über den Kopf gezogen wird. Bei den übrigen Oberkleidern ist der selbe Formenwandel zu beobachten wie bei der männlichen Tracht, darüber hinaus sogar wie schon oft bisher weitgehende Angleichung. Auch die Frau trägt die Harzkappe mit kleinen Puffärmeln und das ärmellose Mäntelchen mit hochgestelltem Kragen, beide oft mit Pelz verbrämt, etwas kürzer als beim Mann und das Mäntelchen bisweilen mit herausgearbeiteter Schulterpartie. Bis auf die Füße verlängert, lebt dieser Umhang mit steifem Kragen in den thüringischen Volkstrachten als „Dachkragenmantel" fort und wird erst zu Beginn des 19. Jahrhunderts aufgegeben. Das Aussehen eines langen mantelartigen Obergewandes hat der sog. „weite Rock", den man etwa als die der veränderten Mode angepaßte Schaube charakterisieren kann, obwohl er mit dem Kleide anscheinend in engerem Zusammenhange steht, als es bei dieser der Fall ist. Er ist nach der Jahrhundertmitte im wesentlichen ein Requisit der höfischen Tracht, dringt dann in die bürgerliche ein, wo sich hauptsächlich das dem Adel sich gleichstellende Patriziat seiner bemächtigt, und kommt zu Beginn der achtziger Jahre wieder aus der Mode. Die kleinen Puffärmel entsprechen denen der Harzkappe. Am Halse und über der Brust wird er mit Hefteln geschlossen und fällt, vorn sich in schräger Linie öffnend, in tiefen Falten ungegürtet bis auf den Saum des Kleides herab. Zur Belebung des meist aus schwerem dunklem Stoff gearbeiteten „weiten Rockes" tragen breite Borten, unten oft in mehreren Reihen übereinander, Schlitze, Nesteln und kleine Metallstifte bei. Das unter diesem angelegte, häufig hellfarbige Kleid mit langen engen Ärmeln und hohem Halsabschluß liegt am Oberkörper glatt und eng an, erweitert sich dann, unterfüttert mit Filz oder versteift durch Stahlreifen, Springer genannt, gleichmäßig nach unten, wo es in weitem Umkreis auf den Boden aufstößt. Um die nicht weiter betonte Taille schlingt sich ein Gürtel, dessen eines Ende lang herabhängt. Neben diesem Kostüm trägt man ein aus Rock und Taille oder Mieder zusammengesetztes Kleid, das die Tradition der Frühzeit des 16. Jahrhunderts fortsetzt, die das taillenlose Kleid mit „weitem Rock" unterbrochen hat. Bei ihm treten die Unterschiede zwischen der spanischen Tracht und ihren Abwandelungen in den einzelnen Ländern besonders deutlich hervor. Soweit man an den deutschen Fürstenhöfen der spanischen Mode folgt, läßt man Taille und Mieder vorn in einer Spitze, der Schneppe, endigen, deren Kontur sich der Gürtel anpaßt. Eine zunächst sichtbare, schön verzierte Stange aus Holz, Elfenbein, Perlmutter, Silber oder weniger edlem Material, das Blankscheit (nach dem frz. planchette), gibt dem Mieder, das außerdem ringsherum durch Fischbein- oder Stahlstäbe versteift ist, festen Halt. Wie ein Gerüst zwängt es den Körper ein, hemmt seine Entwicklung und beschränkt die Bewegungsfreiheit. Es reicht entweder hoch hinauf oder schließt über der Brust mit einem nach oben gewölbten Bogen ab. Den Ausschnitt darüber füllt das Unterkleid mit hohem Stehkragen und langen, engen Ärmeln, die unter den kugelig oder sichelförmig ausgestopften kurzen Puffärmeln des Mieders sichtbar werden. Der Rock des Kleides, der meist mit dem Mieder verbunden ist, öffnet sich vorn. Im spitzen Ausschnitt erscheint das über Reifen gespannte Unterkleid, auf dessen kostbare Ausstattung großer Wert gelegt wird. Allerdings beschränkt diese sich oft nur auf den vorderen sichtbaren Teil, der weitaus größere, unter dem Rock verborgene wird häufig aus einfachem Stoff gearbeitet. Gegen die Jahrhundertwende verliert der Rock den glockigen Kontur. Er fällt jetzt über einen dicken Hüftring faltig herab, in der Taille von einer flachen, breiten Krause umgeben, auf der die länger und spitzer gewordene Schneppe aufliegt. Auch der Miederausschnitt hat sich inzwischen geändert. Nach französischer Mode, die das Dekolleté wieder eingeführt hat, läuft er vorn spitz zu und gibt den nun von keinem hochschließenden Unterkleid mehr bedeckten Hals frei. Diesen rahmt ein breiter, im Nacken hochgestellter Spitzenkragen, der sich, nach vorn schmaler werdend, im Ausschnitt verliert. Die Ärmel des Mieders sind jetzt gewöhnlich von glattem, bequemem Zuschnitt. An das Kostüm mit „weitem Rock" knüpft ein Kleid an, das sich im letzten Viertel des 16. Jahrhunderts neben dem aus Rock und Mieder bestehenden behauptet. Beide Teile sind hier nicht so scharf gegeneinander abgesetzt, vielmehr besteht sein Reiz gerade in der vielfältigen Art, auf die Ober- und Unterkleid einander ergänzen.

Bald ist das gesteifte Unterkleid nur im spitzen Rockausschnitt des hochgeschlossenen oberen zu sehen, bald spaltet sich dieses schon oberhalb der Taille oder es öffnet sich vorn in seiner ganzen Länge. Dann reicht das Unterkleid bis zum Halse und schließt hier mit einem Stehkragen ab. Borten, Stifte, Nesteln, Perlen oder Metallknöpfe in Rosettenform ziehen sich schmückend über Kleid und Unterkleid und bringen in ihrer Anordnung die Schräge, die der Zuschnitt des Kleides schon betont, noch mehr zum Ausdruck. Über dem hohen Kragenrand erscheint die in Tollfalten gelegte Hemdkrause, deren Entwicklung zur Kröse der männlichen Tracht entspricht, ja sie an Umfang sogar oft noch übertrifft. Wie diese löst sie sich gegen Ende des Jahrhunderts vom Hemdkragen los und wird als selbständige Krause um den Hals gelegt. Der Stehkragen am Kleid fällt jetzt fort. Von einem Drahtgestell unterstützt, steigt die Krause im Nacken schräg an als einfache oder doppelte Leinenkrause mit Spitzenbesatz, neben der auch die schlichte Leinenkröse oder seltener die kostbare Spitzenkröse getragen werden. Am Jahrhundertende öffnet sich die flacher werdende Krause und wird bald darauf durch den bereits geschilderten breiten Spitzenkragen ersetzt, der den spitzen Miederausschnitt rahmt. Das Anwachsen der Kröse bleibt auf den Ärmelschnitt nicht ohne Einfluß. Die hochgestellten Schulterpuffen gehen zunächst in schräggestellte Achselwülste über und verschwinden schließlich ganz. Das Kleid erhält einen ganz oder teilweise aufgeschlitzten Zierärmel, der lose herabhängt, während die Arme in den glatten Ärmeln des Unterkleides stecken oder in ebensolchen am Kleid selbst befindlichen.

Gegenüber diesen spanisch-französischen Modeformen, die nur so weit kurz geschildert wurden, als sie an den deutschen Fürstenhöfen Aufnahme finden, erweckt die deutsche Tracht den Eindruck provinzieller Rückständigkeit. Es fehlt ihr nicht nur die schöpferische Kraft, sich selbständig neben der spanischen Mode zu behaupten, wie es z. B. bei der italienischen der Fall ist und wie sie ja auch selbst in der Reformationszeit von fremden Einflüssen ziemlich frei war, es gelingt ihr auch nicht, sie derartig abzuwandeln, daß sie, wie es in Frankreich geschieht, zwar die Steifheit verliert, aber an Eleganz nichts einbüßt. Die deutsche Tracht des späten 16. Jahrhunderts ist nur eine Verbürgerlichung der spanischen Mode, und was sie an Eigenbildungen hinzufügt, trägt nicht dazu bei, sie weltläufiger zu gestalten. Das Mieder schließt bei ihr in der Taille wie bisher geradlinig ab, wird vorn meist verschnürt und ist ohne kurze Puffärmel zugeschnitten. Diese sitzen an dem jetzt endgültig zum Jäckchen gewordenen, hochschließenden Goller — nur einzelne städtische Trachten halten noch an dem kragenförmigen fest —, das den tiefen Miederausschnitt deckt. Es beschränkt sich hauptsächlich auf die bürgerliche Tracht, während die adlige Dame, soweit sie nicht nach spanischer Mode gekleidet geht, sich der bereits erwähnten Harzkappe oder des Schultermäntelchens bedient. Die unter dem Goller hervorsehenden langen engen Ärmel mit kleiner Krause am Handgelenk sind häufig noch die des Hemdes, das mit Ausnahme der Kragenkrause für das äußere Bild der Tracht wieder bedeutungslos wird. An die Stelle von Mieder und Goller tritt auch eine enge Taille, ebenfalls ohne Schneppe, mit langen an den Achseln etwas gebauschten Ärmeln. Ihren einzigen Schmuck bilden Besatzstreifen längs des Verschlusses und am Handgelenk. Auch hebt sie sich oft in Farbe und Stoff vom Kleiderrock ab. Dieser ist entweder dicht plissiert oder fällt, nach unten sich glockenförmig erweiternd, in wenigen schweren Falten herab. Die Vorderbahn, die selten geöffnet ist, deckt gewöhnlich eine lange, schmale, in der Regel ebenfalls eng gefältelte Schürze, die zur Festtracht gehört und dementsprechend reich ausgestaltet ist mit Besatz, Stickerei oder Durchbrucharbeit. Um die Taille schlingt sich wie in der ersten Jahrhunderthälfte die lose sitzende, meist seitlich herabhängende Gürtelkette, beschwert durch Besteckscheide oder Necessaire. Als neues modisches Zubehör, in der bürgerlichen Tracht vorläufig noch eine Seltenheit, kommt der Fächer hinzu, der nach italienischem Vorbild scheibenförmig, nach französischem halbkreisförmig und zusammenklappbar ist.

Von diesem an sich schon wenig modisch anmutenden Kleiderschnitt hebt sich die Tracht einzelner deutscher Städte durch zähes Festhalten an gewohnten Formen ab. In Nürnberg z. B. bewahrt die Brauttracht noch lange den tiefen, nur vom Hemd ausgefüllten Miederausschnitt und die langen Flügelärmel der ersten Jahrzehnte des 16. Jahrhunderts, denen auch die hohe Brautkrone entstammt. Die Kölnerin, die schon durch ihre Heuke auffällt, kann sich ebenfalls nicht von ihren am Unterarm stark erweiterten Ärmeln trennen. Ihr Rock ist wohl vorn aufgeschnitten, hat aber nicht den gespannten, glockenförmigen Kontur des spanischen Reifrockes und als Kopftracht dient ihr noch die weiße Leinenhaube mit der über den Hinterkopf gelegten langen Kinnbinde. Ebenso behalten auch Kostümformen der zweiten Jahrhunderthälfte in den städtischen Trachten noch Gültigkeit, als die Mode sie bereits wieder überwunden hat. So wird der plissierte Rock noch um 1600 getragen, zu einer Zeit, wo in der Modetracht schon der über einen Hüftring fallende tonnenförmige herrscht. Über diesen plissierten Rock hängt die Stettinerin einen weiten Gürtel, der eine nicht vorhandene spitze Schneppentaille zu betonen scheint und in dieser Form und Tragweise sonst nicht weiter begegnet. Um die Schulter liegt ihr das noch kragenförmige Goller, aus dem die Kröse hervorsieht. Diese wenigen Beispiele mögen genügen, zu zeigen, daß es nur Einzelheiten sind, in denen die städtischen Trachten voneinander und von den herrschenden deutschen Modeformen abweichen. Aber diese Besonderheiten, die oft nur dadurch hervorgerufen werden, daß die Zusammenstellung von älteren und zeitgemäßen Kleidungsstücken nirgends die gleiche ist, sind doch prägnant genug, die lokale Eigenart deutlich hervortreten zu lassen.

Die Reifrockmode bringt eine Vermehrung der Unterkleidung mit sich. Nicht nur daß der Zuschnitt des Kleides mehr denn je ein Unterkleid verlangt, das im Rock- und Halsausschnitt und an den Armen sichtbar wird, die Versteifung der Röcke durch Stahlreifen hat außerdem den Gebrauch eines oder mehrerer Unterröcke und, wenn auch nicht allgemein verbreitet, von etwa bis zum Knie reichenden Hosen zur Folge an Stelle der bisher auch von der Frau getragenen mittelalterlichen Bruche. Wie in der Männertracht werden die genähten Strümpfe seit dem letzten Viertel des 16. Jahrhunderts mehr und mehr durch gestrickte ersetzt. Auch die Schuhe machen den gleichen modischen Wandel mit, werden wieder schmaler, erhalten Quer- und Längsschlitze, später Schnurbesatz und mit dem Beginn des 17. Jahrhunderts sogar schon kleine Absätze.

Handschuhe und Taschentuch, das ergänzende modische Beiwerk, entsprechen in Form und Ausstattung ebenfalls denen der männlichen Tracht.

Von den Kopftrachten behauptet sich das flache, krempenlose Barett noch mehrere Jahrzehnte, zunächst in der gewohnten, gerade aufgesetzten Form, geschmückt mit Stiften, Nesteln und kleinen Metallrosetten wie bei der männlichen Tracht. In den siebziger Jahren entwickelt es sich zur Toque, wird kleiner, der Kopf höher und häufig leicht gebauscht und schwebt jetzt nur noch schief auf dem Kopf, dessen Haarfülle eine Netzhaube einfängt. Zum metallischen Schmuck gesellt sich ein Federtuff an der Seite. Barett und Toque bleiben im wesentlichen auf die oberen Schichten beschränkt, den Adel und das Patriziat. Das einfache Bürgertum begnügt sich mit der Haube in einigen der hergebrachten Formen, die von der ganzen bisherigen Fülle noch übrig bleiben. Vor allem hält sich die flache weiße Leinenhaube mit Kinnbinde bis an die Jahrhundertwende. Daß auch die kölnisch-niederrheinische Haube mit ihren hörnerartigen seitlichen Erweiterungen, die die kleine Mädchenhaube besonders deutlich veranschaulicht, noch nicht geschwunden ist, wurde bereits erwähnt. Aber auch neu aufkommende Formen werden von der städtischen Tracht übernommen und lange über ihre eigentliche modische Geltungsdauer hinaus beibehalten. Zu diesen gehört in erster Linie die das Barett ablösende Schneppenhaube, die sich zur Flügelhaube entwickelt und als solche um 1600 an der deutschen Nordseeküste, hauptsächlich in Nordfriesland, eine besondere Rolle spielt. Es ist die kleine, mit einer mehr oder weniger betonten Spitze in die Stirn vorspringende, an den Seiten leicht gewölbte Haube, die unter dem Namen Stuarthaube allgemein bekannt ist und noch heute in etwas veränderter Form als Witwentracht getragen wird. Wie bei so manchem Kostümstück ist auch hier seine Verbindung mit einer bestimmten historischen Persönlichkeit irreführend. Diese sind fast nie die Erfinder einer neuen Tracht. Wohl mag eine oder die andere modische Neuerung auf sie zurückzuführen sein, wohl mögen sie bestimmte Kostümformen auf die Spitze getrieben oder zu besonderer Prägnanz entfaltet haben, als Schöpfer derselben werden sie in den seltensten Fällen gelten können.

Die Tracht und ihre formalen Abwandlungen sind zu tief in der künstlerischen und kulturellen Gesamtentwicklung einer Zeit verankert, sind zu sehr Ausdruck eines in sich geschlossenen Zeitstiles, als daß sie der vorübergehenden Modelaune eines einzigen entspringen könnten. Wie sehr das der Fall ist, wird erst dem rückblickenden Beobachter klar, dem sich Zusammenhänge und Entwicklungslinien entschleiern, die der Zeitgenosse nicht zu übersehen vermag und daher oft für die Tat eines einzelnen hält, was nur ein Glied in einer unter einheitlichem Gesetz stehenden Reihe ist. Nur so sind auch die zahllos wiederkehrenden Berichte und Schilderungen zu erklären, in denen immer wieder eine gesellschaftlich hochstehende Persönlichkeit als Erfinder oder Schöpfer eines Trachtenstückes bezeichnet wird. Auch Maria Stuart — auf sie zielt die Bezeichnung Stuarthaube hin — ist nicht die Erfinderin der Schneppenhaube. Diese ist aus einer französisch-niederländischen Haubenform abzuleiten, die bereits in der ersten Hälfte des 16. Jahrhunderts neben dem Barett getragen wird. Die Schneppe erreicht erst nach der Jahrhundertwende, wo die aus schwarzer Seide gefertigte Haube zur Witwentracht wird — schwarz und weiß treten jetzt als Trauerfarben mit Bestimmtheit hervor —, ihre schärfste Ausprägung. Die seitlichen Wölbungen der Haube passen sich dem hochgebauschten Haar an, den Hinterkopf umschließt sie glatt. Barett, Toque und Schneppenhaube zeigen deutlich, wie die Kopfbedeckungen in der Modetracht der zweiten Hälfte des 16. Jahrhunderts allmählich an Bedeutung verlieren. Sie werden zusehends kleiner, und die zierlichen Feder-, Spitzen- und Brokattuffs vom Ende des Jahrhunderts sind nur noch als Haarschmuck zu bezeichnen.

Desto üppiger und kunstvoller entfalten sich dafür die Frisuren, die sich dem kostümlichen Gesamtbilde anpassen. Bei ihnen wird am meisten offenbar, wie sehr jetzt häufig ein Teil der Tracht durch den anderen bedingt wird und alle sich zu einer Gesamtkomposition zusammenfügen. Die immer größere Dimensionen annehmende Kröse verlangt hochfrisiertes Haar. Solange sie noch nicht zu umfangreich ist, genügt es, wenn die Haarmenge am Hinterkopf von einem Netz zusammengehalten wird. Sobald sie aber im Nacken schräg ansteigt, muß jede ausladende Frisur aufgegeben und das

Haar hochgekämmt werden. Die höfischen Kreise in Deutschland folgen auch hierin dem spanischen und französischen Vorbild und tragen das Haar über Stirn und Schläfen hochgebauscht, gekräuselt und häufig mit Draht unterstützt. Mehr der spanischen Mode entspricht das pyramidenförmig getürmte Haar, dessen schräg ansteigenden Umriß ein Kopfschmuck auf der höchsten Stelle noch betont. In Frankreich rahmt das Haar gewöhnlich in gleichmäßig runder Wölbung Stirn und Schläfe, höchstens in der Mitte leicht vertieft, so daß eine Wellenlinie entsteht, der sich die Schneppenhaube anpaßt. Diese Vertiefung wächst sich häufig zu einem kleinen Scheitel aus, eine Besonderheit, die am meisten in den Niederlanden anzutreffen ist. In den Städten hält man noch nach der Jahrhundertmitte am Hängezopf der ersten Hälfte des 16. Jahrhunderts fest, auch die über Ohren und Kopf gelegten dicken Haarflechten finden sich noch verschiedentlich, und mit der spätmittelalterlichen Sitte, die das offen herabwallende Haar auf Bräute und Brautjungfern beschränkt, wird erst jetzt hie und da gebrochen.

Der Schmuck besteht nicht nur in den bisher üblichen Pretiosen, Agraffen für Toque und Barett, Fingerringen, Hals- und Gürtelketten, bei denen sich der selbe formale Wandel beobachten läßt wie bei der männlichen Tracht. Das höfische Kostüm starrt von Perlen und Steinen, die Muster bildend über das ganze Kleid verstreut sind oder das Blankscheit zieren. Allerdings können sich nur fürstliche Frauen einen solchen Luxus leisten, und selbst diesen steht in Deutschland nur ein Teil der Summen zur Verfügung, die in Spanien, Frankreich oder England darauf verschwendet werden. Dafür sind die langen starkgliedrigen Halsketten zum Teil aufgegeben oder gegen Perlenschnüre vertauscht worden. Wo die Kröse vorherrscht, ist nur wenig Raum für sie, und zum breiten, gesteiften Nackenkragen eignet sich besser kurzes und feingliedriges Halsgeschmeide, das im spitzen Miederausschnitt wirkungsvoll zur Geltung kommt.

Die gleichen formalen Tendenzen, die in der spanischen Tracht zutage treten, verrät auch die gesamte Körperdarstellung. Die neue Idealfigur unterscheidet sich sehr von den kraftvollen Gestalten der ersten Jahrzehnte des 16. Jahrhunderts. Ihr fehlt die Vitalität und Lebensfrische, die jene durchpulst. Die Üppigkeit, schwellende Muskeln, breite, gerundete Gliedmaßen, verbunden mit einer gewissen Gedrungenheit, weicht langen, schmalen, zartgliedrigen Formen. Die Köpfe verlieren die Rundung, werden schmal und gestreckt, auch ohne die besondere Betonung des veränderten Konturs durch Frisur, Haar- oder Bartschnitt. Der Gesichtsausdruck wandelt sich ebenfalls. Trotz zunehmender Individualisierung erhält er etwas Maskenhaftes, Konventionelles. Hände und Finger werden lang und dünn, Arme und Beine schlanker und gedehnter. Heerpauken, Pluderhosen, Gansbauch, Achselwülste oder Reifröcke widersprechen dem nur scheinbar. Daß auch die ganze Körperhaltung sich ändert, bewirken in erster Linie Kröse, Mieder und die Polsterung und Versteifung der Hauptbekleidungsstücke. In gesteigertem Maße als bisher bilden Körper und Tracht eine bewußte künstlerische Einheit, trotzdem die letztere Formen entwickelt, die sich denen des Körpers in keiner Weise anpassen oder sie durch Überbetonung besonders hervorheben. Das Gemeinsame liegt in der einheitlichen Abstrahierung, die sich von der vergangener Epochen durch die inzwischen erreichte Beherrschung der Körperdarstellung unterscheidet. In der deutschen Kunst freilich kommt das neue Körperideal nur vereinzelt zum Ausdruck, wie ja auch die spanische Tracht im Reiche nur begrenzte Aufnahme findet. Es bleibt wie diese eine fremde, unter anderen kulturellen Bedingungen entstandene Form.

# VI. Die deutsche Tracht zur Zeit des Dreißigjährigen Krieges
ca. 1620—1650

Die Macht des spanischen Reiches ist schon im Sinken, seine Führerrolle unter den europäischen Staaten ausgespielt, als die spanische Mode noch immer tonangebend ist, freilich mit den Abwandlungen, die sie in den einzelnen Ländern erfährt. Bis an die zwanziger Jahre des 17. Jahrhunderts währt die Herrschaft dieses steifen Kostüms, in Spanien selbst, auch am deutschen Kaiserhofe in Wien hält sie sich sogar noch einige Jahrzehnte länger. Dann dringt mit dem Dreißigjährigen Krieg ein freierer Zug in die Mode ein. Mit ihm erhält die deutsche Tracht für kurze Zeit wieder einen eigenen Charakter. Ihr Aussehen spiegelt den kriegerischen Zeitgeist wieder. Lederkoller und Reiterstiefel der Söldnerscharen, von deren Tritten das deutsche Reich drei Jahrzehnte lang widerhallt, werden die Symbole der neuen Mode. Die Strenge und Gemessenheit verliert sich, der Mensch kann sich wieder ungehindert bewegen. Leider fehlt es nicht an Übertreibungen. Die natürliche Ungezwungenheit, die zunächst nichts anderes ist als eine gesunde Reaktion gegen die spanische Steifheit und sich in allen Ländern bemerkbar macht, führt in Deutschland unter dem vergröbernden Einfluß des langen Krieges zu überbetonter Saloppheit. Merkwürdigerweise verfällt nicht einmal der Soldat in sie, sondern sie wird zum letzten Schrei des „A-la-mode"-Kavaliers, eines Begriffes, der mit dem Wort Mode in jener Zeit aufkommt. Die Entwicklung verläuft gerade umgekehrt als ein Jahrhundert zuvor. Während im 16. Jahrhundert der Landsknecht die Mode der Schlitze und Puffen auf die Spitze treibt und die Pluderhose zu absonderlichen Gebilden umgestaltet, gibt jetzt der gänzlich unkriegerische Stutzer der bequem zugeschnittenen Soldatentracht ein martialisches Aussehen und macht sich zum Gespött seiner Landsleute. Auch die Frauentracht ist nicht frei von Auswüchsen und Übertreibungen, und ebenso stark wie die „Monsieurische Alamode" wird in den Spottbildern die „Damische Bisarrie" gegeißelt. Diese in Kupfer gestochenen Flugblätter sowie die derb und witzig geschriebenen Spottschriften, die seit dem Ende der zwanziger Jahre gegen kostümliche Ausschweifungen und Ausländerei in der Mode zu Felde ziehen, sind ein interessanter Kultur- und Modenspiegel der Zeit des großen Krieges und bereichern das kostümgeschichtliche Quellenmaterial um eine neue Note. Im Gegensatz zu den Trachtenbüchern, deren Verfassern es hauptsächlich auf die mehr oder weniger glaubhafte Feststellung des in den verschiedenen Städten, Landschaften oder Staaten getragenen Kostüms ankommt, besteht der Hauptzweck der Flugblätter darin, Kritik zu üben. Ähnliche Tendenzen wie die Trachtenbücher, nur freier, persönlicher gestaltet, verfolgen auch die Stammbücher mit ihren Trachtenbildern, die seit der zweiten Hälfte des 16. Jahrhunderts ergänzend und bereichernd neben diese treten. Sie sind das belehrende Reiseandenken, das die jungen Herren aus adligem oder Patriziergeschlechte von ihren „Kavaliersfahrten", den Bildungsreisen, die sie an fremde Höfe, in bedeutende Städte und auf berühmte Universitäten führen, mit heimbringen. Fremde Maler oder die eigne oft recht ungeübte Hand halten in den Stammbüchern meist nach bereits vorhandenen Vorlagen die Trachten der besuchten Städte und Länder fest. Neben der betonten Vorliebe für das Absonderliche und Auffällige in der Kleidung, die es zu keiner einheitlichen deutschen Tracht kommen läßt, wird in den Spottschriften und Flugblättern, wie bereits erwähnt, die bewußte Aufnahme und Überschätzung fremder, vor allem französischer Modeformen gebrandmarkt. „Frankreich hat es weit gebracht, Frankreich kann es schaffen, daß so manches Land und Volk ward zu seinem Affen", empört sich der schlesische Epigrammdichter Friedrich von Logau, der ein andermal meint, das unmäßige Trinken der Deutschen wäre ihm immerhin noch lieber als ihre Modenarrheiten. Allein die von Nationalbewußtsein erfüllten Stimmen vermögen sich nicht durchzusetzen zu einer Zeit, wo Deutschland einem internationalen

Heerlager gleicht und durch die zerstörende und zersetzende Wirkung des nichtendenwollenden Krieges die Widerstandskraft gegen fremde Einflüsse schließlich erschlafft. Das Resultat ist der Sieg französischer Mode und Sitten, denen man sich um so williger hingibt, je mehr man den Tiefstand der eigenen Kultur empfindet. Aus jener Zeit datiert die damals vielleicht verständliche Vorliebe für alles Fremde, insbesondere die Überschätzung der Kulturgüter Frankreichs, das zum mächtigsten Staat auf dem Kontinent erstarkt, während das deutsche Reich als staatliche Einheit bedeutungslos wird und wirtschaftlich und kulturell sich von den Folgen des Krieges nur langsam zu erholen vermag. Freilich darf man sich den Gegensatz zwischen Deutschland und den übrigen Ländern im Hinblick auf den renommistisch-burschikosen Charakter der neuen Tracht und die Übernahme französischer Modeformen nicht zu groß vorstellen. Der gleiche Unwillen wie hier wird auch dort über die Absonderlichkeiten, die beginnende Herrschaft der französischen Tracht und den schnellen modischen Wechsel laut, sogar in Frankreich selbst ist man mit ihr nicht zufrieden und verspottet und karikiert die neuen Formen. Für jede modische Veränderung, so geringfügig sie an sich sein mag und so schnell sie durch eine andere wieder überholt wird, hat man eine neue drastisch-anschauliche Bezeichnung, die ebenso wie die zahllosen, die kleinsten farblichen Schwankungen berücksichtigenden Benennungen der Modefarben ein interessantes Licht auf Sitten und Anschauungen der Zeit werfen. Was nicht „alamodisch" ist, wird als „altfränkisch" abgetan. Unter diesen Begriff, der in den ersten Jahrzehnten des 17. Jahrhunderts geradezu zum Schlagwort wird, fallen sowohl die eben überwundenen Modeformen wie die nun auch bewußt am Hergebrachten festhaltenden städtischen Trachten, deren Charakter bereits geschildert wurde. Je vielseitiger die Mode sich entwickelt und je schneller sie wechselt, desto schärfer heben sich diese von ihr ab und desto altmodischer wirken sie. Natürlich schwillt mit dem wachsenden Aufwand und der stärkeren Differenzierung der Tracht auch die schon immer beträchtliche Zahl der Kleiderordnungen und Verbote noch bedeutend an. Aber was sie früher nicht erreicht haben, als die sozialen Abstufungen noch nicht so groß und die Verlockungen zu Übertretungen noch nicht so verführerisch vielseitig waren, das setzen sie auch jetzt nicht durch trotz empfindlich hoher und schwerer Geld-, Körper- oder Freiheitsstrafen. Soweit er es vermag, trachtet jeder Stand nach den kostümlichen Vorrechten des höheren oder eignet sich wenigstens einzelne Teile einer ihm nicht gestatteten Kleidung an.

Die beiden ersten Jahrzehnte des 17. Jahrhunderts bringen der männlichen Tracht nur geringe formale Veränderungen. Am wichtigsten ist die Tatsache, daß die Lockerung der Gewandformen schon jetzt einsetzt und nicht erst durch den Dreißigjährigen Krieg herbeigeführt wird. Die Polsterung und Versteifung läßt nach, bequem umschließt das kurzschössige Wams mit immer noch leicht zugespitzter, vorn verlängerter Taille den Oberkörper. Die daran genestelten Schlumperhosen fallen ohne umfangreiche Wattierung weich und faltig herab, über den Knien mit einem zur Schleife gebundenen oder mit einer Rosette geschmückten Bande zusammengehalten. An den gepolsterten Heerpauken hält mit Ausnahme des spanischen nur noch der deutsche Kaiserhof fest. Auch die Kröse verliert die übermäßige Steifheit und Breite. Statt wie bisher aufrecht zu stehen, fällt sie jetzt häufig nur noch leicht plissiert auf das Wams herab. Auf dem Kopf sitzt der hohe, geradlinige Filzhut, eine schon umfangreichere Weiterbildung des kleinen spanischen Hutes. Im folgenden Jahrzehnt dringt dann der kriegerische Einschlag in die Tracht ein und verleiht ihr den saloppen Charakter, der, soweit sie sich von Übertreibungen und Auswüchsen fernhält, ungemein malerisch wirkt. Schwungvoll und auf die mannigfaltigste Art wird der ärmellose Mantel, der jetzt länger wird und häufig einen viereckigen Rückenkragen erhält, übergehängt oder umdrapiert, von jeder steifen Fütterung befreit, die vorher dem spanischen Mantel die charakteristische Haltung gibt. Der Soldat bedient sich statt seiner eines halb- bis dreiviertellangen, vorn zu knöpfenden Rockes mit breiten Ärmelaufschlägen, den er über Wams oder Koller zieht. Im letzten Drittel des 17. Jahrhunderts wird dieser Rock, dessen sich schon vorher der Stutzer bemächtigt hat, zum Hauptübergewand der zivilen Männerkleidung, die ihn seitdem nicht mehr aufgibt. Die Schaube, die in verkürzter Form als Harzkappe weiterbestand, verschwindet endgültig aus der Modetracht und lebt nur noch als bürgerliche Amtskleidung meist in Verbindung mit der Kröse weiter. Am Wams rückt die Taille höher, wodurch der Schoßteil an Länge bedeutend zunimmt. Die vier bis sechs breiten Schöße schieben sich übereinander und sind etwa seit dem Ende der dreißiger Jahre ebenso lang wie das Rumpfstück, das allein durch Knöpfe geschlossen wird. Auch der letzte Rest steifen Futters über der Brust wird jetzt aufgegeben, ebenso wie die bisher noch beibehaltene, aber kaum noch richtungsbetont wirkende Vertikalschlitzung und die inzwischen zu einem schmalen Wulst zusammengeschrumpften Achselpuffen. Am Halse schließt das Wams glatt, gelegentlich auch noch mit einem kleinen Stehkragen ab. Weit und locker bauschen sich die Ärmel um den Arm, am Handgelenk von einer breiten Spitzenmanschette zusammengehalten, oder der Stoff ist bis über den Ellbogen in Längsstreifen zerschnitten und liegt nur am Unterarm glatt an. Das Wams hat sich im Schnitt dem Koller angeglichen, dem zweiten ärmellosen Wams, das jetzt in Anlehnung an die Soldatentracht, wo es den Harnisch ersetzt, der nur noch einzelnen Regimentern, insbesondere den Kürassieren verbleibt, ausschließlich aus Leder getragen wird. Bevorzugt sind Elen- und Büffelhaut in ihrer natürlichen oder einer dieser ähnlichen gelblichbraunen Farbe. Im Gegensatz zum Wams wird das etwas längere Koller meist geschnürt; es ist auch nicht immer ärmellos, häufig hat es weite angenestelte Ärmel. Man hält das Lederkoller der Zeit des Dreißigjährigen Krieges allgemein für schwedischen Ursprungs. Dem widerspricht schon die Tatsache, daß das wildlederne Koller (Goller) sich bereits im 16. Jahrhundert in Deutschland großer Beliebtheit erfreut. Aus Schweden eingeführt ist es also bestimmt nicht, was aber nicht ausschließt, daß trotzdem die Lederkoller der schwedischen Truppen dazu beigetragen haben mögen, dieses Gewandstück zur typischen Modetracht zu erheben.

Den besonderen Schmuck von Koller und Wams bildet, abgesehen von Tressen und Litzen längs der Schlitze und Knopfreihen, der flache, breite, spitzenbesetzte Kragen, der in den dreißiger Jahren die verkleinerte Kröse und den hochstehenden Umlegekragen ablöst und gegen das fünfte Jahrzehnt seine größte Ausdehnung erreicht. Immer noch schmückt den nun nicht mehr durch

Grabmal Herzog Reichards II., † 1598 u. seiner Gemahlin Juliane von Wied, † 1575, in der Pfarrkirche zu Simmern

Tafel 34

Pfalzgraf Wolfgang Wilhelm, Stich um 1615,20

Maria Eleonore Markgräfin von Brandenburg, 1619

Aquarelle aus Stammbüchern, um 1625/30

Feldmarschall Sigbert Graf Heister, Stich um 1690

Tafel 38

Dame, Modebild um 1690, Stich von Phil. Jakob Leidenhoffer

Draht gestützten Battist- oder Leinenkragen Ein- und Ansatz von Reticellaspitze. Er ist meist geradlinig geschnitten und wird vorn mit einer Schnur gebunden. Eine Kragenform, die in Deutschland nicht heimisch wird, ist die Golilla, der um den Stehkragen des Wamses gelegte, tellerförmige steife Leinenkragen der spanischen Tracht. Die vom Hemd losgelöste Spitzenmanschette des Wamses, die in der Regel mit dem Kragen übereinstimmt, bleibt häufig noch bestehen, als um die Jahrhundertmitte der am Handgelenk gekrauste Hemdärmel bereits wieder sichtbar wird. Überhaupt ist das Hemd jetzt nicht mehr so völlig verdeckt wie während der Herrschaft der spanischen Tracht. Sein weiter faltiger Ärmel sieht zwischen den geschlitzten Wamsärmeln hervor, dessen bequemer Zuschnitt, die nur bis zum Schoßansatz reichende Knöpfung und die saloppe Art es anzulegen dazu beitragen, daß es langsam wieder an der äußeren Erscheinung der Tracht teilzunehmen beginnt.

Neben Wams und Goller ändert sich die Hose in ihrem Schnitt am meisten. Daß sie immer noch am Wams festgenestelt wird, verraten Schnürlöcher oder Haken an gut erhaltenen Wämsern. Die gleich weite Schlumperhose, die im zweiten Viertel des 17. Jahrhunderts nicht mehr über sondern unter dem Knie gebunden wird, hält sich wohl noch bis an die fünfziger Jahre, tritt aber immer mehr hinter der nach französischem Vorbild an Weite ab- und an Länge zunehmenden Pumphose zurück. Diese reicht schließlich bis zur Wade. Die Tragweise ist verschieden, man bindet sie mit immer üppiger werdenden Schleifen um das Bein oder läßt sie wie die Hose des Pantalone, einer der vier Hauptfiguren der italienischen Commedia del arte, offen herabhängen und das Futter, unterlegten Seidenstoff, Bandschluppen oder Spitzen aus dem Hosenbein herausquellen. Der Verbrauch von Bändern oder Spitzen wächst überhaupt gegen die Jahrhundertmitte bedrohlich an. Bänder und Tressen ziehen sich reihenweise an den Hosennähten entlang, und wo im 16. Jahrhundert die Braguette saß, prangen jetzt dichte Bandschluppen. Die Meterzahl des verbrauchten Bandes erreicht in den nächsten Jahrzehnten eine phantastische Höhe.

Die Spitze beschränkt sich nicht nur auf Kragen, Manschetten und Hosenbeine, sie bauscht sich oft noch aus den unter den hohen

Schaftstiefeln zum Schutz der Strümpfe angelegten Gamaschen oder den weiten Stulpen der Stiefel selbst, die gewissermaßen die Fortsetzung der Hose bilden und sehr am kriegerischen Aussehen der Tracht mitwirken. Wie das Lederkoller ist auch der Schaftstiefel, bereits mit flachem Absatz, der Tracht des 16. Jahrhunderts nicht unbekannt. Doch während man ihn damals nur außerhalb des Hauses, auf der Reise, bei ländlicher Betätigung, auf der Jagd überzieht, wird er jetzt salonfähig. Selbst der Reitersporn, den eine breite Lasche über dem Spann festhält, wird im Zimmer nicht abgelegt. In dieser Form hat der Stulpenstiefel des Dreißigjährigen Krieges freilich nur noch wenig Ähnlichkeit mit seinem schlanken, eng anliegenden Vorgänger aus dem vergangenen Jahrhundert. Mit breiter, weitabstehender Stulpe umschließt er die Pump- oder Schlumperhose, an der er festgebunden wird, um ein Herabgleiten zu verhindern. Der etwas schräg geschnittene Absatz tritt jetzt deutlich hervor, und je weiter das Jahrhundert vorwärtsschreitet, desto mehr geht die rundliche oder leicht zugespitzte Form in eine geradlinig abgeschnittene über. Von gleicher Form, auch mit einem Absatz unter der Ferse, ist der Halbschuh, der neben dem Stiefel immer noch die wichtigste Fußbekleidung bleibt. Er zerfällt wie bisher in Vorderblatt und Seitenlaschen, an die der Riemen angeschnitten ist, mit dem der Schuh über dem Spann geschlossen wird. Darauf sitzt als Schmuck eine große Bandrosette. Bereits in den dreißiger Jahren rückt das Hinterblatt etwas höher hinauf und das Vorderblatt verlängert sich zu einer den Spann bedeckenden Lasche. Trotzdem der A-la-mode-Kavalier mit Vorliebe gestiefelt und gespornt einhergeht, verzichtet er doch nicht auf seidene Strümpfe, von denen er oft mehrere Paare übereinanderzieht. Für den schlichten Bürger kommt diese kostspielige Beinbekleidung nicht in Frage. Er bedient sich wollener oder leinener Strümpfe, die häufig wie beim Bauer nur genäht sind. Unter dem Knie hält ein Strumpfband die Strümpfe fest, dessen Schleifen und Rosetten von dem Schleifen- und Rosettenschmuck des Hosenbundes oft schwer zu unterscheiden sind. Entsprechend dem Stiefel erhält auch der Handschuh, den nun keine Schlitze mehr durchziehen, vielfach eine breite Stulpe und reicht dann bis zum Ellbogen hinauf.

Die charakteristische Kopfbedeckung ist der in seiner verwegensten Form wie Lederkoller und Stulpenstiefel ebenfalls der Soldatentracht entlehnte, breitkrempige Filzhut. Ein Hut mit breiter Krempe ist bereits am Ende des 16. Jahrhunderts nicht mehr unbekannt, kommt aber gegen die hochköpfigen, schmalkrempigen spanischen Hüte noch nicht auf. Die Lockerung der Kostümformen und der neu einsetzende Hang zur Breite verhilft auch ihm zum Sieg. Zunächst überwiegt noch der stumpfkegelige Kopf und die etwas feste Krempe. Im dritten Jahrzehnt wird der Kopf flach, der Rand weich und nimmt die kühnsten Bogen und Schweifungen an, die ihm sein Träger zu geben wünscht. Außer einer Schnur um den Kopf schmückt den Schlapphut statt des früher aufrecht stehenden Federtuffes eine lang herabwallende Straußenfeder, die seiner Verwegenheit gleichsam die Krone aufsetzt. Häufig tritt an ihre Stelle auch ein Fuchsschwanz. Der schwungvollen Form entspricht der nicht minder schwungvolle Gruß. Treffen zwei Kavaliere einander oder begrüßen sie eine Dame, so verfehlen sie nicht, zu ihrer tiefen Verbeugung den Hut in weitem Bogen durch die Luft zu schwenken. Dagegen gilt es nicht für unhöflich, ihn im Zimmer auf dem Kopf zu behalten.

Zum Schlapphut und dem ganzen übrigen ungezwungenen und oft bewußt ungekünstelten Zuschnitt der Kleidung will das kurze Haupthaar nicht recht passen. Während es für das spanische Kostüm eine modische Konsequenz und außerdem eine praktische Notwendigkeit ist, da die Kröse kein langes Haar duldet, hält man jetzt das frei herabwallende Haupthaar für die passende Frisur. Langsam läßt man es seit dem zweiten Jahrzehnt wieder länger stehen, fürs erste nur gerade bis über die Ohren und über der Stirn oder Schläfe zu einer Locke gedreht, die man allmählich länger werden läßt und bisweilen zu einem Zopfe flicht, cadenette genannt, eine Mode, die, wie schon der Name besagt, französischen Ursprungs ist, ebenso wie die darein geflochtene Schleife (faveur), eine Gunstbezeugung von zarter Hand. Im zweiten Viertel des 17. Jahrhunderts hängt das Haar bereits, ohne daß der kurze Haarschnitt gänzlich aufgegeben wird, glatt oder gelockt bis auf den Kragen herab, vorn in die Stirn gekämmt oder in der Mitte gescheitelt. Zu dieser Frisur trägt man einen kurzen, etwas hochgedrehten Schnurrbart und einen spitzen Kinnbart. Gegen die Jahrhundertmitte schrumpft der erstere zu einem kleinen Lippenbärtchen zusammen, während vom Kinnbart, der sich vorher zum Knebelbart, dem sog. Wallensteiner, entwickelt hat, nur eine kleine Kinnfliege übrigbleibt.

Zum Kavalier des 17. Jahrhunderts gehört, mehr als modisches Zubehör denn als notwendige Verteidigungswaffe, der Stoßdegen, der bald nicht mehr nur den höheren Ständen vorbehalten bleibt. Man hängt ihn in das schluppenförmig über den Ledergurt gestreifte Degengehenk oder befestigt ihn im zweiten Viertel des 17. Jahrhunderts an dem quer über eine Schulter gelegten breiten Bandelier. Dieser kriegerische Einschlag in der Tracht — das Bandelier entspricht der Schärpe, die, da es noch keine unterscheidenden Uniformen gibt, nebst der Armbinde die Regimenter kennzeichnet — läßt die bisher beliebten Halsketten als Schmuck zurücktreten. Dagegen bleiben sie als Amts- und Würdeabzeichen weiter bestehen. Auch der Gürtel aus reicher Goldschmiedearbeit weicht dem schlichten Ledergurt und schwindet schließlich ganz aus der Modetracht.

Die Frauentracht macht den gleichen formalen Wandel durch wie die Männerkleidung. Auch hier überwiegt in den ersten beiden Jahrzehnten des 17. Jahrhunderts noch durchaus das spanische Kostüm mit den kleinen, bereits den einengenden Zwang abschüttelnden modischen Veränderungen, die sie schon vor der Jahrhundertwende dem Einfluß der französischen Mode zu danken hat. Man trägt den vorn gespaltenen Tonnenrock mit dem Hüftpolster darunter und der Hüftkrause darüber, dazu das spitz zulaufende Mieder mit Achselwülsten und spitzem oder rundlichem Ausschnitt, aus dem der sich verbreiternde, im Nacken hochstehende Spitzenkragen aufsteigt. Auch die flacher gewordene Kröse gehört noch zur modischen Tracht. Die weiten Miederärmel haben ihren Schnitt bereits ein wenig geändert; man liebt sie jetzt meist in Längsstreifen zerschnitten oder in durch Querschnüre abgebundene Rundwülste zerlegt. Die so gestalteten Ärmel rufen Erinnerungen an das Männerwams der ersten Hälfte des 16. Jahrhunderts wach. Das

Handgelenk schmückt neben der Hemdkrause schon eine Spitzenmanschette. Die vorherrschende Kopftracht ist noch immer die auf dem hochfrisierten Haar sitzende Stuarthaube, deren Schneppe jetzt in die Stirn hineinragt. Daß diese Modetracht gleichzeitig in bürgerliche Kreise Eingang findet, geht u. a. aus einer Gottorper Verordnung von 1615 hervor, in der es heißt: „desgleichen werden wir berichtet, daß etliche Bürgerstandesfrauen und Jungfrauen sich nicht schämen noch entstehen, gleich denen vom Adel und höheren Standespersonen mit offenen Kragen und bloßen Hälsen, hohen Cornetten und Hauptpflügen sich hervorzutun, auch eiserne Leibbügel oder große Wülste um den Leib zu legen und danach ihre Röcke und Kleider, so sie darüber anlegen und tragen müssen, unten und oben gleich weit machen lassen ..." Am Ende der zwanziger Jahre schwindet die Hüftkrause, und der Oberrock, der jetzt Robe genannt wird — neben anderem wieder ein Beweis für das immer stärkere Eindringen französischer Kostümbezeichnungen —, wird ringsherum gerafft und pflegt nun vorn nicht mehr auseinanderzustehen. Dem Unterkleid, das schon bei der spanischen Tracht eine Rolle spielte, läßt man weiterhin große Sorgfalt angedeihen, ebenso dem Futter der länger geschnittenen Robe, das ebenfalls bei der Raffung sichtbar wird. Auf Besatz wird kein allzu großer Wert mehr gelegt, dagegen hebt es sich in kräftigen Farben vom Kolorit der Robe ab. Unter das an den Seiten meist in Falten gelegte Unterkleid, das bei der Tragweise der Robe noch als Zubehör des Kleides anzusehen ist, wird der eigentliche Unterrock gezogen und darunter immer häufiger eine Hose. Erhält schon die Gestalt durch den Fortfall der Hüftkrause wieder mehr einen ihrem natürlichen Umfang sich nähernden Kontur, der auch durch die geraffte Robe nicht beeinträchtigt wird, so bringt das Mieder dazu seit dem Ende der zwanziger Jahre den saloppen Einschlag in die Tracht. Es wird vorübergehend zum Schoßmieder mit geschlitzten Schößen und einer breiten abgerundeten Schneppe statt der spitzen. Die Taille, die von einem Band umschlossen wird, rückt höher hinauf und büßt, da das Schoßmieder meist von bequemem Sitz ist, ihre Steifheit und Schlankheit ein. Der breite, jetzt über die Schultern herabfallende Spitzenkragen, der den weiten, vorn häufig viereckigen Miederausschnitt rahmt, verstärkt im Verein mit den stoffreichen gebauschten oder in Streifen aufgelösten und unterbundenen Ärmeln den Eindruck der Breite und verwischt den bisher durch die Achselwülste betonten Armansatz. Vorn wird das Mieder mit einem Band kreuzweis verschnürt, oft auch nur Schnürung markiert. Zu diesem kurztailligen Schoßmieder gehört gewöhnlich eine Robe, die sich etwa dem „weiten Rock" der spanischen Tracht an die Seite stellen läßt. Es ist ein nur wenig tailliertes, vorn offenstehendes Überkleid, dessen Ärmel ebenfalls an den „weiten Rock" erinnern. Sie sind entweder halblang, vorn in ihrer ganzen Länge aufgeschnitten und nur im Ellbogengelenk von einem mit Schleifen geschmückten Querband zusammengehalten, oder sie hängen als überarmlange durch Knöpfe geschlossene Zierärmel, durch die die Arme gesteckt werden, herab, in beiden Fällen den Miederärmel bloßlegend. Um die hohe Taille ist lose ein Band geschlungen. Häufig wird auch statt des Schoßmieders eine dem Koller vergleichbare Jacke getragen mit langen Schößen, geschlitzten oder aufgeschnittenen Ärmeln, viereckigem, dem Mieder gleichkommendem Ausschnitt und einem Band um die Taille. Auch eine dem Soldatenrock entsprechende halb- bis dreiviertellange Jacke mit Schnur-, Litzen- und Knopfbesatz ist der Frauentracht nicht fremd. Man merkt an diesen Kleidungsstücken deutlich den kriegerischen Einschlag, der ja auch der gleichzeitigen Männerkleidung ihren besonderen Charakter verleiht, und erkennt daraus, daß das männliche Kostüm immer noch der Schrittmacher der Mode ist, weit stärker wieder als im vorangegangenen Zeitabschnitt.

In den vierziger Jahren tritt eine Rückbildung zu strafferen, gestreckteren Proportionen ein. Die Taille rückt wieder tiefer, das festsitzende, durch Fischbeinstangen gesteifte Mieder erhält seine spitze Schneppe wieder, und die unter ihr zusammenstoßende vorn aufgeschnittene Robe wird jetzt vielfach zurückgeschlagen und hinten übereinander gesteckt. Auch die Raffung von ehedem wird beibehalten, wirkt jetzt aber weniger umfangreich als zwei Jahrzehnte zuvor. Das gleiche gilt von den Miederärmeln; sie sind wohl ähnlich im Zuschnitt, doch nicht mehr ganz so stoffreich. Vor allem setzen sie jetzt an der Schulter meist glatt an, ehe sie sich zu einem geschlitzten Bausch erweitern, den unterhalb des Ellenbogens die breite, weiße Manschette abschließt. Über dem Blankscheit wird das Mieder verschnürt, auch wenn der eigentliche Schnürverschluß wie häufig auf dem Rücken ist. Auf der Schneppe sitzt oft eine Schleife, die Haken und Öse der hier zusammengehaltenen Robe verbirgt. Der Ausschnitt, den vielfach ein etwa handbreiter Kragen einfaßt, hat noch die alte Weite, das Dekolleté deckt aber ein bis zum Halse reichender vorn spitz auseinanderstehender Leinen- oder Spitzenkragen, die sogenannte Palatine (die Bezeichnung stammt erst aus der zweiten Hälfte des 17. Jahrhunderts, wo man angeblich die Halsbekleidung der Hofdamen der Herzogin Elisabeth Charlotte von Orleans, die nach ihrer pfälzischen Heimat am Pariser Hof die Palatine hieß, so benennt). Das Hemd paßt sich der Kleidermode an, hat halblange Ärmel, die zwischen den Schlitzen des Miederärmels sichtbar werden, und ist ringsherum tief ausgeschnitten und mit Spitze besetzt, die aus dem Miederausschnitt hervorsieht.

Der Frauenschuh ist im Zuschnitt vom Männerschuh wenig verschieden. Wie dieser erhält er Absätze, die gegen die Jahrhundertmitte höher werden. Sie heben sich im Kolorit meist von der Farbe des Schuhes ab, der aus buntgefärbtem Atlasleder oder Saffian gearbeitet ist und wie der Männerschuh über dem Spann mit einer Schleife gebunden wird oder als Schmuck eine Bandrosette erhält. Die Arme bedecken bis zum Ärmelansatz hellederne Stulphandschuhe.

Fast noch mehr als die Kleidung verändert sich die Frisur. Mit Tonnenrock, Kröse und gesteiftem Halskragen wird auch die über einem Drahtbügel hochgetürmte Frisur aufgegeben. Seit den zwanziger Jahren des 17. Jahrhunderts trägt man die Haare wieder flach und locker. Wie beim Mann rahmen auch Gesicht und Wangen der Frau leicht gewellte oder eng gekräuselte Haarsträhnen ein, die im 5. Jahrzehnt zu langen, bis auf die Schultern fallenden Korkenzieherlocken werden. Aus der Stirn ist das Haar straff fortgekämmt — oft läßt man noch einen Teil nach Art der modernen Ponyfrisur stehen — und am Hinterkopf zu einem ziemlich hochsitzenden, flachen, runden Nest aufgesteckt. Als Schmuck des Haares dienen Bandschleifen am Hinterhauptknoten, Blumen, ein Reiherstutz oder Federtuff. Auf dieser veränderten Frisur sitzt zunächst ein hochköpfiger Filzhut mit schmaler Krempe und Federschmuck, der in den zwanziger Jahren sich in den breitrandigen Schlapphut mit wallender Feder verwandelt, mit dem die Damen es den A-la-mode-Kavalieren gleichtum. Man sieht wieder, wie der große Krieg auf dem Umweg über die Männertracht auch der Frauenkleidung seinen Stempel aufdrückt. Als gegen die Jahrhundertmitte die Breite sich in größere Schlankheit wandelt, nimmt man statt des Hutes ein kleines Tuch mit Spitzenbesatz und breitet es schleierartig über den Kopf, oder man umhüllt ihn mit einem schwarzen, unter dem Kinn geknoteten Tuch, das nur das Gesicht frei läßt. Von den mannigfaltigen Spitzenhäubchen, die der holländischen Frauentracht einen besonderen Reiz verleihen, bürgert sich in Deutschland kaum eine ein. Nur die städtischen Trachten bereichern das kostümliche Bild um einige markante Haubenformen.

Als modisches Beiwerk kommt im zweiten Viertel des 17. Jahrhunderts der Pelzmuff auf, der einige Jahrzehnte später auch zu einem Bestandteil der männlichen Kleidung wird. Vielleicht erklärt sich sein Erscheinen zu dieser Zeit aus einem Mangel an genügend wärmender langärmeliger Überkleidung. Man hat nicht mehr die langen Schaubenärmel, in denen man die Hände verbergen kann, trägt auch nicht mehr den den ganzen Körper einhüllenden, ärmellosen Mantel wie im Mittelalter, der sich ebenfalls bequem um die Hände wickeln ließ, wie noch Dürers Trachtenstudie von 1500 zeigt. Der Fächer, bisher nur modisches Zubehör der Frau der höheren Stände, dringt allmählich auch in die bürgerliche Festtracht ein. Man trägt ihn jetzt nicht mehr so umfangreich wie im 16. Jahrhundert. Eine schön geformte Feder, ein kleiner Federtuff als Nachfolger des großen italienischen Federfächers tut neben dem zusammenklappbaren den gleichen Dienst. Noch hält seine Trägerin ihn etwas steif und unbeholfen, mehr darauf bedacht, ihn zu zeigen, als ihn zu einem beredten Ausdrucksmittel der eigenen reizvollen Persönlichkeit zu machen. Erst das galante Rokokozeitalter nutzt diese Möglichkeiten des Fächers virtuos aus. Der Schmuck besteht in Ohrgehängen, die zu der Lockenfrisur besonders kleidsam wirken, Hals- und Brustketten, Broschen und Fingerringen. Beliebt sind zwei Halsketten, eine ihn eng umschließende Perlenkette, dazu ein dünnes Goldkettchen mit einem an kleiner Kette sitzenden Anhänger. Wer es sich gestatten kann, umgibt den weiten Kleiderausschnitt noch mit einer oder mehreren Perlenketten, die immer mehr zum bevorzugten Schmuck werden, denn auch die Ohrringe sind meist aus tautropfenförmig herabhängenden Perlen gebildet. Am Miederausschnitt sitzt außerdem eine große Brosche. Die Faveurs spielen auch in der weiblichen Tracht eine große Rolle und haben je nach der Stelle, an der sie sitzen — oft sogar unter dem Kleid versteckt —, eine bestimmte Bedeutung. Der Bedarf an kosmetischen Mitteln, der schon in der zweiten Hälfte des 16. Jahrhunderts recht groß ist, steigert sich mit dem 17. noch ganz bedeutend und erreicht im 18. seinen Höhepunkt. Puder und Schminke werden immer unentbehrlicher, ebenso größere Mengen stark riechender Essenzen. Man sieht in diesem wachsenden Parfümgebrauch eine Folge des geringen Säuberungsbedürfnisses und des seltenen Wäschewechsels. Die öffentlichen Badestuben in den Städten, in denen das ganze Mittelalter hindurch beide Geschlechter gemeinsam oder getrennt gebadet hatten, waren zum großen Teil geschlossen worden, weil man sie für einen Herd der Ansteckung und Unzucht hielt. An einen Ersatz im eigenen Hause wurde nicht gedacht. Ebenso hütete man sich davor, die meist kostbaren seidenen Hemden regelmäßig zu wechseln. In die erste Hälfte des 17. Jahrhunderts fällt auch das erste Auftauchen der Mouches (franz. la mouche die Fliege), der aus gummiertem schwarzem Taft bestehenden kleinen Schönheitspflästerchen, mit denen man zunächst wohl nur kleine Hautfehler zu verdecken sucht. Von Frankreich ausgehend, findet diese Sitte bald überall Verbreitung.

Deutlicher als bisher läßt sich seit dem 17. Jahrhundert die Bevorzugung besonderer Modefarben und ihr oft durch große Zeitereignisse bedingter Wechsel feststellen. Die mit der spanischen Tracht in der zweiten Hälfte des 16. Jahrhunderts zur Herrschaft gelangte schwarze Farbe weicht in den ersten Jahrzehnten des folgenden einem leuchtenden, farbenfreudigen Kolorit, dem im zweiten Viertel wieder dunklere Farben, besonders die Zusammenstellung von Schwarz und Weiß folgen. Dieser koloristische Umschwung geht durch die ganze westeuropäische Tracht. Eine besondere Rolle spielt das Schwarz im holländischen Regentenkostüm, das keine anderen Farben kennt. In England trägt der Bürgerkrieg unter Karl I., in Frankreich der Tod Richelieus und Ludwigs XIII., der in mehreren Edikten gegen den überhandnehmenden Kleiderluxus ankämpfte, und in Deutschland die lange Dauer des Krieges zum Schwinden der heiteren Farbigkeit bei, und man sucht der Kleidung wenigstens durch die Kontrastierung von Schwarz mit einer hellen Farbe eine ernste Note zu geben.

Neben dem Modekostüm nehmen die städtischen und bäurischen Trachten, die nun auch immer mehr ein eigenes Gepräge erhalten, einen wachsenden Raum ein und tragen zur Mannigfaltigkeit des deutschen Trachtenbildes bei. Auf ihre Entwicklung und Besonderheiten im einzelnen kann nicht weiter eingegangen werden, da dies die gezogenen Grenzen weit überschreiten würde. Einige allgemeine Hinweise müssen daher genügen. Daß das 16. Jahrhundert als die eigentliche Entstehungszeit der Volkstrachten anzusehen ist, war schon angedeutet worden. Es gibt in dieser Zeit bereits ländliche Trachten von so ausgeprägter Eigenart, daß sie wahrscheinlich sogar schon auf ein größeres Alter zurückblicken. Zu ihnen gehört in erster Linie die altfriesische Tracht mit ihrem charakteristischen reichen Silberschmuck, über die wir durch ausreichendes Quellenmaterial, vor allem durch die Trachtenbilder, die der ostfriesische Häuptling Unico Manninga (1529—88) anfertigen ließ, und durch das Grabmal des Grafen Enno II. von Ostfriesland in Emden (1548), das Friesinnen in ihrer einheimischen Tracht zeigt, gut unterrichtet sind. Ob gleichzeitig andere Landschaften ebenso selbständige und völlig eigenartige Trachten entwickelt haben, läßt sich schwer feststellen, hat auch wenig Wahrscheinlichkeit für sich. Wohl aber haben viele bis an die Grenze der Gegenwart an Trachtenstücken des 16. und 17. Jahrhunderts festgehalten. Im einzelnen ist bisher immer darauf hingewiesen worden, wenn ein modisches Kostümstück über die Jahrhunderte hinweg in der Volkstracht lebendig geblieben ist. So lebt von der Tracht des 16. Jahrhunderts u. a. die Pluderhose und die gepuffte Oberschenkelhose in Verbindung mit dem Beinling in einigen Schweizer Kantonen (Appenzell, Zürich) bis ins 18. und 19. Jahrhundert fort, ebenso ein von der Schaube abzuleitender, halblanger Überrock (Schaffhausen, Zürich) oder die Kröse in etwas gemilderter Form (Zürich). Von den bürgerlichen Trachten bleiben die reichsstädtischen oft am meisten hinter der Mode zurück. Am deutlichsten kommt der rückständige Charakter in der Frauenkleidung zum Ausdruck, die z. B. die Kröse bis ans 18. Jahrhundert bewahrt. Auch den über ein Hüftpolster gezogenen faltigen Tonnenrock mit der fast nie darüber fehlenden schmalen Schürze, dem Fürtuch, geben sie erst Jahrzehnte später auf als die Modetracht. Eine große Rolle spielt bei ihnen die Schoßjacke, die meist noch von Schlitzen durchzogen und mit Achselwülsten versehen ist. Dagegen tritt der breitkrempige Filzhut zurück hinter verschiedenen Haubenformen, unter denen eine große kugelige, auch abgestumpfte oder etwas zugespitzte Pelzmütze, die sog. große Kappe, die gewöhnlich über eine Leinenhaube gesetzt wird, als die originellste gelten kann. Sie überwiegt in den süddeutschen Reichsstädten, deren kostümliches Gesamtbild sich vom Norden deutlich unterscheidet. Während man hier vereinzelt beim Schultermäntelchen der vergangenen Kostümperiode verharrt, trägt man in den Hansestädten als Mantel sogar noch die mittelalterliche Heuke in wenig veränderter Form. Sie hat inzwischen einen dach-, pilz- oder schildförmigen oberen Abschluß erhalten, der über den Kopf gezogen wird und für ein meist eng begrenztes Gebiet charakteristisch ist. Hierbei läßt sich wieder wie schon so oft die Übereinstimmung von kölnisch-niederrheinischen mit niederländischen Trachtenformen feststellen. So erscheint z. B. auf einem Trachtenstich von Wenzel Hollar die Kölnerin um 1645 noch in der gleichen Heuke, die die Niederlande bereits in der Frühzeit des 17. Jahrhunderts aufgegeben haben. Auch die diademförmige Haube und das in Holland Borst (Brust) genannte steife Bruststück entsprechen der niederländischen Tracht.

## VII. Die deutsche Tracht im Zeitalter Ludwigs XIV.

### 1650 bis ca. 1715

Es mag auf den ersten Blick befremdlich erscheinen, eine Epoche deutscher Tracht nach einem französischen Herrscher zu benennen. Bedenkt man aber die Rolle, die der Hof Ludwigs XIV. nicht nur in Frankreich sondern vor allem auch für die deutschen Fürstenhöfe spielt, ferner die Tatsache, daß in jener Zeit die französische Hoftracht endgültig zur tonangebenden Mode wird, dann ist es gerechtfertigt. Deutschland liefert fortan keine selbständigen Beiträge mehr für die Mode, ebensowenig die anderen Länder. Erst über ein Jahrhundert später macht England in der Herrenmode Frankreich den Rang streitig. Der westfälische Frieden, der dem dreißigjährigen Ringen ein Ende setzt, reißt nicht nur große Stücke deutschen Landes vom Reiche los, er macht durch seine Bestimmungen die Einheit der Nation vollkommen illusorisch. Während in den übrigen Staaten die Zentralgewalt sich befestigt, wird der deutsche Kaiser in seiner Handlungsfreiheit beschränkt und büßt gerade die Rechte ein, die ihn zu einer selbständigen Außenpolitik befähigen. Seit 1648 hat jeder Reichsstand, ob Souverän oder Reichsstadt, völlig freies Bündnisrecht mit jeder fremden Macht, kann also seine eigene Politik treiben, nur dürfen die Unternehmungen sich nicht gegen Kaiser und Reich richten. Der Blick fast aller deutschen Fürsten ist nach Frankreich gewandt — eine Ausnahme bildet nur das unter dem Großen Kurfürsten erstarkende Brandenburg-Preußen —, auf den „roi soleil", die Zentralsonne des damaligen Europa, deren Strahlen aber statt zu wärmen und zu beleben oft empfindlich zerstörend wirken. Dieser Herrscher versteht es nicht nur, sein Land zum mächtigsten und glanzvollsten Europas zu machen, ihm gelingt es auch, durch Heiratsbeziehungen, Bündnisse, Subsidienverträge und selbst durch illegale Besitzergreifung die Politik aller übrigen europäischen Staaten entscheidend zu beeinflussen oder von sich abhängig zu machen. Deutschland verliert an ihn das Elsaß mit zehn deutschen Reichsstädten, darunter Straßburg, das, kostümgeschichtlich nicht uninteressant, so zäh wie nur irgendeine Reichsstadt an seiner einheimischen Tracht festhält und nicht der französischen Mode verfällt. Die Wirkung, die Ludwig XIV. auf seine Zeitgenossen ausgeübt hat, wäre nicht so groß gewesen, wenn sie nur auf seiner Machtpolitik beruht hätte. Der Widerstand gegen diese wächst schließlich, zumal in Holland und England. Auch hat man inzwischen erkannt, daß das Übergewicht Frankreichs vor allem in der Überlegenheit seiner Streitkräfte und in seiner Einheit liegt, beide im wesentlichen Ludwigs Werk, und daß in erster Linie die gleichen Mittel und Kräfte notwendig sind, um sich dagegen zu behaupten. Wodurch er aber zum uneingeschränkten und konkurrenzlosen Vorbild aller regierenden Fürsten wird, ist die Art, in der er seiner Herrscherwürde Ausdruck verleiht. Er ist der Prototyp des absoluten Monarchen, die Verkörperung des ihm zugeschriebenen Ausspruches: L'État c'est moi! Alles was ein Staat an Macht und Reichtum, Pracht, Glanz und Würde aufzubringen vermag, konzentriert sich auf die Person des Herrschers und seines Hofes. Und Ludwig XIV. versteht zu repräsentieren wie keiner neben ihm. Was bei den meisten anderen Nachahmung und geweckter Ehrgeiz ist, bei ihm ist es Ausfluß seines Wesens, das der Huldigung und Selbsterhöhung bedarf. Die Grenzen der Repräsentation, die zugleich Versinnbildlichung des Staatsprinzipes ist, sind äußerst weit gespannt. Es genügt nicht nur eine glänzende Hofhaltung, deren überragender Mittelpunkt der Monarch ist, und die den Adel des Landes wie ein Magnet anzieht. Alle Künste werden aufgeboten, um den Untertanen die Macht des Herrschers recht eindringlich vor Augen zu führen. Daß dies letzten Endes auf ihre Kosten geschieht, fällt nicht weiter ins Gewicht. Eine Glanzperiode des Schloßbaues beginnt. Die Barock- und anschließend die Rokokoschlösser, die nicht mehr wie die Burgen des Mittelalters Trutz- und Wehrbauten oder wie noch die Renaissanceschlösser hauptsächlich feste, gesicherte Wohnsitze darstellen, sind durch ihre imponierende Größe und die Pracht ihrer inneren Ausstattung der sichtbarste Rahmen fürstlicher Macht, die sich nicht allein durch sich selbst sondern vor allem auch durch den Kontrast, in dem die Lebenshaltung der Untertanen zu ihr steht, und die Distanz, in der diese sich zu halten hat, dokumentiert. Die Zeiten, in denen bürgerlicher Reichtum fürstlichem Glanz nichts nachgab, sind vorüber, die Scheidung der Stände wieder ähnlich wie im Mittelalter, allerdings mit dem Unterschiede, daß die Rechtsverhältnisse weitaus ungünstiger geworden sind als damals, da sie zu den auferlegten Pflichten in keinem ausgleichenden Verhältnis stehen und das Bürgertum auch nicht mehr ein erst aufkommender sondern ein aus einer bereits innegehabten Macht wieder verdrängter Stand ist. Entsprechend der unterschiedlichen Lebenshaltung sind bürgerliche und höfische Kunst streng voneinander getrennt, nicht im Stil aber in den Mitteln und in der Begrenzung. Wo jener nichts zu viel und alle nur erdenkliche Pracht recht ist zur Zurschaustellung einer Macht, die oft nur illusorisch ist und keineswegs immer der Wirklichkeit entspricht, ist jener höchstens der Ausdruck solider Wohlhabenheit gestattet, kein Scheinenwollen, keine Erhöhung, dafür aber ein wenn auch eng begrenztes so doch sicheres Sein.

Was in Frankreich einmalig ist und von großen Ausmaßen, da alles sich um einen einzigen Mittelpunkt konzentriert, um den „Allerchristlichsten König", das findet in Deutschland vielfachen Reflex. Denn jeder kleine und kleinste Souverän, die geistlichen so gut wie die weltlichen, möchte in seinem Machtbereich das gleiche sein wie der französische König in seinem großen Staat, ein absoluter Herrscher, zu dem die Untertanen bewundernd und huldigend aufblicken. Man läßt sich Schlösser bauen, deren Ausmaße alle bisherigen übertreffen und in keinem Verhältnis zum tatsächlichen Raumbedarf stehen. Man ahmt die Allüren des französischen Hofes nach; als feine Sitte gilt nur, was die maßgebenden Kreise in Paris tun, und man ist in der französischen Sprache bald besser bewandert als in der eigenen Muttersprache, die stark mit französischen Brocken durchsetzt wird. Der Einfluß französischen Kultur- und Geistesgutes beschränkt sich keineswegs auf Deutschland allein — ganz Europa steht im Banne Frankreichs —, er wirkt sich aber hier am stärksten aus, da es am meisten darniederliegt, geschwächt und verwüstet vom Kriege und uneiniger und uneinheitlicher als je durch die Friedensbeschlüsse. Seine Literatur ist bedeutungslos, die Sprache ungeschliffen oder pomphaft gespreizt. Von den bildenden Künsten erhebt die Architektur sich am ersten wieder zu großartigen Leistungen, doch erst gegen das Jahrhundertende. Das gleiche gilt von der Musik. Auch ihre unvergänglichen Schöpfungen gehören erst dem folgenden Jahrhundert an. Im Kunstgewerbe, das in der Fayencetöpferei eine bedeutende Höhe erreicht, überwiegt noch der bürgerliche Einschlag.

Wieder ist die Tracht und diesmal in erhöhtem Maße Ausdruck ihrer Zeit. Wie diese sich zum Absolutismus entwickelt in der Gestalt, wie ihn Ludwig XIV. verkörpert, so nimmt jene Formen an, die dem Hang zur Repräsentation, zu pomphafter Darstellung und zur Selbsterhöhung entsprechen. Ihre charakteristischste Schöpfung ist die große Staatsperücke, die in der Fontange ein weibliches Gegenstück findet. Der Vergleich mit dem Mittelalter drängt sich auf, macht aber zugleich die großen Gegensätze deutlich. Auch die Tracht des hohen Mittelalters hebt den Menschen über sich hinaus, idealisiert ihn und entrückt ihn in eine hoheitsvolle Sphäre. Sie bedient sich aber hierzu keiner künstlichen Formen, wie Perücke und Reifrock es sind, es besteht auch kein Gegensatz zwischen der formalen Unbedeutendheit des menschlichen Körpers — daß eine Epoche des Mittelalters (erste Hälfte des 14. Jahrhunderts) ihn überhaupt negiert, liegt auf einer ganz anderen, weltanschaulichen Ebene — und den um ihn herumgehängten Kleidungsstücken, die ihm erst den Anschein der Würde, mehr noch den gesteigerter Persönlichkeit verleihen. Der Wunsch, in den Augen anderer etwas darzustellen, herrscht jetzt vor, und wie man dies einmal durch seine Umgebung und Lebenshaltung zum Ausdruck zu bringen sucht, so auch durch die Tracht. Diese ist genau wie die des Mittelalters Schöpfung einer bestimmten Gesellschaftsschicht, der höfischen, deren Lebensstil und geistige Einstellung sie wiederspiegelt, und wie diese Klasse, begünstigt durch Privilegien, sich fernhält von den anderen, dem Bürger und dem Bauern, so hat andererseits deren Kleidung sich in keinen Vergleich einzulassen mit der höfischen Mode. Sie darf sich wohl einzelnes von ihrem Glanze borgen, diesen selbst aber niemals zur Schau tragen. Es entspricht nur der allgemeinen Gesamtsituation, daß Frankreich nun auf dem Gebiet der Mode die Führung erhält. Sie verbleibt ihm in ganz Europa, auch noch als seine politische Vormachtstellung schon längst wieder ins Wanken geraten ist. Eine nationale Note gibt es nun in der Mode kaum mehr. Diese bleibt auf die ländlichen und städtischen Trachten beschränkt, deren ganze Mannigfaltigkeit darin beschlossen liegt. Die Kleidung der herrschenden Klasse, die selbst residiert oder sich um einen Fürsten schart, ist in Form und Zuschnitt überall die gleiche und richtet sich nach der Parole, die der französische Hof ausgibt.

Die lockere, saloppe Tracht, die sich während des Dreißigjährigen Krieges herausgebildet hat, geboren aus der Reaktion gegen das steife, spanische Kostüm, geformt von der Ungebundenheit der Kriegszeit, entwickelt sich erst allmählich zu der Form, in der das beginnende Zeitalter des Absolutismus vollendet zum Ausdruck kommt. Das kriegerische Aussehen verliert sich, dagegen steigert sich der betont legere Charakter noch um einige Grade, und die Vorliebe für Schleifen und Bandschmuck überbietet sich geradezu. Bereits gegen die Jahrhundertmitte setzt eine Verkürzung des Wamses ein, die bis in die sechziger Jahre noch ansteigt. Das Wams ist jetzt nur noch ein nicht einmal bis zur Taille reichendes Jäckchen, das etwa zu einem knappen Drittel geschlossen wird. Zwischen ihm und der Hose sieht in breitem Bausch das weiße Hemd hervor, das gleichzeitig auch im geschlitzten, nur noch halblangen oder noch kürzeren Ärmel sichtbar wird. Sein Schmuck besteht außer dem reichlichen Anbringen von Bandschluppen in kleinen Knöpfen, die nicht nur in dichter Reihe den vorderen Verschluß bilden, sondern sich häufig auch längs des Ärmelschlitzes und am Ärmel entlang ziehen.

Zu diesem verkürzten Wams gehört eine besondere Hosenform, die mit rockähnlichem Überwurf versehene, tiefsitzende Rheingrafhose (Rhingrave), deren Name angeblich auf den holländischen Gesandten in Paris, den Rheingrafen Graf von Salm zurückzuführen ist. Sie entwickelt sich aus der unter dem Knie gebundenen, sackartig überfallenden Hose mit gleichmäßig weiten Beinlingen, die immer mehr an Weite zunehmen und infolgedessen um die Hüften in Falten gelegt werden müssen. Das Röckchen über der Hose ist dann gleichsam nur eine Verdoppelung der an Stoffreichtum schon ohnehin einem Rock gleichkommenden Hose und aus der überall sich zeigenden Vorliebe der Zeit für weite Kostümformen und nicht etwa aus der Modelaune eines einzelnen heraus zu erklären. Die Rheingrafhose hat noch reichlicheren Bandschluppenschmuck als das Wams. Eine dichte Reihe zieht sich um die Taille herum, eine weitere um jedes Hosenbein, außerdem sitzen die Schluppen noch in zwei bis drei Reihen übereinander neben den Seitennähten. Das Hemd beansprucht im sichtbaren Trachtenbild jetzt einen fast ebenso großen Raum wie Wams und Hose. Die stoffreichen Ärmel werden oft ein paarmal unterbunden, so daß überfallende Bäusche entstehen, und am Handgelenk von einer mehrfachen Spitzenkrause zusammengehalten. Der breite, zwischen Hose und Wams sichtbare Hemdbausch macht aus gesundheitlichen Gründen das Unterziehen eines Unterhemdes oder einer wärmenden Jacke erforderlich.

Der Kragen geht von der breiten, Schultern und Rücken bedeckenden Form in die schmalrechteckige über. Er hängt jetzt nur noch vorn herab und wird wie bisher mit einer Schnur gebunden, deren Quasten gewöhnlich unten hervorsehen. Man trägt ihn aus glattem Leinenstoff oder aus Leinen mit breitem Spitzenansatz. Neben diesen Überfallkragen (Rabat), dessen zweiteilige gestreckte Form noch heute in den Pastorenbäffchen fortlebt, tritt in den sechziger Jahren die Kravate genannte Halsbinde, ebenfalls mit Spitzenansatz, die entweder geknotet oder mit einem farbigen Seidenband zusammengebunden wird. Häufig schlägt man die Enden auch nach innen um und zieht sie unter dem Knoten hindurch. Die Kravate wächst und behauptet gegen das Jahrhundertende allein das Feld, wo man sie oft nicht mehr kunstvoll verschlingt sondern in den Hemdschlitz oder zwischen die Knopflöcher der inzwischen aufgekommenen Weste steckt. Diese betont nachlässig geschlungene Binde führt den Namen Steenkerke nach der Schlacht gleichen Namens im Jahre 1692, wo, wie es heißt, den Offizieren zu sorgfältiger Toilette keine Zeit blieb. Tatsächlich läßt die in

Hemd oder Westenschlitz gesteckte Kravate sich schon vor der Schlacht von Steenkerke nachweisen und hat erst nachträglich von dieser den Namen geborgt.

In der selben Zeit, in der die Halsbinde den Überfallkragen verdrängt, geht ein umwälzender Wandel im Männerkostüm vor sich. Das Wams, das ihr Aussehen seit dem 15. Jahrhundert entscheidend bestimmt hatte, verschwindet und an seine Stelle treten Rock und Weste, die bis heute, wenn auch in verändertem Zuschnitt, neben der Hose die wesentlichen Bestandteile der männlichen Kleidung bilden. Auch die Hose nimmt jetzt die Form an, in der sie ein Jahrhundert lang verharrt. Dieser Formenwandel setzt bereits in den siebziger Jahren des 17. Jahrhunderts ein und kann am Ende der achtziger Jahre als im wesentlichen abgeschlossen gelten. Der Rock, der das Wams ablöst, ist der glatte, nach unten weiter geschnittene Überrock der Soldatentracht. Wie das verkürzte Wams ist er zunächst noch kurzärmlig, hat Tressen- und Bortenbesatz auf Brust, Rücken und an den Nähten und auf den Schultern üppigen Bandschluppenschmuck. Nach ihrer rundlichen Anordnung nennt man diese Schluppenbündel Schleifennester. Dieser ursprünglich höchstens mit einem Rückenschlitz versehene Rock wird in den achtziger Jahren zum taillierten, den Körperformen angepaßten Schoßrock, dem Justaucorps. Er ist kragenlos und vornherab zu knöpfen. Man schließt die Knöpfe nur zur Hälfte. Der Bänderschmuck fällt jetzt fort, dagegen nimmt der Tressen- und Bortenbesatz noch zu. Auch Knöpfe und Knopflöcher haben nicht nur praktische Bedeutung, auf den breiten Ärmelaufschlägen und den Klappen der tiefsitzenden Taschen, die neuerdings seitlich am Rock angebracht werden, sind sie oft nur blind aufgesetzt. Die Ärmel werden länger, erweitern sich nach unten und sind hier nach außen umgeschlagen, so daß das andersfarbige Futter zutage tritt. Dieser Aufschlag wandelt sich schließlich in eine gesondert aufgesetzte breite Stulpe. Um die Taille wird eine seitlich verschlungene Schärpe gebunden. Wie man bisher meist zwei Wämser übereinanderzog, so wird auch jetzt unter dem Rock ein zweites, ihm in den ersten Jahrzehnten recht ähnlich sehendes Kleidungsstück angelegt, die Weste, in der das Wams in veränderter Form weiterlebt. Sie liegt am Oberkörper eng an, erweitert sich nach unten und ist hinten und an den Seiten geschlitzt. Wie der Rock wird sie vorn geknöpft, und zwar nur die untere Hälfte, damit im oberen Ausschnitt die Halsbinde sichtbar wird. Taschen, sowie Litzen- und Bortenbesatz gleichen denen des Rockes, ebenso die Ärmel, die nur etwas enger sind und, solange die Rockärmel noch nicht wieder ihre volle Länge erreicht haben, auch etwas kürzer. Da der Westenrücken stets unter dem Wams verborgen bleibt, besteht er häufig aus einfacherem Material als die beiden Vorderbahnen. Bei den aus dem gleichen schweren Brokatstoff wie der Rock gearbeiteten Prunkwesten bedeutet dies zugleich eine nicht zu unterschätzende Gewichtsverminderung, denn Rock und Ärmelweste, die diesem an Länge fast gleich kommt, bilden zusammen für ihren Träger oft eine kaum zu bewältigende Last.

Auch die mit Bandschluppen geschmückte Rockhose verschwindet in den achtziger Jahren. Die Hosenbeine werden wieder länger und verlieren die übermäßige Breite. Aus dem bauschig überfallenden Beinkleid wird die schmucklose, um das Bein mit einem Riemen geschlossene Kniehose, die wie der Justaucorps sich eng an den Körper schmiegt. An dem ärmellosen Mantel mit viereckigem Rückenkragen, der bereits die erste Hälfte des 17. Jahrhunderts beherrscht und als Nachkomme des spanischen Mantels gelten kann, hält man auch weiterhin fest. Er wird jetzt etwas glockiger geschnitten und fällt bis in die Kniekehle herab, wenn er nicht, was häufig geschieht, um den Leib herum gerafft oder über eine Schulter geworfen wird. Mit dem Aufkommen des Justaucorps gesellt sich ein diesem im Schnitt entsprechender, aber untaillierter Mantel zu ihm mit rundem Kragen, langen Ärmeln, hinterem Reitschlitz und Litzenbesatz an Knopflöchern und Knöpfen, mit denen er vorn herab zu schließen ist. Dieser Mantel wird Brandebourg genannt.

Die Strümpfe paßt man immer mehr der Farbe der Hosen oder des Rockes an. Sie erweitern sich nach oben, werden am Hosenbein festgenestelt und nach außen umgeschlagen, wobei sie eine breite Spitzenstulpe sehen lassen, einen Schmuck, den man sich ohne weiteres gestatten kann, da immer noch wenigstens zwei Paar

Strümpfe übereinander gezogen werden. Zu diesen Strümpfen trägt man Halbschuhe, die den Stiefel wieder mehr in den Hintergrund drängen. Sie haben noch die lange, an den Zehen geradlinig geschnittene Form, steigen jetzt aber höher hinauf bis über den Knöchel. Dementsprechend wird auch die Spannlasche länger und gegen das Jahrhundertende auch breiter. Da man sie jetzt häufig nach außen umklappt, hebt sich ihr farbiges Futter von dem wieder schwarzen Schuh ab. Die Seitenlaschen werden mit einer Spange über dem Spann geschlossen. Darüber sitzt statt der bisher üblichen Bandrosette ein eine Schleife markierender Streifen aus Seide oder Leder. Absatz und Sohle, beide rot gefärbt, sind aus mehreren Lederschichten zusammengefügt. Der Stiefel zeigt den gleichen farbigen Wandel von der Naturfarbe des Leders zum glänzend gewichsten Schwarz mit rotem Absatz und roter Sohle. Man trägt ihn nur noch als Reitstiefel, und er ist oft so bequem geschnitten, daß der Schuh darunter nicht ausgezogen zu werden braucht. Er steigt röhrenförmig auf und schließt unter dem Knie mit einer angesetzten, hinten gespaltenen Stulpe ab. Wie die Spannlasche am Schuh so nimmt auch das Spornleder am Stiefel, das über dem Spann bogig ausgeschnitten wird, an Größe bedeutend zu.

Der Hut büßt etwas von seiner Verwegenheit und seinem Schwung ein. Der Kopf wird niedrig und geradlinig, die Krempe ebenfalls völlig flach. Der Federschmuck beschränkt sich auf die Rückseite. Gegen die siebziger Jahre ergreift er vom ganzen Hut Besitz, kurze, gekräuselte Straußenfedern werden jetzt rings um den Kopf gelegt, ziehen sich aber bald darauf an den Krempenrand zurück, der vorn und hinten und schließlich an drei Stellen aufgeschlagen wird. Schnüre, die durch den Hutkopf gezogen sind, halten die zunächst noch weit abstehende Krempe in der Schwebe, eine Mode, die sich bei zahlreichen deutschen Volkstrachten bis ans Ende des 19. Jahrhunderts lebendig erhält. Der letzte Schritt erfolgt um die Jahrhundertwende, die breite Krempe berührt jetzt den von Federn umgebenen Hutkopf. Somit ist der Dreispitz geschaffen, der nahezu hundert Jahre lang die modische männliche Kopfbedeckung bleibt. Man trägt ihn häufig in der Hand oder unterm Arm, und zwar keineswegs nur aus Höflichkeit, sondern um den

Kopf vor übermäßiger Erwärmung zu schützen. Bedeckt ihn doch ohnehin schon die große Staats- oder Allongeperücke, zu der der künstliche Haarschmuck zu Beginn der achtziger Jahre anschwillt.

Um diese Zeit hat sich die Perücke bereits allgemein durchgesetzt, denn die Frisur hat inzwischen derartige Dimensionen angenommen, daß das eigene Haar hierfür nicht mehr ausreicht. Vereinzelt tritt sie sogar schon um die Jahrhundertmitte auf, ist aber noch in den folgenden zwei Jahrzehnten vom natürlichen langen Haar kaum zu unterscheiden. Dieses behält den schon im zweiten Viertel des 17. Jahrhunderts angenommenen Mittelscheitel bei und fällt glatt auf Schultern und Rücken herab. In den siebziger Jahren beginnt die künstliche Haarmasse sich zu lockern, eine breite Strähne liegt auf dem Rücken, zwei entsprechende fallen über die Schultern nach vorn, bisweilen am unteren Ende noch zu Zöpfen geflochten und mit Schleifen geschmückt. Das nächste Jahrzehnt bringt eine stärkere Verdichtung der Perücke. Das gleichmäßig lange Haar wächst zur festen Masse zusammen und schneidet meist geradlinig über der Stirn ab. Etwa zehn Jahre später ist dann der Höhepunkt erreicht. Die Staatsperücke ist jetzt formvollendeter Ausdruck der Staatsidee. In zahllosen Locken gleitet die Haarfülle üppig und leicht zugleich herab, den Kopf wie eine Gloriole einrahmend und über der Stirn, ob gescheitelt oder nicht, sich diademartig aufbauschend. Eine sinnfälligere künstliche Steigerung der menschlichen Gestalt durch die Mode ist kaum vorstellbar, und es spricht sich nicht etwa nur starrer, ständischer Dünkel darin aus, daß der Gebrauch der Staatsperücke auf Monarchen, hohe Hof- und Staatsbeamte und Gelehrte beschränkt bleibt. Sie ist eben nur dort am Platze, wo der Mensch durch sein Amt oder seine Würde sich über seine Umwelt erhebt. Auf das eigene Haar legt man jetzt keinen Wert mehr und läßt den Kopf unter der Perücke gewöhnlich kahl scheren. Zu ihrer Herstellung reicht das verfügbare Menschenhaar bei weitem nicht aus, erweist sich oft auch als zu weich. Man greift daher zum festeren Pferde- oder Ziegenhaar oder ersetzt selbst dieses durch Hanf und Flachs. Die bevorzugte Farbe ist blond, an dessen Stelle in den achtziger Jahren vorübergehend dunkelbraun tritt. Der Kinnbart, der schon um die Jahrhundertmitte zu einem kleinen Pinsel unter der Unterlippe zusammengeschrumpft ist, hält sich in dieser Form in Verbindung mit dem schmalen Schnurrbart auf der Oberlippe noch bis gegen die neunziger Jahre. Dann schwinden beide, und das glattrasierte Gesicht bleibt über ein Jahrhundert in der Mode.

Zum ergänzenden Beiwerk der Tracht, den Handschuhen, deren breite Stulpe an Stelle des Bortenbesatzes jetzt häufig Fransenschmuck aufweist, und dem Stoßdegen, der seit dem Aufkommen der Weste nicht mehr am Bandelier sondern an einem Koppel befestigt und ziemlich weit nach hinten gerückt wird, gesellen sich in den letzten Jahrzehnten des 17. Jahrhunderts der Spazierstock und, schon nicht mehr zur Tracht gehörend, die Tabakdose. Daß der an einer Schnur getragene Pelz- oder Samtmuff in jener Zeit auch in die winterliche Männertracht Eingang findet, wurde bereits erwähnt. Schließlich darf auch die bequeme Hauskleidung nicht vergessen werden, zu der man um so lieber greift, je schwerer und kostspieliger die Modetracht wird. Seit dem Beginn des 17. Jahrhunderts sind Schlafröcke erhalten, die im Schnitt dem der Schaube vorangehenden, langen, offenen Überrock der zweiten Hälfte des 15. Jahrhunderts entsprechen. Man trägt sie gerafft oder mit einer Schärpe lose umgürtet. Nachtmütze und Pantoffel vervollständigen den morgend- oder abendlichen Hausanzug, besonders die erste ist notwendig zu einer Zeit, wo man das kahlgeschorene Haupt mit einer Perücke deckt.

Bereits während der Herrschaft der spanischen Tracht war das Frauenkostüm mit Bildungen hervorgetreten, die in keiner Weise mehr seine bisher durch die Jahrhunderte zu verfolgende Abhängigkeit vom Formengut der männlichen Kleidung bekundeten, sondern als völlig eigene Schöpfungen gewertet werden mußten. In der vom kriegerischen Zeitgeist diktierten Tracht der ersten Hälfte des 17. Jahrhunderts liegt das Hauptgewicht wieder auf dem männlichen Kostüm, dessen formale Veränderungen sich auch dem weiblichen mitteilen. Mit der zweiten Jahrhunderthälfte ändert sich dann das Bild. Männer- und Frauentracht stehen sich jetzt gleichwertig einander gegenüber, jede den künstlerischen Formencharakter der Zeit in voneinander unabhängigen Bildungen zum Ausdruck bringend. In älteren Kostümgeschichten ist sogar verschiedentlich die Meinung ausgesprochen worden, das lange Haar, die kurzen Ärmel, die Vorliebe für Bauschungen und die reichliche Verwendung von Spitzen und Bändern offenbare einen weibischen Grundzug in der Männertracht des fortgeschrittenen 17. Jahrhunderts und sei eine Folge der veränderten gesellschaftlichen Stellung der Frau, besonders auch der überhandnehmenden Mätressenwirtschaft an den Höfen. Die gleichen oder entsprechende Einzelheiten könnte man auch bei anderen Kostümperioden hervorheben, deren Männertracht alles andere als weibisch zu nennen ist. Wohl aber mag die Rolle, die die Frau in der Gesellschaft zu spielen beginnt — es ist die Zeit der schöngeistigen, von Frauen beherrschten Salons, die jetzt anhebt —, der Grund sein für die Verschiebuug, die am Ausgang des 17. Jahrhunderts zwischen männlicher und weiblicher Kleidung eintritt. Der Schwerpunkt liegt von nun an auf der Frauentracht. Sie ist die reichere, mannigfaltigere, die in unerschöpflicher Fülle immer neue modische Veränderungen hervorzaubert, während die Männertracht verhältnismäßig lange bei den bestehenden Formen verharrt. Formale Übereinstimmungen zwischen männlicher und weiblicher Kleidung gibt es jetzt kaum noch, und wo sie auftreten, sind es ganz bewußte Übernahmen, die eines erotischen Beigeschmacks nicht entbehren.

Grundlegende Neuerungen hat die Frauentracht der zweiten Hälfte des 17. Jahrhunderts nicht aufzuweisen. Das Kleid setzt sich wie bisher aus Ober- und Unterkleid zusammen, von denen das Oberkleid, die Robe, unterhalb der Gürtung auseinandergeschlagen und gerafft wird. Die Art der Raffung ist verschieden. Häufig schlägt man die Robe ringsherum nach innen um oder man rollt sie nur an den Seiten ein und hält den so entstehenden Bausch, um ein Zurückrollen zu verhindern, in Abständen mit Bändern und Spangen fest. Je mehr das Jahrhundert sich dem Ende nähert, desto mehr beschränkt man sich darauf, die Robe, die eine Schleppe erhält, deren Länge sich nach dem Rang der Trägerin richtet, nach hinten übereinanderzuschlagen, so daß das Unterkleid von oben bis unten sichtbar wird. Dieses selbst fällt faltig herab, hinten oft in einer kleinen Schleppe endigend. Man liebt es wie das Oberkleid einfarbig, glatt oder mit Tressen- und Spitzen-, im Winter

Pelz- und Samtbesatz am Saum. Erst im letzten Drittel des 17. Jahrhunderts überwiegen gemusterte Stoffe, zunächst gestreifte, dann geblümte, die sich bis ans Ende des folgenden Jahrhunderts behaupten. Die gedämpften Farben und die Vorliebe für Schwarz-Weiß sind jetzt überwunden. Die Kleiderstoffe sind in leuchtenden Farbtönen gehalten, und der Wechsel von Ober- und Unterkleid sowie von Futter- und Außenseite ergibt einen kräftigen Farbakkord. Das Mieder wird in jenen Jahrzehnten zur engen Schnürbrust, die dicht mit Fischbein gepanzert ist und sich zum besonderen, unter dem Oberkleid angelegten Kleidungsstück entwickelt, dem bis ins 20. Jahrhundert beibehaltenen Korsett. Vorn befindet sich eine Öffnung zum Einführen des Blankscheits, die Schnürlöcher sind jetzt hinten. Man schnürt es gewöhnlich von unten nach oben, um eine recht enge Taille, deren Schlankheit durch Unterlegen von Hüftpolstern noch besonders hervorgehoben wird, zu erzielen. Am unteren Rande läuft das vorn wieder in einer spitzen Schneppe endigende Schnürleib in versteifte Laschen aus, von denen die Seitenlaschen unter dem Kleiderrock zu liegen kommen; die Vorder- und Hinterlaschen fallen darüber und verdecken so die Schnürlöcher, durch die der Rock vorn festgeschnürt, und die Haken, an denen er hinten befestigt wird. Oben schließt es geradlinig über der Brust ab, die durch die Schnürung stark in die Höhe gepreßt wird. Entweder ist das Schnürleib aus derbem Stoff, glatt und einfarbig und bedarf dann einer Ergänzung, oder es ist so ausgestattet — mit Litzen und Spitzen geschmückt und mit Puffärmelchen versehen —, daß es das Mieder darüber überflüssig macht. Für dieses ergeben sich jetzt mancherlei Gestaltungsmöglichkeiten. Man zieht es gesondert über den Rock als enganliegendes Schoßmieder mit halblangen Ärmeln, aus denen die Krause des Hemdärmels hervorsieht. Den bis zur Taille reichenden, spitzen, vorderen Ausschnitt füllt der breite, gewöhnlich gesteifte Stecker, ein trapezförmiger gesteifter Latz aus Seide oder Brokat. Häufig ist das Mieder aus dem gleichen Stoff gearbeitet wie das Unterkleid, dessen vorderer Scheinverschluß oder der treppenförmig abgestufte Spitzen- und Schleifenbesatz, die sog. Échelles (= Leitern) sich auf ihm und dem Stecker fortsetzen. Meist aber bildet es mit dem oberen Kleiderrock ein zusammenhängendes Obergewand, das wie bisher Robe oder auch Manteau genannt wird. Dieser wird über das Unterkleid gezogen und in den letzten Jahrzehnten des 17. Jahrhunderts noch konsequenter als bisher nach hinten zurückgeschlagen und unterhalb der Taille kunstvoll drapiert. Man rafft den Stoff und bauscht ihn über einer Unterlage aus Draht und Leinwand, nach dem knarrenden Geräusch, das sie verursacht, Criardes genannt, üppig auf, ehe man ihn in eine schmale Schleppe auslaufen läßt. Seltener als dieser geraffte ist der geschlossene Manteau. Der in den siebziger Jahren einsetzende Wandel in der Tracht, der in der Männerkleidung durch den Übergang zum Justaucorps charakterisiert ist, bringt dem Frauenkostüm kaum neue Gewandstücke, wohl aber verändert er den bisher gewohnten Kontur. Alles ist darauf angelegt, möglichst schlanke und gestreckte Proportionen zu erzielen, sowohl der im wesentlichen auf die Rückenlinie beschränkte Manteau mit seiner Schleppe wie die Anordnung des Besatzes auf Mieder und Unterkleid. Bevorzugt sind Tressen, Fransen, Falbeln und die sog. Pretintaillen (frz. prétintailles Zubehör), d. h. Streifen aus gemustertem Stoff, die zu bestimmten Mustern zusammengesetzt und auf den Rock aufgenäht werden. Die Ränder des hinten hoch hinaufreichenden Manteaumieders säumt man mit Samt, Tressen oder Spitzenrüschen, ebenso den oberen Rand des Steckers, so daß hierdurch der Ausschnitt etwas verringert wird. Die Ärmel, die bisher ähnlich wie am Männerrock einen breiten Umschlag hatten oder nur noch als kurzer Puffärmel, unter denen der gebauschte und mehrfach unterbundene Hemdärmel hervorkam, am Mieder saßen, nehmen jetzt die Form an, in der sie auch fast das ganze folgende Jahrhundert hindurch beibehalten werden. Sie sind halblang, nur mäßig weit und schließen mit einem sehr kleidsamen Frisuren- oder Spitzenrüschenansatz ab, der auf der Innenseite gewöhnlich etwas schmaler ist, was die reizvolle Wirkung nur noch erhöht. Bisweilen sitzen diese Spitzen und Frisürchen auch am Ärmel des Hemdes, dessen weiter Ausschnitt ebenfalls mit Spitzen geschmückt wird. Der Hals bleibt meist unbedeckt, da das Mieder jetzt so hoch hinaufreicht, daß die Palatine nicht mehr unbedingt erforderlich ist. Will man den Ausschnitt aber doch verhüllen, dann greift man zu einer der Steenkerke gleichenden, spitzenbesetzten Halsbinde.

Dem stärksten Wandel ist in der zweiten Hälfte des 17. Jahrhunderts die Frisur unterworfen, in der, ähnlich wie in der Männertracht, der Wechsel des Formengefühls am deutlichsten zum Ausdruck kommt. Das bisher glatt hintenübergekämmte, an den Seiten in Locken herabfallende Haar wird in den sechziger Jahren stark gekräuselt, in der Mitte gescheitelt, über Ohren und Schläfen halbkuglig gepufft und am Hinterkopf aufgesteckt, wobei man einzelne Lockensträhne sich über Nacken und Schultern herabringeln läßt. Die Tendenz zur Schlankheit rückt die Puffen höher hinauf und löst sie schließlich in einen über der Stirn kegelförmig ansteigenden, hochgetürmten lockigen Haarbausch auf. Der Knoten am Hinterkopf ist ziemlich flach gehalten. Die Bekrönung dieser Frisur ist die Fontange, ein Spitzenkopfputz, der angeblich von der Herzogin von Fontanges, der jugendlichen Geliebten Ludwigs XIV., erfunden sein soll, tatsächlich aber erst nach ihrem frühen Tode im Jahre 1681 seine Hauptblütezeit erlebt und sich bis gegen 1720 als Modetracht behauptet. Sie setzt sich aus fächer- oder trapezförmig drapierter, von Bandschluppen unterbrochener Spitze zusammen, der ein Drahtgestell festen Halt gewährt. Den Hinterkopf deckt eine flache kleine, mit Band umgebene Spitzenhaube. Bisweilen legt man auch noch einen Kopfschleier darüber, dessen Enden man im Miederausschnitt verschwinden läßt. Es ist das gewohnte Kopftuch, das seit den vierziger Jahren die bevorzugte Kopfbedeckung ist, und von dem man sich auch jetzt noch nicht trennen kann. Der breitkrempige Hut, der im dritten Viertel des 17. Jahrhunderts wieder eine wenn auch bescheidenere Rolle als vorher spielt, hat neben der Fontange keine formale Berechtigung mehr.

Der bisher bequem dem Fuß angepaßte Absatzschuh entwickelt sich in den letzten Jahrzehnten zum Steckelschuh, dessen hohe und steile Absätze (Steckel) vom Hacken bis fast unter die Mitte des Fußes vorrücken. Gleichzeitig geht der geradlinige Abschluß des häufig bestickten Vorderblattes in eine scharf betonte Spitze über. Die kleine Schnalle, mit der der Schuh geschlossen wird, sitzt ziemlich hoch, fast erst am Ende der Spannlasche. Neben dem Schuh erfreut sich der gleich ihm mit hohem Absatz versehene Pantoffel großer Beliebtheit, bleibt aber im wesentlichen auf die Haustracht beschränkt.

Zu dieser gehören lange, vorn offene Morgenröcke, die sich von der Männertracht hauptsächlich durch ihren reichlichen Falbelschmuck unterscheiden, sowie halblange, ebenfalls mit Falbeln besetzte, lose Morgenjacken. Auch die Schürze zählt in der Modetracht zur Hauskleidung — allenfalls sind kurze Zierschürzchen auch über dem modischen Manteau gestattet — während sie im bürgerlich-reichsstädtischen Kostüm wie in der bäurischen Tracht zum Alltags- wie zum Festgewand gehört.

Zum Ausgehen hängt man einen halblangen, ärmellosen Umhang über das Kleid oder man begnügt sich mit einem Kopf und Hals verhüllenden Kopftuch. Im Winter tut es, vorwiegend im dritten Viertel des 17. Jahrhunderts, auch nur ein breiter Schulterkragen aus Pelz und ein Muff zum Wärmen der Hände. In der bürgerlichen Tracht kommt in jenen Jahrzehnten das Kopf und Körper bedeckende sog. Regentuch auf, eine zum Tuch umgewandelte Abart der alten Heuke, die sich leicht zusammenrollen und unter den Arm nehmen läßt.

Unter dem modischen Beiwerk fällt der gleichzeitige Gebrauch von Schirm und Stock auf. Man schützt sich gegen die Sonnenstrahlen durch einen flachen, farbigen Sonnenschirm, den man kokett zu halten weiß, und stützt sich zugleich auf einen hohen Spazierstock. Das nimmt nicht weiter wunder, wenn man bedenkt, was für eine herunterziehende Last die Fontange und der geraffte und unterpolsterte Manteau bedeuten. Beides, sowie die hohen, steilen Absätze der Steckelschuhe bewirken die vornübergeneigte, merkwürdig schräge Haltung, die fast allen Bildnissen jener Zeit eigen ist und besonders deutlich wird, wenn eine Dame im Gehen dargestellt ist. Der Spazierstock ist hier mehr als nur modisches Requisit, er ist eine wirkliche Stütze. Der Fächer fehlt fast nie mehr in der Hand der eleganten Dame, ebensowenig bei der festlich gekleideten Bürgerfrau, während das Taschentuch in der Modetracht nicht mehr so ostentativ gezeigt wird wie früher. Als neues sichtbares Schmuckstück der Frau erscheint gegen Ende des 17. Jahrhunderts die Uhr. Sie hängt gewöhnlich an kurzer Kette vom Miedergürtel herab.

# VIII. Die deutsche Tracht des 18. Jahrhunderts
ca. 1715—1790

Wie Kunst- und Lebensstil im 18. Jahrhundert von der pomphaften Fülle und Feierlichkeit der vorangehenden Jahrzehnte zu spielerischer Leichtigkeit und tändelnder Grazie übergehen, so verliert auch die Tracht ihr hoheitsvoll steifes Aussehen und nimmt Formen und Farben an, deren raffinierter Zusammenklang zum künstlerisch Reizvollsten gehört, was die Mode je geschaffen hat. Sie bedient sich hierzu kaum neuer, anders gearteter Kleidungsstücke. Kniehose, Weste, Leibrock und Dreispitz bleiben bis über die Jahrhundertmitte die wesentlichen, nur wenig veränderten Teile der männlichen Kleidung. In der Frauentracht ist der Formenwandel zwar größer und abwechslungsreicher, der Hauptakkord des Gesamtkostüms jedoch ebenfalls im späten 17. Jahrhundert bereits angeschlagen. Die Folgezeit bringt entweder die konsequente Weiterentwicklung der einzelnen Kostümstücke, die Ausbildung aller immanenten Möglichkeiten oder läßt, wo diese bereits erschöpft sind, am gleichen Gewand eine formal entgegengesetzte Tendenz zum Durchbruch kommen. Die kulturelle Gesamtsituation, aus der die Mode herauswächst, ist unverändert, die soziale Lage die gleiche. Nach wie vor entfaltet modische Eleganz sich in der Hauptsache an den Höfen. Für den Bürger sind nicht nur einfachere Stoffe und schlichtere Verarbeitung vorgeschrieben, eine ganze Reihe modischer Formen sind allein den oberen Ständen und der höfischen Gala vorbehalten. Führend in der Mode ist wie bisher Frankreich, ausschlaggebend die Tracht des französischen Hofes, an dem nach dem Tode des am Ende seines langen Lebens bigott gewordenen Sonnenkönigs ein freierer und leichterer Ton herrscht, der auf die Mode abfärbt. Es ist nun interessant zu beobachten, welche Resonanz die aus Paris kommenden Modediktate an den einzelnen deutschen Fürstenhöfen finden. Da die Formen feststehen, kann es sich hierbei nur um modische Gradunterschiede handeln. Allen voran steht der sächsische Hof, der das französische Vorbild an Üppigkeit und Eleganz fast noch zu überbieten sucht. August der Starke, ausgezeichnet durch eine imposante Erscheinung und in dem seinem Wesen entsprechenden Hange zu prunkvoller Repräsentation Ludwig XIV. verwandt, ist bemüht, seiner neuen polnischen Königswürde den entsprechenden prächtigen Rahmen zu geben und die Polen, die er mit Gewalt sich nicht fügbar zu machen vermag, durch eine üppige und glänzende Hofhaltung zu gewinnen. Sein Sohn und Nachfolger August III. steht ihm an Prunkliebe und Prachtentfaltung nicht nach. Jahrzehntelang bleibt der sächsische Hof eine Stätte glanzvollster Feste und Lustbarkeiten, auf denen die französische Mode triumphiert, überboten vielleicht noch von dem modischen Aufwand des zu hohen Ehren und Ämtern emporgestiegenen allmächtigen Staatsministers Graf Brühl. An den süddeutschen Höfen, in Bayern und Württemberg, bei den kleineren Regenten und selbst an den erzbischöflichen Hofhaltungen der geistlichen Kurfürsten am Rhein, zu denen die französischen Modeneuheiten schneller gelangen als ins Innere des Landes, ist die Prachtentfaltung und der modische Glanz nur um einige Grade weniger üppig. Selbst der deutsche Kaiserhof in Wien hat seine steife Zurückhaltung, in der er im 17. Jahrhundert zum Teil verharrt, aufgegeben und richtet sich nach dem französischen Vorbild. Etwas anders ist das Bild in Preußen und dem übrigen Norddeutschland, das unter preußischem Einfluß steht. Am Hofe des Soldatenkönigs ist überflüssiger Kleiderluxus verpönt. Sein großer Sohn hegt zwar sein ganzes Leben lang für französische Kunst und Literatur die größte Verehrung, umgibt sich aber nur in der kurzen Rheinsberger Zeit und in seinen ersten Regierungsjahren mit modischer Eleganz. Da die Königin getrennt von ihm, zurückgezogen Hof hält und an seinem Hofe keine Mätressenwirtschaft herrscht, fehlt diesem schon von vornherein ein wesentlicher Rückhalt zur dauernden Entfaltung und Zurschaustellung modischen Glanzes. Gedämpft wird dieser überdies noch durch den vereinfachenden Einfluß, den die Uniform, die sich als feststehende Soldatentracht im Laufe des 17. Jahrhunderts allmählich herausgebildet hat, auf Zuschnitt, Material und schmückende Zutaten der Männerkleidung hier ausübt. Ein Einfluß übrigens, der sich auch auf die Volkstrachten nachhaltig auswirkt. Der König selbst vertauscht in späteren Jahren seinen Uniformrock nur noch selten mit modischer Tracht, und da die Offiziere seinem Beispiel folgen, bleibt diese am Hofe bald nur noch auf die höheren Beamten und den nicht im Heeresdienst stehenden Adel beschränkt.

Im Kostüm des 18. Jahrhunderts erreicht das Streben nach künstlichen Modeformen, das sich in der spanischen Tracht des späten 16. Jahrhunderts zuerst ankündigte, seinen Höhepunkt. Es ist der Ausdruck einer Zeit, die durch Kunst zu ersetzen sucht, was sie an Naturnähe eingebüßt hat. Die gegebene Form gilt wenig, der Schein und die künstlich geschaffene alles. Man schneidet die Hecken in den Parks geradlinig zu und stutzt die Bäume zu ovalen oder kugeligen Gebilden, die ihren ursprünglichen Wuchs nicht mehr ahnen lassen. Ein gemalter Himmel über einer architektonischen Balustrade erweitert den Raum ins Unendliche, ein geschickt in die Wand eingefügtes Gemälde scheint aus dem Saal in eine liebliche Landschaft überzuleiten. Die einzelnen Künste werden mit Virtuosität ineinander übergeführt, um eine Gesamtkomposition von raffiniertester Wirkung und hohem künstlerischem Reiz entstehen zu lassen. In Kirchen und Palästen setzt sich die wirkliche Architektur an der Decke als nur gemalte Scheinarchitektur fort, deren Grenzen dem bloßen Auge oft schwer erkennbar sind. Die Innenraumgestaltung offenbart ein aufs äußerste verfeinertes ästhetisches Formenempfinden. Selten hat eine Epoche es in vollkommenerem Maße verstanden, durch geschickte Wandaufteilung und sparsam verteiltes Mobiliar den Raum zu einem so vollendeten Gesamtkunstwerk zu gestalten als das Rokokozeitalter. Die Möbel selbst verbergen ihr Kernholz unter einem Anstrich von Gold- und Silberbronze oder reichgemaserten Edelholzfournieren. Auf dem Gebiete der Keramik erschließt die Erfindung des Porzellans der in graziös irregulären Formen sich erschöpfenden Phantasie ein neues Betätigungsfeld. Der ferne Osten mit seinen der Rokokolinie bisweilen entgegenkommenden Architekturformen reizt zur Nachahmung. Von Fayence- und Porzellangefäßen, Stoffen und Möbeln blicken dem Beschauer Chinoiserien entgegen, oft mißverstandene Genreszenen aus dem chinesischen Volksleben. Fast jeder fürstliche Park erhält sein chinesisches Teehäuschen oder seine Pagode. Auch in der Tracht wird die gegebene Form, der menschliche Körper, künstlich geschaffenen untergeordnet. Eine Perücke bedeckt das Haar, Puder läßt seine ursprüngliche Farbe nicht mehr erkennen, Schminke nicht mehr den natürlichen Teint. Ein Schnürleib preßt den Oberkörper zu äußerster Schlankheit zusammen, während der Kleiderrock sich wie eine Glocke über den Unterkörper stülpt. Selbst die Aktdarstellung kennt nur rosig überhauchte, einen jugendlich schlanken Idealtypus wiedergebende Körper. Die Vorliebe für die Idylle und das Schäferspiel, die aus den eleganten Damen und ihren Kavalieren Hirten und Hirtinnen macht, übt auf die Mode weiter keinen Einfluß aus, denn das bäuerliche Kostüm wird bei diesen als ländlich empfundenen Vergnügungen und Spielen dem überfeinerten modischen Geschmack angepaßt. Eine wirkliche Änderung bringt einerseits erst der Sturmlauf der Literatur gegen alle Unnatur und Künstelei und auf sozialem und politischem Gebiet das Emporkommen des dritten Standes, der die Mode verbürgerlicht, nachdem in ihren Anhängern der Sinn für das Einfache und Schlichte bereits geweckt worden ist.

Der mit dem Begriff der Mode verbundene schnellere Wechsel kostümlicher Einzelheiten bereichert die Kostümliteratur um eine neue Gattung, die Modezeitung, die im Gegensatz zum Trachtenbuch, das über den kostümlichen Charakter einer Stadt oder Landschaft Auskunft gibt, über modische Neuerungen regelmäßig berichtet und sie im Bilde vorführt. Wie die Mode selbst aus Frankreich übermittelt wird, so ist auch die erste Modezeitung französischen Ursprungs. Als diese gilt der seit 1672 erscheinende „Mercure galant" (fortgesetzt seit 1717 unter dem Titel „Mercure de France"). Er bringt Nachrichten über Feste und Moden am französischen Hof, fügt aber selten eine Abbildung bei. Diesem Übelstand helfen die von Mitgliedern der Stecherfamilie Bonnard in den letzten beiden Jahrzehnten des 17. Jahrhunderts gestochenen

Modebilder ab, denen wiederum genau beschreibender Text fehlt. Auch wagen diese Kupfer noch nicht, sich einwandfrei als Modedarstellungen zu bekennen, sondern geben sich als Allegorien oder Bilder des Hofes und der Hofgesellschaft, ohne dabei den geringsten Anspruch auf Porträthaftigkeit zu erheben. Erst nahezu ein Jahrhundert später (seit 1776) erscheint fortlaufend eine Folge kolorierter Stiche mit ausführlichem Begleittext, die schon durch ihren Titel „Galerie des modes" sich als reine Modepublikation zu erkennen gibt. Seitdem werden Modekupfer auch in die Almanache, Magazine, Taschenbücher und Journale aufgenommen, die neben Beiträgen über Literatur, Theater und kulturgeschichtlich interessante Themen regelmäßig einen kurzen Modebericht bringen. In Deutschland steht unter diesen an erster Stelle das „Journal des Luxus und der Moden", das der Weimarer Buchhändler Bertuch seit 1786 herausgibt (erschienen bis 1827). Die Abhängigkeit von französischen Vorlagen ist bei allen deutschen Modekupfern unverkennbar, wie ja auch bereits die Bonnardschen Stiche in Deutschland weitgehende Nachahmung finden. Der künstlerische Wert tritt meist zurück hinter dem praktischen Zweck, die kleinsten Schwankungen der Tagesmode widerzuspiegeln.

Das 18. Jahrhundert bedeutet für die männliche Tracht den Ausklang aller Farbenfreudigkeit und Materialpracht. Bisher haben beide Geschlechter sich in die gleichen Farben und Stoffe gekleidet. Kaum ein Muster und eine Farbe, und seien sie auch noch so bunt und leuchtend, die dem einen nicht zugänglich gewesen wären, kein noch so prächtiger Stoff, der nicht sowohl zu einem Männerrock wie zu einem Frauenkleid verarbeitet worden wäre. Im 18. Jahrhundert kleidet der Mann sich zum letzten Male in zart- oder kräftigfarbige Samt-, Seide- und Brokatstoffe. Am Ende dieser Epoche setzt bereits der Umschwung ein zu der beschränkten strengen Farbenskala, die noch heute für die Herrenmode ausschlaggebend ist. Das Hauptobergewand bleibt der Rock — zunächst noch Justaucorps, später Habit genannt — der schon zu Beginn des Jahrhunderts seine lange, schmale Form einbüßt durch Erweiterung der Schoßteile und damit verbundener stärkerer Einziehung der Taille. Hinten und seitlich werden fächerförmig auseinander-

Louis Silvestre, August d. Starke u. Friedr. Wilhelm I., um 1725/30

Samuel von Cocceji, Schabkunstblatt von Joh. Jak. Haid nach einem Gemälde von Rosina Lisiewsky, um 1730/35

Anna Sib. Bullmann († 1763), Schabkunstblatt von Joh. Jak. Haid
nach einem Gemälde von Anton Graff

Markus Balth. Gullmann, Schabkunstblatt von J. E. Haid nach einem Gemälde von F. Degle, 1774

Wilh. Barbara Geuder, Schabkunstblatt von Negges nach einem Gemälde von F. Degle, 1779

Tafel 44

Joh. Heinr. Schmidt, König Anton von Sachsen und seine Gemahlin Charlotte, um 1781

G. K. Urlaub, Franz Graf von Kesselstadt, 1785

Tafel 46

G. K. Urlaub, Henriette von Holzhausen, 1789

fallende Faltenteile in den Rock eingesetzt, deren Ansatzstelle ein aufgenähter Knopf verbirgt. Etwa zwei Jahrzehnte später polstert man diese faltigen Schöße mit Papier oder Roßhaar aus und steift sie schließlich ganz, so daß im Kontur eine Annäherung des Männerrockes an den weiblichen Reifrock erzielt wird. In die glatten Vorderbahnen des Rockes ist in Hüfthöhe oder tiefer je eine Tasche eingenäht, deren breite Klappe mit Knöpfen, Litze oder Stickerei geschmückt ist. Die gleiche Gold- und Silberstickerei, im Winter häufig Pelzverbrämung, zieht sich meist an den vorderen Rändern entlang, um den Hals herum und umrandet auch die immer noch breiten Ärmelaufschläge. Geschlossen wird der von oben bis unten mit halbkugeligen Knöpfen besetzte Rock nur in der Taillengegend, nach unten steht er schräg auseinander, oben quillt das Jabot des Hemdes hervor. Ein Schlitz in den Schoßfalten der linken Seite gibt Raum für den Galanteriedegen. In dieser Gestalt hält der Rock sich bis etwa um die Jahrhundertmitte. Die danach erneut einsetzende Tendenz zur Schlankheit reduziert ihn wieder auf eine dem Körper mehr gemäße Form. Die Falten der Schoßteile nehmen an Zahl und Ausdehnung ab, die Polsterung fällt fort. In Anlehnung an den inzwischen aufgekommenen Frack werden im letzten Drittel des 18. Jahrhunderts die Vorderkanten des Rockes konvex beschnitten, besonders die Schöße immer mehr gestutzt, so daß er nicht mehr geschlossen getragen werden kann. Außerdem wird am Halsabschluß ein Stehkragen aufgesetzt. Auch die Ärmel werden enger und hängen jetzt, nur noch von einem ihrer Weite angepaßten, handbreiten Aufschlag bedeckt, bis auf das Handgelenk herab, das sie bisher wegen der breiten Hemdkrause und des gleichfalls langen Westenärmels nicht erreichten. Die Ränder, sowie die jetzt oft nur blind aufgesetzten Taschenklappen (die eigentlichen Taschen sind in die hinteren Rockschöße verlegt) des aus Samt, Seide oder feinem Tuch bestehenden Habits sind mit Borte oder Stickerei geschmückt, ebenso die Knöpfe, die von der halbkugeligen zur flachen Form übergegangen sind und nur noch bis zum Ansatz der Schöße reichen. Der so zugeschnittene Rock, der Altes mit Neuem vereinigt, verbleibt zusammen mit der Schoßweste und der Kniehose ausschließlich der höfischen Gala. Schon sein

Name Habit à la française — Habit bezeichnet sowohl den Rock als auch den ganzen Anzug — oder frac à la française deutet die Herkunft dieses Kostüms an, den französischen Hof, der für die Gala immer noch tonangebend ist und sich nur schwer von den überkommenen Formen seiner Glanzzeit trennen kann. Die unumschränkte Herrschaft über die Herrenmode besitzt Frankreich freilich nicht mehr. Ein unbeabsichtigter Konkurrent ist ihm in England erstanden, hauptsächlich durch die Wirkung der englischen Literatur, die den geistigen Umschwung auf dem Kontinent in der zweiten Hälfte des 18. Jahrhunderts wesentlich beeinflußt. Das bürgerliche Element gewinnt in ihr am ehesten die Oberhand und weist den Weg zu schlichteren, natürlicheren Lebensformen. Wie man den Schwulst und die Unnatur durch wahre Empfindung, den Schein durch echte, an keine gesellschaftlichen Schranken gebundene Menschlichkeit und die Künstelei durch Liebe zur reinen, unverfälschten Natur zu ersetzen sucht und alles dieses in einem Leben in ländlicher Umgebung in schönster Harmonie vereinigt zu sehen glaubt, so findet man auch in der schlichten Tracht des englischen Landedelmannes das der veränderten Lebenseinstellung entsprechende Kostüm. Jedenfalls sind die Änderungen, die der Männerrock in der zweiten Hälfte des 18. Jahrhunderts erfährt, in England bereits um die Jahrhundertmitte festzustellen, und man nimmt an, daß die Bezeichnung Frack für den vereinfachten, gestutzten Rock von dem englischen Wort frock = Kittel, Rock abzuleiten ist. Der Frack, der seit seinem ersten Erscheinen nicht mehr aus der Männerkleidung schwindet und sich im Laufe des 19. Jahrhunderts zum ausschließlichen Festgewand entwickelt, ist ein verengter Justaucorps mit von der Taille an in geschweiftem Bogen zurückgeschnittenen Schößen und ohne jeden Schmuck. Er hat von Anfang an einen Kragen, entweder einen Stehkragen oder einen Umlegekragen und Revers. Auch die Schöße werden in Anlehnung an den Reitrock und die Uniform hinten häufig nach außen umgeschlagen und festgeknöpft, wobei wie bei den Revers das andersfarbige Futter sichtbar wird. Man hat daher das Vorbild des Frackes auch beim Militär gesucht und die beschnittenen Schöße als eine Konsequenz der umgeschlagenen gedeutet, eine Vermutung, die manches für sich haben mag, sich aber nicht weiter beweisen läßt. Bei seinem Erscheinen in Deutschland findet der Frack zunächst nur beschränkte Aufnahme. Es ist hauptsächlich die junge, von den neuen Idealen naturgemäßerer Lebensgestaltung erfüllte Generation, die sich zusammen mit anderen Kleidungsstücken seiner annimmt. Goethe läßt seinen Helden Werther einen blauen Frack mit gelbem Futter und Messingknöpfen tragen. Die Werthermontur — zum Frack gesellen sich gelbe Reithosen, eine gelbe Weste, Stulpenstiefel und ein runder grauer Filzhut — wird von seinen Freunden und Anhängern begeistert aufgenommen. Er selbst erscheint 1775 am Weimarer Hof in ihr, und bald geht auch Herzog Karl August und sein Kreis in Werthertracht. Etwa um die gleiche Zeit fängt, wie bereits erwähnt, der Habit an, sich dem Frack im Schnitt anzupassen und nimmt im folgenden Jahrzehnt mit der veränderten Form auch die Bezeichnung Frack an, die sich dann schließlich als die allgemeingültige behauptet.

Die Weste verliert langsam an Länge und Schwere. Im zweiten Viertel des 18. Jahrhunderts bedecken ihre entsprechend den Rockschößen vorn leicht gesteiften Schoßteile nur noch den halben Oberschenkel. Nach der Jahrhundertmitte schrumpft sie noch mehr zusammen. Die jetzt glatten Schöße werden in Anlehnung an den Rockschnitt vorn etwas abgeschrägt, die Ärmel verlieren die breiten Aufschläge und fallen schließlich ganz fort. Der Westenrücken wird jetzt fast nur noch aus Futterstoff gearbeitet, eine Vereinfachung, an der die Herrenmode bis heute festhält. Alle diese Änderungen, die die der Gala verbleibende Schoßweste erst im letzten Viertel des 18. Jahrhunderts zeigt, treten bei der Alltagsweste schon Jahrzehnte früher in Erscheinung. Aus ihr, die frühzeitig glatte, enge und daher eingeschnittene Schoßteile hat, die sich nur auf die Vorderbahnen beschränken, entwickelt sich in den letzten drei Jahrzehnten des 18. Jahrhunderts ein neuer Westentyp, das Gilet. Diese bis zum Leib verkürzte Weste hat zunächst noch kurze, schräg nach hinten geschnittene Schöße. Um 1780 sind auch diese geschwunden, und das Gilet schließt vorn geradlinig ab. Im frühen 18. Jahrhundert paßt man die Weste in Stoff und Farbe gewöhnlich noch dem Rock an. Als dieser aber schlichter zu werden beginnt, die schweren

Brokatgewebe zurücktreten, nimmt sie an Farbigkeit zu. Neben einfarbige, im Kolorit dem Rockfutter entsprechende Westen mit Litzenbesatz treten solche mit bunter Blumenstickerei. Sehr beliebt als Festtracht sind auch Westen aus weißem Atlas. Im letzten Viertel des 18. Jahrhunderts werden längsgestreifte Stoffe bevorzugt. Die lange Schoßweste des frühen 18. Jahrhunderts wird wie der Rock nur in der Mitte geschlossen, die verkürzte nur noch oben offen gelassen und hier häufig nach außen umgeschlagen, das geradlinige Gilet schließlich wird von oben bis unten geknöpft.

Die Kniehose (culotte) ändert sich im Verlauf des 18. Jahrhunderts nur wenig. Sie wird enger, bis sie zuletzt faltenlos glatt anliegt, und reicht bis unter das Knie, wo sie mit einer an einem Kniebande sitzenden Schnalle geschlossen wird. Die seitlichen Schlitze am Hosenbein werden geknöpft. Über den Hüften hält ein vorn geknöpfter, hinten geschnürter oder geschnallter Bund die Hose zusammen. Ihn bedeckt vorn der breite Hosenlatz, der etwa um die Jahrhundertmitte den seit dem Schwinden der Braguette gebräuchlichen Schlitz mit sichtbarer Knöpfung ablöst. Wie an Rock und Weste sind auch die schräg oder waagerecht eingeschnittenen vorderen Taschenschlitze häufig mit Litzen besetzt. Die Hose des Galaanzuges stimmt in Material und Farbe mit dem Rock überein. Gleichzeitig mit dem Frack werden aus England in den siebziger Jahren die zu diesem getragenen, bis zur Wade reichenden und dort am Strumpf festgebundenen Hosen übernommen. Sie schmiegen sich ebenfalls eng dem Körper an und sind wie der Frack, von dem sie sich meist durch ein andersfarbiges Kolorit abheben, aus festem Tuch, häufig auch aus Leder gearbeitet. Man trägt sie gewöhnlich nur in Verbindung mit Schaft- oder Stulpenstiefeln. Das letzte Jahrzehnt des 18. Jahrhunderts beschert der Herrenmode die lange, röhrenförmig geschnittene Hose, den Pantalon, der die Kniehose allmählich in den Hintergrund drängt und sich in der Folgezeit zum ausschlaggebenden Hosentyp entwickelt.

Als Mantel dient dem Mann die Redingote und der Surtout. Auch die Redingote ist, wie der Name schon besagt — er ist die französisierte Form des englischen Wortes ridingcoat —, englischen Ursprungs und wird schon vor der Jahrhundertmitte, etwa seit

1740, auf dem Kontinent getragen. Die Uniform mag mit zu ihrer Verbreitung beigetragen haben, denn sie ist eigentlich nur ein Reitrock, der bei schlechtem Wetter über den Habit gezogen wird. Sie ist ein wenig länger als dieser, in der Taille meist auch etwas eingezogen und wird außerdem von einem Gürtel zusammengehalten. Die Vorderbahnen sind übereinandergeschlagen, am Halse schließt sie mit einem Doppelkragen ab, der nach oben und unten geklappt wird und sowohl die untere Gesichtshälfte als auch den Hals gegen Kälte schützt. Die Ärmel entsprechen an Länge und Weite den Rockärmeln; Taschen fehlen. In der zweiten Jahrhunderthälfte macht die Redingote den Wandel des Rockschnittes mit. Sie wird wie dieser enger und geradliniger, auch die Ärmel verlieren an Weite, die Ärmelaufschläge an Breite, der Gürtel fällt fort. Statt wie bisher zwei Kragen hat sie häufig nur einen Stehkragen, zu dem sich vorn Aufschläge gesellen. Es ist nicht immer leicht, den Surtout von der Redingote zu unterscheiden, da beide Benennungen oft durcheinandergehen, zumal Surtout genau genommen nur das „über allem" getragene Kleidungsstück bezeichnet und neben diesen beiden Namen noch mehrere andere gebräuchlich sind — eine Abart ist z. B. der lose geschnittene, von oben bis unten mit Knöpfen zu schließende Rockelor, benannt nach dem Herzog von Roquelaure —, unter denen sich das gleiche, nur geringfügig veränderte Übergewand verbirgt. Es scheint, daß der Surtout dem Brandebourg entspricht, also weiter und bequemer ist als die Redingote. Wie die letztere hat er meist zwei Kragen, außerdem oft Litzenbesatz, auf den die Bezeichnung Brandebourgs sich im Verlauf des 18. Jahrhunderts allein beschränkt. Neben diese Ärmelmäntel tritt als Reisetracht auch noch ein weiter, faltenreicher Capemantel mit rundem Kragen. Er hüllt den ganzen Körper ein und wird gewöhnlich über eine Schulter nach hinten geschlagen.

Das lange mit Spitzen besetzte Leinenhalstuch, die Steenkerke, verwandelt sich in den ersten Jahrzehnten des 18. Jahrhunderts in ein Halstuch von quadratischer Grundform, das man zu einer schmalen Binde zusammenfaltet, die zweimal um den Hals geschlungen und im Nacken oder vorn geknotet wird. Oft steckt eine Schmucknadel im vorderen Knoten, die Vorläuferin der modernen

Krawattennadel. Im zweiten Viertel des 18. Jahrhunderts treten neben die weiße Halsbinde, die für die Gala Vorschrift bleibt, auch schwarze und rote. Das Hemd erhält jetzt gleichsam als Ersatz für die fehlende Steenkerke ein gefälteltes, auswechselbares Jabot, das aus der geöffneten Weste und dem Rock hervorquillt. Solange der Rockärmel noch nicht bis zum Handgelenk reicht, schließt der lange Ärmel des Hemdes mit einer breiten Krause ab. Der veränderte Rock- und Westenschnitt im letzten Drittel des 18. Jahrhunderts lassen Jabot und Handkrause am Hemd zusammenschrumpfen, die Halsbinde hingegen anschwellen, bis sie sich in den neunziger Jahren dem künstlich geblähten Fischu der Damenmode nähert. Die Strümpfe werden unter die Hose gezogen und von deren Knieband festgehalten. Die vorherrschende Farbe ist weiß, nur die Trauer schreibt schwarze Strümpfe vor. Zur Festtracht gehören weiße Seidenstrümpfe, der Bürger begnügt sich mit wollenen oder leinenen. Zum Schutz gegen Kälte und Unwetter zieht man im Winter und auf Reisen nach dem Vorbilde der Soldatentracht häufig bis unter das Knie reichende, an den Seiten geknöpfte Woll- oder Leinengamaschen über die Strümpfe.

Wie Rock und Weste so verliert auch der Schuh in der zweiten Hälfte des 18. Jahrhunderts die Breite und Schwere, die ihm als Erbe der vergangenen Kostümepoche in den ersten Jahrzehnten noch anhaftet. Die Sohle wird dünner, der Absatz niedriger und breiter. Auch die Spannlasche, die zunächst an Breite zugenommen hat, schrumpft wieder zusammen, die Fersenlaschen schwinden ganz. Als einziger Schmuck auf dem schmalen, zugespitzten Vorderblatt bleibt die Schnalle aus Stahl, Silber oder Gold übrig. Die bisher rotgefärbten Sohlenränder werden nach der Jahrhundertmitte wie der ganze Schuh schwarz gewichst, dagegen sieht man noch bis ans Ende am Schuh der höfischen Tracht flache, rote Absätze, die als Kennzeichen des Edelmannes gelten. Der Schaftstiefel macht die gleiche Wandlung zu schmaleren und dünneren Formen durch wie der Schuh. Wie bei jenem die Fersenlaschen schwinden, so schrumpft bei ihm das Spornleder zu einem schmalen Riemen zusammen. Meist schließt den weichen Schaft eine unterhalb der Kniekehle ausgeschnittene, steife Stulpe ab, die das helle Futter der Innenseite zeigt.

Ein besonderes Kapitel in der Kostümgeschichte des 18. Jahrhunderts gebührt der Frisur. Kaum je hat der Mann auf den kunstvollen Aufbau des Haares, seines natürlichen sowohl wie der Perücke, soviel Mühe verwendet wie in jenem galanten Jahrhundert, das künstlichen Reizen den Vorzug gibt und sich über den natürlichen Wandel hinwegzusetzen versucht, indem es die Haarfarbe des Alters zur bevorzugten Modefarbe erhebt und so gleichsam die Vergänglichkeit in ewige Jugend verkehrt. Der modische Umschwung im zweiten Jahrzehnt des 18. Jahrhunderts schafft auch die Allongeperücke ab. Nur den Köpfen der höheren Beamten und Gelehrten gibt sie noch jahrzehntelang ein imponierendes Aussehen. Lernt doch selbst Goethe als Leipziger Student den Literaturprofessor Gottsched noch in der Allongeperücke kennen. Nach vorübergehender Auflockerung der Locken macht sich seit den zwanziger Jahren an der kürzer und niedriger gewordenen Perücke wieder eine regelmäßige Ordnung bemerkbar. Der Haaransatz über der Stirn beginnt mit einer schmalen Lockenrolle, die in glattgekämmtes Haar übergeht. Hinten und an den Seiten bildet das Haar eine einheitliche, in Reihen gelegte Lockenmasse. Diese „Perruque carrée" wird im zweiten Viertel des 18. Jahrhunderts an den Seiten bis zu den Ohren verkürzt und schließt hier in zwei bis drei Lockenrollen ab. Die hintere Lockenmasse schwindet; das vom Hinterkopf lose herabhängende Haar wird in einem Beutel aus gummiertem, schwarzem Taft aufgefangen, dessen Form im Laufe der Jahrzehnte wechselt. Eine Nackenschleife bildet den schmückenden Abschluß des Haarbeutels. Die Beutelperücke, die nur geringen Schwankungen unterworfen ist — außer der Form des Beutels ändert sich die Zahl und Anordnung der Seitenlocken —, ist französische Mode. Sie verbleibt der Hoftracht und auch dem vornehmen und wohlhabenden Bürgertum. Neben sie tritt als spezifisch preußische und darüber hinaus deutsche Haartracht der Zopf. Dieser ist zunächst nur die von Friedrich Wilhelm I. in das Heer eingeführte Frisur des gemeinen Soldaten, die er aus seinem eigenen Haar herstellt. Von ihm geht er auf die Perücke des Offiziers über, der, ermuntert durch das Vorbild des Monarchen, die Zopf- oder Stutzperücke (in Frankreich nennt man sie sowie die Beutelperücke Vergette) zusammen mit dem

Soldatenrock in Preußen hoffähig macht. Beim Zopf, der neben dem Soldaten auch den schlichten Bürger kennzeichnet, wird das lange Nackenhaar von oben bis unten dicht mit schwarzem Band umwickelt, gesteift und oft auch noch mit Blei beschwert. Die Anordnung der Locken, von denen die unteren sich häufig zu einer den Hinterkopf bis zum Ansatz des Zopfes umgebenden Lockenrolle erweitern, entspricht der der Beutelperücke; auch die Nackenschleife fehlt nicht. Die Frisur bleibt unverändert, als man bereits vor der Jahrhundertmitte allmählich dazu übergeht, sie anstatt an der Perücke am eigenen langen Haar ausführen zu lassen. Endgültig räumt freilich erst die Französische Revolution mit der Perücke auf. In den sechziger Jahren wird der bisher lange dünne Zopf kürzer und dicker, da man das Haar jetzt nach innen umschlägt, ehe man es mit Band umwickelt oder mit einer Schleife bindet. Im folgenden Jahrzehnt steigt es über der Stirn zu dem schräg in die Höhe gekämmten, nach oben sich verjüngenden Toupet an, dem man durch Einfetten mit heißer Pomade Festigkeit zu geben sucht. Danach setzt eine Auflockerung der Haarmasse ein, die, zunächst noch unter Beibehaltung der Seitenlocken, des Haarbeutels oder Zopfes, zu der vereinfachten, ungebundenen Frisur des ausgehenden 18. Jahrhunderts führt. Neben dem Gebrauch von Perücken ist Färben des Haares als modische Erscheinung bereits seit dem Altertum bekannt, noch nie aber hatte bisher eine Zeit Weiß zur bevorzugten Haarfarbe gewählt. Gegen 1720 tritt mit der Allongeperücke auch Blond als Modefarbe zurück hinter der weißen Perücke und dem weiß gepuderten Haar, das sich bis ins letzte Viertel des 18. Jahrhunderts hinein behauptet. Das Gesicht bleibt bartlos.

Die vorherrschende Hutform ist der zunächst noch breitkrempige Dreispitz mit schmalem Straußenfederbesatz am Rande, der Plumage, und einer kleinen Schleife oder Kokarde als seitlichem Schmuck. Er schrumpft zum flachen, runden „Chapeau bas“ zusammen, dessen dicht an den Kopf gezogene Krempe die Plumage überflüssig macht. Bis nach der Jahrhundertmitte trägt man ihn gewöhnlich unter dem Arm, um nicht durch häufiges Auf- und Abnehmen die Perücke in Unordnung zu bringen. Dann nimmt er mit dem allmählichen Schwinden der Perücke wieder seinen natürlichen

Platz auf dem Kopfe ein und macht noch einige kleine Wandlungen durch, bevor er am Ende der achtziger Jahre in den Zweispitz übergeht. Je nachdem, ob die Krempe rund oder oval geschnitten ist und ob sie hinten oder an den Seiten eng am Kopfe anliegt, ändert sich sein Aussehen. Der Tracht des englischen Landedelmannes, von der man in der zweiten Jahrhunderthälfte schon Frack, Reithosen und Stulpenstiefel übernimmt, entstammt auch der schlichte, runde Filzhut mit leicht nach oben gebogener Krempe und rundem Kopf. Ihm verwandt ist ein Hut, der die in der zweiten Hälfte des 17. Jahrhunderts vor allem in Holland gebräuchliche Form mit hohem Kopf und gewölbter Krempe wiederholt.

Der zunehmenden Vereinfachung der Mode im fortschreitenden 18. Jahrhundert paßt sich auch das Beiwerk an. Die Handschuhe verlieren jeden Schmuck bis auf einige Ziernähte auf dem Handrücken. Mit dem Galanteriedegen, der sich nach der Jahrhundertmitte nur noch auf die höfische Gala beschränkt, schwindet auch der dafür vorgesehene Schlitz im Rock. Im übrigen bedient man sich eines Spazierstockes, dessen Krücke in Form und Ornament den Geist des Rokoko wiederspiegelt, ehe sie in einen runden Knauf übergeht. Der meist aus Rohr bestehende Stock mit knaufförmigem Abschluß erhält dann eine Quaste zum Festhalten. Oft kaum mehr als ein modisches Zubehör ist auch das langgestielte, scherenförmige Lorgnon, das der elegante Herr zierlich vor die Augen zu führen weiß. Eine an kurzer Kette getragene Uhr vervollständigt den männlichen Anzug.

Ebenso wie die Ritterrüstung in den allgemeinen kostümgeschichtlichen Zusammenhang mit einbezogen wurde, darf auch die Uniform, die bei den stehenden Heeren in der zweiten Hälfte des 17. Jahrhunderts eingeführt wird, nicht außer acht gelassen werden, da sie, aus der bürgerlichen Tracht hervorgehend, diese wiederum beeinflußt. Der erste Monarch, der seinem Heer aus Staatsmitteln eine im Zuschnitt und Kolorit einheitliche Kleidung gibt, ist Ludwig XIV. Ihm folgt unter den deutschen Fürsten der Große Kurfürst. Zunächst gilt die Uniformierung nur für den gemeinen Soldaten. Den Offizier, der seine modische Tracht noch beibehält, kennzeichnen außer der gewohnten Schärpe und den gespornten

Schaft- oder Stulpenstiefeln einige rudimentäre Rüstungsstücke, wie der Küraß, ein metallener Halskragen und metallene Schulterstücke, aus denen sich einige Jahrzehnte später die Epauletten entwickeln. Das Hauptverdienst in der einheitlichen Durchführung der Uniformierung für das gesamte Heer gebührt dem Soldatenkönig Friedrich Wilhelm I., der außerdem durch zweckmäßige Vereinfachung der modischen Tracht den für die übrigen deutschen Staaten vorbildlich werdenden Uniformtypus schafft. Der Soldat trägt einen im Schnitt dem verengten Justaucorps entsprechenden blauen Tuchrock mit Zinnknöpfen und Aufschlägen an Brust und Ärmeln. Die Farben der Aufschläge, unter denen Rot überwiegt, werden zum Kennzeichen des Regiments. Vorn und hinten sind die Schöße wie beim Reitrock nach außen umgeschlagen und mit den unteren Ecken aneinander geknöpft. Die blauen, weißen oder gelblichen Hosen bedecken das Knie. Daran schließen sich enge, geknöpfte Gamaschen oder Schaftstiefel. Um den Hals ist eine schwarze Binde geschlungen. Auf der aus eigenem Haar oder der Perücke sorgfältig hergestellten Zopffrisur sitzt der Dreispitz. Einzelnen Regimentern, den Husaren und Grenadieren, ist das Tragen eines Schnauzbartes vorgeschrieben. Wieweit diese zur Uniform umgewandelten Kleidungsstücke auf die Mode ihrerseits zurückwirken, ist im einzelnen jeweils kurz erwähnt worden. Sie ändern sich mit ihr unter Beibehaltung der für ihren Zweck gebotenen Abstrahierung von allem modischen Beiwerk, und als die Mode längst zu anderen Formen übergegangen und die Uniform ihr in entsprechendem Abstande gefolgt ist, lebt der Soldatenrock der friderizianischen Zeit in Farbe und Zuschnitt samt Dreispitz und heller Kniehose noch lange in der Volkstracht weiter.

Der Frauentracht des 18. Jahrhunderts fehlt der klare, von schweren, gespreizten Formen zu Schlankheit und Gestrecktheit übergehende Grundzug, der die Männerkleidung auszeichnet. Sie bewegt sich mehr in Extremen, schreckt vor grotesken Übertreibungen nicht zurück und zeigt in ihrer Entwicklungslinie ein bisweilen sprunghaft und inkonsequent anmutendes Auf und Ab. Dagegen kommt das Eindringen der bürgerlichen Geschmacksrichtung in die Mode der zweiten Hälfte des 18. Jahrhunderts bei ihr deutlicher zum Ausdruck als im Männerkostüm, wo die auf englische Einflüsse zurückzuführende Vereinfachung sich mit der Einwirkung der Uniform auf den modischen Anzug kreuzt. Ebenso tritt auch der Unterschied zwischen höfischer Gala und bürgerlicher Kleidung hier stärker hervor, während er bei der männlichen Tracht, von Einzelheiten wie der Frisur abgesehen, mehr auf Ausstattung und Material beschränkt bleibt. Der formale Wandel gegen Ende des zweiten Jahrzehnts, der die Allongeperücke nach kurzem Übergang gegen Haarbeutel und Zopf eintauscht, nimmt auch der Frau die Fontange und die hochgetürmte Frisur, den krönenden Abschluß ihrer auf eine steile, schlanke Linie eingestellten Erscheinung. Was sie an Länge verliert, gewinnt sie dafür an Breite. Statt der hinten unter dem Manteau befestigten Unterlage aus Draht und Leinwand trägt sie ein durch Bänder oder Draht verbundenes Gestell aus Rohr, Fischbein oder Stahlreifen unter ihrem Rocke, den sog. Panier (frz. Korb), der ihm einen gerundeten Kontur verleiht und somit den Reifrock zum zweiten Male in die Mode einführt, aus der er erst über ein halbes Jahrhundert später allmählich wieder schwindet. Von seinem Vorgänger in der spanischen Tracht, die ihn auch im 17. Jahrhundert nicht aufgibt, unterscheidet er sich hauptsächlich durch seine veränderte Struktur. Form und Umfang wechseln. Von der Trichter- in die Kuppelform übergehend, erreicht er zu Beginn des zweiten Viertels des 18. Jahrhunderts seinen ersten Höhepunkt, auf dem er sich bis um die Jahrhundertmitte hält. Nach vorübergehendem Abschwellen, vor allem in der bürgerlichen Tracht, nimmt er in den siebziger Jahren erneut an Ausdehnung zu und wird zum „Reifrock à coudes", der vorn und hinten abgeflacht, an den Seiten dagegen derartig aufgetrieben ist, daß man bequem den Ellbogen (frz. coude) darauf ruhen lassen kann. Das Gestell dieses Reifrockes ist außerordentlich elastisch und in sich beweglich, um bei seiner ungeheuren Breite das Passieren enger Durchgänge und Türöffnungen zu ermöglichen. Diese nicht mehr zu überbietende Ausdehnung behält der Reifrock in Deutschland nach französischem Vorbilde etwa ein Jahrzehnt bei. Die dann endgültig einsetzende Verbürgerlichung der Tracht reduziert den Panier zum halben Korb und läßt als letztes schließlich nur noch den Cul postiche oder Cul de Paris, den sog. französischen Steiß, übrig, der zunächst noch in einem Gestell, zu Beginn der neunziger Jahre nur noch in einem Polster besteht. Mit der Breitenausdehnung ändert sich auch die Länge des Reifrockes. Er geht zurück bis über die Knöchel; erst der nur mit dem Cul postiche unterlegte Rock fällt wieder bis auf die Fußspitzen herab.

Zusammen mit dem Reifrock bestimmt die Schnürbrust oder das Korsett den Kontur der Frau. Ringsherum mit Fischbeinstangen gepanzert, umspannt es wie schon im späten 17. Jahrhundert eng den Oberkörper. Der Schnitt ist kaum verändert. Nach dem Sitz der Schnürung unterscheidet man das vorn geschlossene französische Korsett und das hinten geschnürte englische mit starkem vorderem Grat. Bisweilen wird auch das spitz zulaufende Mieder des Oberkleides — für letzteres sind die bereits bekannten Bezeichnungen Robe oder Manteau weiterhin gebräuchlich — selbst stark mit Fischbein versteift, so daß die Schnürbrust darunter sich erübrigt.

Der Manteau liegt geschlossen oder wie einst das Oberkleid der spanischen Tracht von der Taille ab geöffnet über dem Panier. Im letzteren Fall wird in dem nach unten sich verbreiternden Ausschnitt das Untergewand, die Jupe, sichtbar. Sie ist glatt oder höchstens mit ein bis zwei Falbeln am unteren Rande besetzt, während eine Rüsche die Vorderkante des Manteau begleitet. In der zweiten Hälfte des 18. Jahrhunderts ändert sich der Geschmack. Man liebt jetzt Schleifen, Blütentuffs, Girlanden, Quasten und wieder reichlichen Rüschenbesatz auf Jupe und Manteau. Die überwiegende Ärmelform ist der enge Halbärmel mit reizvoll üppigem Frisuren- oder Spitzenansatz, der sich im letzten Drittel des Jahrhunderts meist zu glatt anliegendem Rüschenbesatz verflacht. In den ersten Jahrzehnten gesellt sich zu ihm, der in dieser Zeit in erweiterter Form mit breitem Umschlag ähnlich wie in der vergangenen Epoche als „manche en pagode“ (Pagodenärmel) getragen wird, ein langer, an der Achsel gepuffter Ärmel. Von den Schultern herabhängende „Gängelbänder“ rufen Erinnerungen an den festlichen Flügelärmel des frühen 16. Jahrhunderts wach. Das Mieder oder der seinen Ausschnitt füllende, kleiner gewordene

Stecker ist zunächst nur mit einem Sträußchen aus künstlichen Blumen, später meist mit einer nach unten sich verjüngenden Bandschleifenreihe besetzt. Es ist schwierig, den Wandel dieser Schmuckformen des Kleides zeitlich genau zu begrenzen, da sie in leicht variierter Form im Laufe des 18. Jahrhunderts wiederkehren und nicht die Einzelheit als solche sondern die größere Fülle oder Schlichtheit, Leichtigkeit oder Steifheit neben dem Wandel von Farbe und Form und dem sich verändernden Kontur den Ausschlag gibt. Auch ist zu bedenken, daß dem schnellen modischen Wechsel ein verschieden schnelles Reagieren der einzelnen Altersstufen gegenübersteht, so daß immer häufiger als bisher Älteres neben dem Allerneuesten zu sehen ist. Eine formale Bereicherung bedeutet der Manteau mit lose gearbeitetem Rückenteil, à dos flottant (mit flatterndem Rücken) genannt. In leichtem Faltenwurf, hervorgerufen durch eine oder mehrere nur im Nacken festgenähte Quetschfalten, fällt der Manteau hinten herab und bildet so jene reizvolle Rückenlinie, die den besonderen Zauber Watteauscher Frauengestalten ausmacht. Im Hinblick darauf nennt man diese ausspringende Rückenfalte gewöhnlich Watteaufalte. Den gleichen Rückenzuschnitt zeigt das bequeme Haus- und Straßenkleid, die Contouche oder Andrienne. Dieses in Deutschland auch als Schlender bezeichnete Kleid, das in den ersten Jahrzehnten des 18. Jahrhunderts aufkommt, soll seine Trägerin von dem Zwang des festgeschnürten Mieders befreien. Man liebt es daher zuerst untailliert, vorn herab geknöpft und oft noch mit Schleifen verziert. Doch schon in den dreißiger Jahren nimmt es festere Formen an, öffnet sich vorn und nähert sich dem Manteau à dos flottant. Bis gegen die Mitte des 18. Jahrhunderts ist die weibliche Tracht in Zuschnitt und Ausstattung verhältnismäßig schlicht gehalten und in den Formen leicht zu überblicken. Die Kostbarkeit liegt im Material und nicht in der Fülle des über das Kleid verteilten Putzes, der formale Reiz in der bewußten Einfachheit der Linienführung und dem Fernhalten von jeglicher Übertreibung. In den folgenden Jahrzehnten tritt im Gegensatz zur einfacher werdenden Männerkleidung eine Komplizierung und Neigung zur Überfülle ein. Bei der Entwicklung des Reifrockes und der Erwähnung des Ausputzes ist dieser Wandel bereits angedeutet worden. Er erstreckt sich auch auf die weitere Gestaltung des Manteau. Man läßt ihn nicht mehr von der Taille oder vom Nacken an glatt über den Panier herabfallen, sondern rafft ihn nach dem Vorbild der bürgerlichen Kreise wie im 17. Jahrhundert ringsherum hoch oder nimmt den vorn weit geöffneten Manteau hinten in die Höhe. Die Raffung geschieht auf verschiedene Art, gewöhnlich mit Hilfe von Bändern, die in der Taillengegend auf dem Rücken befestigt sind und, häufig noch mit Bandschluppen oder Rosetten besetzt, zugleich einen Schmuck des Kleides darstellen. Beliebt ist in den siebziger und achtziger Jahren der dreiteilig geraffte Manteau, der auf den Seiten Flügel und hinten einen längeren oder kürzeren Schweif bildet. Gegen das letzte Jahrzehnt schwindet er ganz. An seine Stelle tritt die nur noch über dem Cul de Paris getragene Redingote, die auch in der Frauentracht den Wandel vom englischen Reitmantel zum alltäglichen modischen Kleidungsstück durchmacht. Sie ist ein mantelartiges Überkleid mit langen, engen Ärmeln und bedeckt wie der geöffnete Manteau nur Rücken und Seiten. Am Oberkörper liegt sie miederartig eng an und läßt im breiten vorderen Ausschnitt das der verkürzten Männerweste angepaßte Gilet sehen, das oft nur ein Latz über dem Schnürleib ist. Eine der vielen Abarten der Redingote ist die etwas lockerer gearbeitete und dadurch mehr der Contouche sich nähernde Levite.

Zur bürgerlichen Tracht gehört bereits im frühen 18. Jahrhundert eine glatte, schmucklose Schoßjacke, der Caraco oder das Kosäcklein, die häufig das gesteifte Mieder ersetzt. Die elegante Welt bemächtigt sich ihrer zuerst als Jagd- und Reitjacke und trägt den langschößigen Caraco mit Tressen- und Knopfbesatz zum Reifrock. Zur großen Mode wird er jedoch am Ende der achtziger Jahre, wo er zusammen mit der Redingote den Manteau verdrängt und statt des Mieders über dem Rock getragen wird. Länge und Zuschnitt der Schöße sowie die Form des Ausschnittes wechseln. Durch Abschrägung und Verlängerung des ursprünglich gleichmäßig breiten Schoßteiles nähert man ihn dem Frack, dem er auch durch Aufschläge und Klappkragen und durch die Anordnung der Knöpfe angeglichen wird. Um die männliche Note der Damenmode zu vervollständigen, gehört zum frackartigen engärmeligen Caraco auch ein Gilet.

Den Halsausschnitt bedeckt ein dreieckig gefaltetes, vorn übereinandergeschlagenes Tuch, die Solette. Mit dem Caraco dringt es aus der Tracht der bürgerlichen Kreise in die Mode ein und dient nun dazu, den viereckigen Miederausschnitt zu verkleinern, den Spitzen oder Rüschen reizvoll umranden. Nur bei der „grande Parure", dem großen Gesellschaftskleid, bleibt das tiefe Dekolleté gewöhnlich unverhüllt. In den letzten Jahrzehnten gesellt sich zur viereckigen Solette das schalartige, oft mit Rüschen besetzte Fichu. Man läßt es vorn lang herunterhängen oder verknotet die Enden hinten über dem Cul postiche. Gleichsam als Gegengewicht zu diesen schwillt es in den neunziger Jahren über der Brust zu einem mächtigen Bausch an, in dem oft das Kinn versinkt. Sprungfedern, Carcasses (frz. Gerippe) oder spöttisch Trompeusen (frz. Betrügerinnen) genannt, häufig auch noch ein Polster bilden die verborgene Unterlage dieses „falschen Busens" (gorge postiche, gorge de Venus), der zusammen mit dem Cul de Paris der Frau eine s-förmige Silhouette verleiht, die ihre natürlichen Formen ins Groteske steigert. Das Hemd hat in den ersten Jahrzehnten des 18. Jahrhunderts meist noch halblange Ärmel und wird im tiefen Miederausschnitt sichtbar. Groß ist der Bedarf an Morgen- und Frisierjacken. Man bedient sich vorn herab geknöpfter, nur mit Armschlitzen versehener Pudermäntel, die der Frühform der Contouche entsprechen, sowie halblanger, lose sitzender Frisierjacken mit weiten Ärmeln und reichem Falbelbesatz. Im Hause, wo man sich vom Zwang des Paniers befreit, trägt man über der nur von Hüftpolstern geschwellten Jupe gern eine bequeme, über der Brust von einer Schleife zusammengehaltene Jacke. Diese Hausgewänder stellen mitsamt der Straßenkleidung das „Négligé" dar, dem die „grande Parure" mit Reifrock und Manteau gegenübersteht. Beide Begriffe bilden sich erst im Laufe des 18. Jahrhunderts deutlich heraus und grenzen sich in den Jahrzehnten, in denen der Reifrock seine größte Ausdehnung erlangt, am schärfsten gegeneinander ab. Zum französischen Ausdruck „grande parure" gesellt sich am Ende des Jahrhunderts der englische „full dress", der bis an die Gegenwart die gleiche Bedeutung beibehält, während unter dem Wort Negligé nur noch leichte Morgen- und Hauskleidung verstanden wird. Über das Haus- und Straßenkleid bindet man gern eine Schürze. Doch während die zierlich gehaltene Tändelschürze aus Seide oder dünnem Flor mit Spitzen- oder Rüschenbesatz bei der vornehmen Dame nicht mehr als eine mal bevorzugte, mal beiseite gelassene Modelaune ist, gehört die schlichte Schürze von langer, gerader Form zum festen Bestand der bürgerlichen Alltagskleidung.

Gegen schlechtes Wetter sucht man sich durch einen ärmellosen Kapuzenmantel zu schützen, der auch als Reiseumhang benutzt wird. Neben ihm sind noch einige halblange Umhänge in Gebrauch, die als Mantillen bezeichnet werden. Das erscheint im ganzen ein wenig unzureichend. Es darf aber nicht außer acht gelassen werden, daß die Kleider selbst genügend warm ausgestattet sind. Ein wattiertes Steppkleid, das sich im 18. Jahrhundert besonderer Beliebtheit erfreut, ist an sich schon ein guter Kälteschutz, ebenso ein Caraco mit Pelzfutter oder ein verbrämter Manteau. Die Musterung der Stoffe wechselt vom schweren, großblütigen Ornament zur zierlichen Blütenranke und zum Streublümchen, das schließlich in ein Streifenmuster einbezogen wird. Auch hier der Weg vom gelösten, irregulären Rokoko zum versteiften Zopf.

Der Schuh macht eine ähnliche Entwicklung durch wie bei der männlichen Tracht, er wird leichter und durch Fortlassen der Spann- und Seitenlaschen im Zuschnitt einfacher. Vorderblatt und Fersenstücke nehmen besonders in der zweiten Jahrhunderthälfte an Länge und Höhe bedeutend ab. Der Absatz verliert nur langsam seine hohe, spitze Form und rückt ganz allmählich von der Mitte der Sohle wieder bis unter den Hacken hinauf. Als Schmuck des Schuhes dienen wie bisher Schnallen, Rosetten, sowie Stickereien oder Besatz aus bunten Steinen. Die Strümpfe bleiben weiß, nur die Zwickel sind in bunten Farben gehalten.

Am stärksten kommt der jeweilige Wandel des Geschmackes an der Frisur zum Ausdruck. Nach dem Aufgeben der Fontange und der steilen Lockenfrisur trägt man das nun auch weiß gepuderte Haar ganz flach, aus der Stirn gestrichen und am Hinterkopf aufgesteckt. Dann setzt eine gewisse Annäherung an den Aufbau der Männerperücke ein. Statt die Locken frei herabfallen zu lassen, ordnet man sie über Schläfen und Ohren, deren untere Hälfte gewöhnlich unbedeckt bleibt, in Reihen übereinander an. Diese äußerst kleidsame, schlicht wirkende Frisur wird nach der Jahrhundertmitte aufgegeben zugunsten einer komplizierteren und umfangreicheren, die schließlich Dimensionen annimmt, die denen des Reifrockes an die Seite zu stellen sind. Das Haar steigt jetzt über der Stirn, aus der es straff in die Höhe gekämmt, zum Teil sogar ausrasiert wird, wieder zu einem hohen Toupet an und bedeckt den Hinterkopf in ein bis zwei gerade ausgerichteten Lockenreihen. Bisweilen bleibt auch der Hinterkopf glatt und die Locken bauen sich über Stirn und Schläfen diademartig auf. Diese oft alle Mängel eines Gesichtes bloßlegende Frisur — am besten erhellt dies die Schilderung, die Goethe in seiner Selbstbiographie von seiner Schwester Cornelia gibt — wächst zu immer größerer Steilheit empor und erreicht in dem Jahrzehnt zwischen 1775 und 1785 parallel der Reifrockentwicklung ihr größtes Volumen. Gestelle aus Draht und Roßhaar bilden die Unterlage, über der das stark gefettete Haar mit einer Einbuchtung vorn in die Höhe gekämmt wird. In Lockenrollen aus eigenem und falschem Haar gleitet es am Hinterkopf wieder herab oder fällt als Chignon in den Nacken. Die zweite Hälfte der achtziger Jahre bringt dann die beginnende Auflockerung. Das Toupet wird niedriger und weniger fest, am Hinterkopf löst sich das Haar in eine unregelmäßige Lockenmasse auf, aus der einzelne Strähnen sich auf Schultern und Rücken herabringeln. Die Farbe des Haarpuders ist jetzt nicht mehr ausschließlich weiß. Wie bei der männlichen Frisur im späten 17. Jahrhundert wird vorübergehend blond und braun gepudertes Haar modern, bis man ihm seit dem letzten Jahrzehnt seine natürliche Farbe wieder läßt.

Haarschmuck und Kopfbedeckungen passen sich der jeweiligen Frisur an. In der ersten Hälfte des 18. Jahrhunderts sind kleine Blüten, Reiherstutze, Agraffen, Schleifchen oder Rosetten beliebt, die, sparsam in der flachen Lockenfrisur verteilt, deren Reiz noch erhöhen. Im übrigen bleibt der Kopf meist unbedeckt, oder man drapiert kokett ein wenig Spitze zwischen den Locken. Hüte sind in diesen Jahrzehnten wenig anzutreffen, höchstens zum Jagd- oder Reitkostüm, das sich dem Männeranzug anpaßt, der kleine, schief aufgesetzte Dreispitz. Auf Reisen und bei ungünstigem oder kaltem Wetter verhüllt man Kopf und Schultern mit einer Kapuzenhaube, sofern diese nicht schon am Mantel sitzt. Die Haube ist im wesentlichen ein Bestandteil der bürgerlichen Tracht, wo sie in zahlreichen Variationen die Frau durchs ganze Leben begleitet. Die vornehmen Stände bedienen sich ihrer nur zum Negligé. Sie hat bis über die Mitte des Jahrhunderts die Form eines meist kleinen, flachen Mützchens, das den Hinterkopf lose bedeckt und von einer Spitzenrüsche oder Frisur umgeben ist. Die Ansatzstelle dieser Rüsche verdeckt gewöhnlich ein vorn zur Schleife geschlungenes Band. Im dritten Viertel des 18. Jahrhunderts bleiben von dem bisher gleichmäßig breiten, faltigen Rand nur zwei ovale Flügel an den Seiten übrig, während die Haube gleichzeitig durch ein Drahtgestell über dem Hinterkopf in die Höhe getrieben wird. Diese mit der Frisur wachsende Haube ist die Dormeuse, häufig auch Baigneuse genannt, die in wieder verkleinerter Form noch in der ersten Hälfte des 19. Jahrhunderts in Gebrauch ist und keineswegs, wie ihr Name besagt, nur nachts oder zum Bad getragen wird. An Stelle der umfangreichen Dormeuse begnügt man sich häufig, vor allem im Haus, mit einer langen, schmalen Spitzenbarbe um Kopf und Hals. Neben die Haube tritt im letzten Drittel des 18. Jahrhunderts der Hut; bevorzugt werden naturfarbene Strohhüte mit reichlichem Band-, Blumen- oder Federschmuck. Flach, meist ohne betonten Übergang vom Kopf zur Krempe, thronen sie auf der hohen Lockenfrisur, deren Kontur sie sich häufig anpassen. Eine Neuerung bedeutet gegen Ende der achtziger Jahre auf der wieder niedriger gewordenen Frisur ein flacher, breitkrempiger Strohhut mit Bandschleifenschmuck, dessen Unterseite meist farbig abgefüttert ist. Neben ihn tritt der Kastorhut mit schmalerer Krempe und höherem Kopf, der durchaus nicht immer aus Biberhaaren (castor lat. Biber) zu bestehen braucht. Eine Mischung von Hut und Haube ist der gleichzeitige Chapeau-bonnet. Er hat einen umfangreichen Kopf aus gebauschtem Stoff, der dem der Dormeuse entspricht, eine steil abfallende Krempe und ist meist reichlich mit

Band, Federn oder Blumen geschmückt. Häufig wird noch ein breiter, unter dem Kinn gebundener Kopfschleier darüber getragen. Ist weder Hut noch Haube am Platze, so erhält die Frisur selbst üppigen Schmuck, der ihr Volumen noch erheblich vergrößert und Anlaß gibt zu Karikaturen und Spottbildern, auf denen man den Friseur auf einer Leiter seines kunstvollen Amtes walten sieht. Dienten Blumen, Federn, Bänder, Spitzen und dergleichen bisher nur zur gefälligen Verschönerung der Frisur, so benutzt man sie in dem Jahrzehnt, wo die formale Übertreibung in der weiblichen Tracht auf die Spitze getrieben wird, sogar zur Versinnbildlichung bestimmter Ideen. Körbe mit Blumen und Früchten, Laub- oder Ährenbündel, Ranken und Zweige werden in die Frisur hineinkomponiert als Symbole der Fruchtbarkeit, des Ruhmes, der Ehre, des Friedens, Schiffchen finden darin Platz, Vögel, Landschaftselemente oder Architekturatrappen. Die Phantasie ist unermüdlich im Zusammenstellen neuer Arrangements.

Die Kosmetik entspricht dem extravaganten Geschmack der Zeit. Sobald man das Haar pudert, wird Schminken zur Notwendigkeit. Durch kräftiges Auftragen von Rouge auf Wangen und Lippen fügt man zum Weiß oder Grau der Haare einen belebenden Farbkontrast hinzu. Geschickt verteilte Mouches bilden wie bisher eine angenehme und bedeutungsvolle Unterbrechung. Die unangenehmen Folgen der mangelnden Hygiene — das Badewesen liegt noch immer im argen; der Verbrauch von Wasser zur täglichen Reinigung ist, wie ein Blick auf jedes erhaltene Waschservice belehrt, auf ein Minimum beschränkt — sucht man durch reichlichen Parfümgebrauch zu beseitigen. Zu den vielen, bereits bekannten, stark duftenden Essenzen tritt im frühen 18. Jahrhundert als neue deutsche Mischung das kölnische Wasser.

Der Schmuck, geschickt und maßvoll verteilte Fingerringe, Uhren mit Berlocken, Armbänder und Ohrgehänge, zeigt die graziösen Formen des Rokoko. Statt einer Halskette bindet die vornehme Dame oft eine kleidsame Seiden- oder Spitzenrüsche um den Hals. In der Hand hält sie den halbrunden, bemalten oder Spitzenfächer. Wie am Ende des 17. Jahrhunderts wird auch gegen Ausgang des 18. der Spazierstock in der Damenmode wieder modern und stellt ein beliebtes Requisit zum männlich wirkenden Anzug der Zeit dar. Der Schirm, als Regen- wie als Sonnenschirm stets nur Parasol genannt, erhält in der zweiten Hälfte des 18. Jahrhunderts ein verbessertes zusammenklappbares Gestell. Er hat einen langen, dünnen Stock und wird mit der Öffnung nach unten getragen. Auch der große, geradlinige Pelzmuff ist noch nicht geschwunden.

Auf den Gegensatz zwischen höfischer Mode und bürgerlicher Kleidung ist wiederholt hingewiesen worden. Zunächst fällt der Unterschied im Material ins Auge. Die Aristokratie trägt schwere Brokatstoffe, später Samt und Seide mit reicher Stickerei, der Bürger geht in glattes Tuch gekleidet. Seine Strümpfe sind aus Wolle oder Leinengarn gefertigt, die Schuhschnallen höchstens aus Silber. Selbstverständlich fällt auch der Galanteriedegen bei den unteren Ständen fort. Die kostspielige und bei körperlicher Arbeit hinderliche Allongeperücke bleibt auf die höfischen Kreise beschränkt, auf Gelehrte und Staatsbeamte. Für die bürgerliche Frau sind schon im frühen 18. Jahrhundert Schoßjacke und Hals- und Schultertuch kennzeichnend. Die Schürze fehlt selten, die Haube nie. Statt des Paniers trägt sie nur Hüftpolster unter ihrem Rock. In ihrer Frisur folgt sie wohl der Mode, jedoch ohne deren Extravaganzen in vollem Umfange mitzumachen. Auch innerhalb der bürgerlichen Kreise sind die Abstufungen in Zuschnitt und Ausstattung der Tracht verhältnismäßig groß. Handwerkern und dienenden Ständen ist nur sparsamer Schmuck gestattet, während der wohlhabende und gebildete Bürger, der reiche Kaufmann etwa, der seinen Interessen lebende Privatmann oder der Beamte und Gelehrte, sofern er nicht zur Amtstracht verpflichtet ist, in seinem Anzug der höfischen Eleganz bedeutend näher rückt. Diese Differenzierung der Kleidung entspricht durchaus der streng geregelten sozialen Rangordnung, die auch in den Umgangsformen die Unterschiede zwischen den Ständen bewußt betont. Sie wird auch in der zweiten Hälfte des 18. Jahrhunderts noch nicht gemildert, obgleich sich in dieser Zeit bereits bürgerliche Einflüsse in der Gestaltung der Mode bemerkbar machen. Der Frack wird zuerst vom geistig fortgeschrittenen Bürgertum angenommen, ehe der Habit sich ihm in veränderter Form als Frac à la française anpaßt. Die viel nachgeahmte Werthertracht ist die selbstgewählte Kleidung eines jungen wohlhabenden Mannes bürgerlicher Herkunft, der sich in höfischer Umgebung äußerst unbehaglich fühlt, weil das steife Zeremoniell seiner geraden Natur zuwider ist. Der Bürger der unteren Schichten trägt die Redingote als Leibrock, während sie von den bevorzugten Kreisen in dieser Zeit nur als Mantel benutzt wird. Auch die Damenmode der zweiten Jahrhunderthälfte übernimmt bürgerliche Formen. Die Dormeuse hat in der höfischen Tracht keine Vorgänger, und die Mannigfaltigkeit der Raffung des verkürzten Manteau scheint auch auf bürgerliche Einflüsse zurückzugehen, die die Schleppe in der höfischen Gala zurückdrängen. In weitem Abstand hinter der der Mode durchaus entsprechenden, nur im ganzen schlichter gehaltenen bürgerlichen Kleidung steht die archaisierende Frauentracht einzelner Freien, Reichs- und Hansestädte, die immer noch Altes mit Neuem mischt, modische Formen bis zur Unkenntlichkeit des ursprünglichen Vorbildes verändert, oder bisweilen sogar unabhängig von der Mode Formen schafft, in denen seit Jahrhunderten Überlebtes wieder aufzuerstehen scheint. Dagegen ist in der Männertracht dieser Städte kein wesentlicher Unterschied gegenüber dem Zeitkostüm festzustellen.

# IX. Die antikisierende Mode in der deutschen Tracht
## 1790 bis ca. 1815

Am Anfang der neuen Modeepoche steht die französische Revolution. Mit ihr versinkt das aristokratisch-absolutistische Zeitalter auf dem Kontinent und das bürgerliche beginnt. Wenn auch ihre allenthalben mit Begeisterung aufgenommenen Ideen der Freiheit, Gleichheit und Brüderlichkeit nur sehr bedingt verwirklicht werden und der Adel sich in den meisten Ländern auch im folgenden Jahrhundert immer noch gewisser Vorzüge erfreut, so wird doch die tiefe Kluft, die die Stände in den vergangenen 150 Jahren voneinander trennte, bis auf einige Spalte beseitigt. In der Mode machen sich von jetzt an keine ständischen Unterschiede mehr bemerkbar. Es werden keine Kleiderordnungen mehr erlassen, die Material und Zutaten von Rang und Stellung abhängig machen. Was und wie ein jeder sich anzieht, bestimmen fortan in der Hauptsache der Geldbeutel und der persönliche Geschmack. Gewiß geht nach wie vor der schlichte Bürger einfach und unauffällig gekleidet, aber er tut es aus seinen eigenen Lebensbedürfnissen heraus und nicht aus Zwang, wie auch andererseits eine gehobene gesellschaftliche Stellung zu einem bestimmten kostümlichen Aufwand verpflichtet. Auch an den Höfen wird für festliche Gelegenheiten eine genau festgelegte Gala vorgeschrieben, an der Rangunterschiede zum Ausdruck kommen. Napoleon führt am französischen Kaiserhof die lange Courschleppe ein, die bis zum Weltkrieg zur höfischen Etikette gehört, und erhebt den von der Revolution beiseite geschobenen gestickten Frack wieder zur Hoftracht, der er ebenfalls verbleibt. Doch diese Gala hat mit Mode nichts mehr zu tun, denn diese wird nicht mehr an den Fürstenhöfen von einer privilegierten Gesellschaftsschicht geschaffen, sie entsteht in den Städten, die sich zu Modezentren herausbilden ohne Rücksicht auf das Vorhandensein eines Hofes, und wird getragen von der großen Schicht des gebildeten Bürgertums. War ihr Charakter bisher aristokratisch, bestimmt durch das nach Isolierung, Repräsentation und Selbsterhöhung strebende Wesen des französischen Absolutismus und die überfeinerten Bedürfnisse einer dem Natürlichen entfremdeten Hofgesellschaft, so wird er jetzt bürgerlich. Er ist dies schon einmal gewesen, im Zeitalter der Reformation. Doch während damals das Bürgertum zu fürstlicher Macht emporstieg und sein Reichtum es ihm gestattete, sich den Herrschern an die Seite zu stellen, bekennen Adel und Fürstenhöfe sich jetzt zu schlicht bürgerlichen Lebensformen und bringen diese Gesinnung auch in ihrer gegen den früheren Aufwand anspruchslos anmutenden Kleidung zum Ausdruck. Freilich zwingt auch die allgemeine Wirtschaftslage zu größerer Einschränkung. Die Finanzpolitik des Absolutismus hat die Staatskassen geleert, seine unerhörte Prachtentfaltung den Wohlstand des Volkes untergraben. Die napoleonischen Eroberungskriege tun das ihrige, um auch die deutschen Staaten, deren finanzielle Lage bisher nicht erschüttert ist, nahezu arm zu machen. Allein Kriege, Not und ungünstige Wirtschaftsverhältnisse beeinflussen wohl das Material der Kleidung, sind aber für die Mode noch lange nicht entscheidend, sich auch zu einfachen Formen zu bekehren, wie ein Blick auf die zu Überladungen neigende Tracht des Dreißigjährigen Krieges lehrt. Dieser Umschwung liegt im allmählichen Wandel der als erstrebenswert erkannten Lebensformen begründet, deren Inhalte jetzt vom gebildeten Bürgertum bestimmt werden. Wie angedeutet, setzt er in Deutschland unter der Einwirkung der englischen Literatur bereits um die Jahrhundertmitte ein. Gleichzeitig etwa wird eine neue Liebe zum klassischen Altertum wach, als dessen wahrste und edelste Vertreter man die Griechen erkennt. In griechischer bildender Kunst, griechischer Dichtung und griechischer Philosophie tritt den Menschen des ausgehenden Rokokozeitalters eine in sich vollendete Welt entgegen, deren Ideale sie sich zu eigen zu machen sucht. Die Antike wirkt erziehend und bildend, ihr über Zeit und Raum lebendiger Geist führt in Deutschland eine Blüteepoche der Poesie und Philosophie herauf, der die übrigen Länder nichts Ebenbürtiges an die Seite zu stellen haben. Es ist nur begreiflich, daß bei der allgemeinen Vorliebe für das Altertum auch die Mode antikisierende Formen annimmt. 1788 taucht im „Journal des Luxus und der Moden" zum ersten Male der Ausdruck „à la grecque" auf, ein Jahr später wird den Damen ein flacher „griechischer" Schuh mit Kreuzbändern empfohlen. Zu gleicher Zeit (1794) erscheinen auf den ersten Berliner und den frühesten englischen Modekupfern, in der „Berlinischen Damenzeitung für Teutschland" und in der „Gallery of fashion", für die der in London lebende Württemberger Nikolaus Heideloff die Vorlagen liefert, die ersten Chemisenkleider. Ihr ungekünstelter, vom einengenden Zwang des Korsetts befreiender Zuschnitt kommt dem englischen Geschmack besonders entgegen, und da die Mode sich hier zuerst freieren und einfacheren Formen zuwendet, wird die neue Tracht vielfach auch als griechisch-englisch bezeichnet. Naturgemäß kann die antikisierende Mode sich nur im Frauenkostüm auswirken. In der Männerkleidung, wo sie auf einzelne erfolglose Versuche beschränkt bleibt, würde sie eine Rückkehr vom Anzug zum Hängegewand bedeuten. Hier tritt dafür der nivellierende Charakter der neuen Zeit und ein immer stärker auf rein praktische Bedürfnisse gerichteter Sinn mit wachsender Deutlichkeit zutage.

Die neben der philhellenischen einhergehende historisierende Geistesrichtung, die um die Jahrhundertwende in die Romantik mündet, weckt die Liebe zum Mittelalter, das bisher infolge der unklaren Vorstellung, die man von ihm hatte, als dunkel und formlos galt. In Deutschland bedeutet diese seit der zweiten Hälfte des 18. Jahrhunderts wiederholt zum Durchbruch kommende Begeisterung für das Mittelalter zugleich eine Begeisterung für altdeutsches Leben und altdeutsche Kunst, die in der von Herder, Goethe und Justus Möser mit Beiträgen belieferten kleinen Schrift „Von deutscher Art und Kunst" (1773) zum ersten Male am sinnfälligsten zum Ausdruck kommt. Sie erstreckt sich auch auf die altdeutsche Tracht, die zwar auf die Zeitmode keinen Einfluß erlangt, aber auf der Bühne und auf Maskenfesten ihre Auferstehung feiert. „Und meine Maske wird sein eine altdeutsche Tracht, schwarz und gelb,

Pumphosen, Wämslein, Mantel und Federstutzhut", schreibt Goethe 1775, zwei Jahre nach Erscheinen seines Götz, an die Gräfin Auguste zu Stolberg. In den folgenden Jahrzehnten kommen bei den Reformversuchen, mit denen man die Männerkleidung erfolglos beglückt, neben antikisierenden immer wieder altdeutsche Elemente zum Durchbruch. Das während der napoleonischen Knechtschaft erwachende und durch den glücklichen Ausgang der Befreiungskriege gestärkte Nationalbewußtsein findet in der Kleidung seinen Ausdruck in einer „Deutschen Nationaltracht", in der das Modekostüm mit als altdeutsch empfundenen Formen durchsetzt wird. Auch diese Nationaltracht geht nach kurzer Zeit wieder im Wandel der beständig sich erneuernden Mode unter, und maßgebend für das Frauenkostüm bleibt nach wie vor die Parole, die Paris ausgibt, während für die Männerkleidung England um 1800 die im wesentlichen heute noch gültige Form findet.

Die männliche Tracht des ausgehenden 18. und frühen 19. Jahrhunderts wird bestimmt durch den Übergang von der Kniehose zum langen Beinkleid. Noch überwiegt in den neunziger Jahren die gewohnte Culotte, die wie bisher sehr eng und straff, aber im ganzen oben sowohl wie an den Beinen, etwas länger getragen wird. Der Knieriemen verwandelt sich vorübergehend in ein zu langer Schleife gebundenes Band, die seitlichen Ränder des Latzes begleitet Litzenbesatz. Ist nach der Jahrhundertwende auch der Pantalon die vorherrschende Hosenform, so dauert es doch noch etwa zwei Jahrzehnte, bis die Kniehose, die samt dem Zopf als Symbol des „ancien régime" gilt und deshalb von der älteren, in der vorrevolutionären Ideenwelt verankerten Generation häufig noch beibehalten wird, endgültig aus der Zeittracht verschwindet und nur noch in der für besondere Gelegenheiten vorgeschriebenen höfischen Gala und in der Livree erhalten bleibt. Das lange Beinkleid begegnet zunächst in zwei Formen. Die ältere ist die bereits bekannte, mit dem Frack aus England herübergekommene, bis zur Wade reichende Reithose, deren unteres, verknöpfbares Ende unter dem Stiefel verschwindet. Nur wenig weiter als diese dem Kontur des Beines genau angepaßte Hose ist die zweite über der Fußbeuge abschließende Form, die den Stiefel bedeckt und wie die etwas kürzere ebenfalls häufig aus anschmiegsamem Trikotgewebe besteht. Im übrigen ist gelber Nanking das bevorzugte Material. Den Namen Pantalon, mit dem man sie bezeichnet, verdient sie eigentlich erst zu Recht, als man sie im zweiten Jahrzehnt des 19. Jahrhunderts ein wenig weiter zuschneidet. Denn die Hose des Pantalone der Commedia del arte entspricht der unten offenen, bequem geschnittenen Hose der Küstenbewohner, die etwa bis zu den Knöcheln reicht. Man nennt deshalb die Pantalons, die in Frankreich am Ende der achtziger Jahre zuerst von der Arbeiterbevölkerung der Hafenstädte, dann, von dort aus weiter um sich greifend, von der gesamten revolutionierenden Masse der unteren Stände übernommen werden, nach ihrer Herkunft vielfach auch Matelots. Zu Beginn des 19. Jahrhunderts wird der lange enge Pantalon, besonders auch bei der Uniform, an den Seitennähten von oben bis unten dicht mit Knöpfen besetzt. Als letzten Rest dieser Mode bewahrt die Burschentracht einiger elsässischer Dörfer noch am Ende des Jahrhunderts acht bis zehn Knöpfe längs den Taschen. Mit der langen Hose, die in Anlehnung an die verkürzte Taille der Frauenmode vorübergehend sehr hoch hinaufreicht, dringt der Hosenträger in das modische Männerkostüm ein und setzt sich hier nur langsam durch, nachdem er als Hosenhebe in der Volkstracht seit fast einem Jahrhundert in Gebrauch ist.

Die Weste wahrt die geradlinige Giletform. An die Stelle des Stehkragens treten ein Überschlagkragen und Revers, die schnell an Größe zunehmen. Die Knopfreihe wird verdoppelt. Wo man noch am Stehkragen und der durchgehenden Knöpfung festhält, bleiben die oberen Knöpfe jetzt offen. Das in modischen Neuerungen leicht zu Übertreibungen neigende letzte Jahrzehnt des 18. Jahrhunderts verkürzt das nun auch Weste genannte Gilet zeitweilig beträchtlich, so daß die unzureichende Körperbedeckung mit ein Grund ist, oft zwei Westen, von denen die eine länger ist, übereinanderzuziehen. Zusammen mit der Kniehose verbleibt die im Rücken glatte verkürzte Schoßweste, von nun an als Veston bezeichnet, ausschließlich der höfischen Gala. Desgleichen der Frac à la française mit Stehkragen, rund geschnittenen Schößen und schmaler gewordenem Rückenteil, was eine zunehmende Verengung der Schoßfalten zur Folge hat. Die modische Form, der die Zukunft gehört, ist der seit den neunziger Jahren überwiegende, doppelseitig mit Knöpfen besetzte Frac à l'anglaise. Seine Schöße sind eckig, lang und schmal. Wie beim Gilet wird aus dem Stehkragen endgültig ein Umlegekragen, und die sich daran schließenden Aufschläge vergrößern auch hier vorübergehend ihr Volumen, um nach einigen Jahren wieder zusammenzuschrumpfen. Ebenso kehrt auch die gleichzeitig stark verkürzte und bogig ausgeschnittene Vorderbahn zu ihrer natürlichen Länge bis zum Tailleneinschnitt zurück. Durch Erweitern der Armlöcher wird wie beim Frac à la française die Rückenbahn schmaler. Als einzigen Schmuck behalten die Ärmel Knopfbesatz, daneben höchstens noch eine angedeutete Manschette. Im Gegensatz zum hellen Pantalon und zur farbig sich abhebenden, häufig gestreiften Weste ist der aus Tuch gearbeitete Frack in dunklen Farben, meist Blau, Braun oder Grün in verschiedenen Abstufungen, gehalten. Schwarz gilt schon damals als distingierte, nur bei besonderen Gelegenheiten bevorzugte Farbe.

Die Redingote wahrt zunächst noch ihre doppelte Funktion, dem kleinen Mann in etwas engerer Form als Leibrock und den besser gestellten Kreisen als Mantel — sie wird hier weiterhin als Redingote oder auch als Capote bezeichnet — zu dienen, der über den Frack gezogen wird. Vereinzelt aber benutzen auch die oberen Schichten sie bereits vor der Jahrhundertwende schon als Leibrock neben dem Frack. Dieser reicht dann etwa bis zu den Knien oder bis zur Wade, liegt am Oberkörper bis zum Ansatz der hinten faltig geschnittenen Schoßteile eng an und hat Kragen und Aufschläge wie der Frack. Man erkennt in ihm schon jetzt den im Laufe des 19. Jahrhunderts nur wenig veränderten Gehrock. Nur Mantelcharakter hat dagegen der Carrick, ein wie die Redingote ebenfalls aus England übernommenes Kleidungsstück, das seinen Namen vielleicht der ehemals durch Wollindustrie sich auszeichnenden irischen Stadt Carrick-on-Suir verdankt. Zum Stehkragen gesellt sich bei ihm ein mehrfacher Schulterkragen. Außerdem unterscheidet ihn häufig der taillenlose Schnitt ohne eingesetzte Schoßteile von der Redingote oder Capote. Daneben ist der ärmellose Capemantel mit Schulterkragen als Reiseumhang immer noch in Gebrauch. Eine vorübergehende, folgenlose modische Erscheinung in der Männertracht des ersten Jahrzehnts des 19. Jahrhunderts ist der dem Frauenkostüm entlehnte, kurzärmlige Spenzer mit Kragen und Aufschlägen, der über den Frack gezogen wird.

Der Schuh, der in den neunziger Jahren noch den ganzen Spann bedeckt, wird zum flachen Eskarpin, der oft, wie einst das breite Kuhmaul, wenig mehr als den Rand des Fußes umfaßt. Der Absatz liegt kaum fingerdick unter der ganzen Breite der Sohle. Statt der Schnalle hat der Schuh eine Rosette oder Litzenbesatz; nur der zur Culotte getragene Hofschuh hält an ihr fest. Gleichzeitig mit den Eskarpins werden halbhohe, sog. Fußgängerstiefel modern, die unterhalb des Knies abschließen. Die Stulpe fällt bei ihnen entweder ganz fort oder wird durch eine übergebundene Kappe aus farbigem Leder, weiß, gelb, braun oder schwarz, ersetzt. Man unterscheidet seit 1800 zwei sehr verwandte Typen, den Suwarowstiefel und den ungarischen Stiefel. Beide haben einen steifen Schaft, der beim ungarischen Stiefel hinten ein wenig abgeschrägt, beim Suwarowstiefel vorn und hinten bogig ausgeschnitten ist. Eine Quaste in der Mitte des vorderen Randes ist beiden gemeinsam. Der etwas höhere Reitstiefel verliert ebenfalls die Stulpe, wie bei den anderen Stiefeln wird auch sein Absatz ganz flach. Das Aufkommen der langen Hose und die Bevorzugung des Stiefels bringt es mit sich, daß die Strümpfe in der kostümlichen Gesamterscheinung kaum noch hervortreten. Wo sie über dem Eskarpin sichtbar werden, ist meist noch das Überwiegen der weißen Farbe, die auch der höfischen Gala verbleibt, festzustellen.

Das Jabot am Hemd schrumpft zu einer schmalen Krause zusammen oder wird nach der Jahrhundertwende häufig durch ein Vorhemd, Chemischen, ersetzt. Oft quillt auch nur die gefältelte Hemdbrust aus dem Westenausschnitt hervor. Die vorn verschleifte Halsbinde steigt bis über das Kinn hinauf und erhält ein Kissen als Unterlage, das den Hals kropfartig aufbläht. Es schwindet bereits wieder in den ersten Jahren des 19. Jahrhunderts, und man bindet statt dessen einen steifen Leinenkragen unter die Halsbinde, dessen scharfe Ecken bald die Wangen berühren und sich zu den bis in die Biedermeierzeit gebräuchlichen Vatermördern auswachsen.

Die Halsbinde besteht aus weißem Musselin oder schwarzer Seide mit weißem Futter, das am oberen Rande hervorsieht.

Auch die Frisur bringt den Übergangscharakter der Zeit zum Ausdruck, in der Altes fällt und Neues um die endgültige Form ringt. Die alte Generation, die sich von der Culotte nicht trennen kann, hält bis in den Anfang der zwanziger Jahre auch an Zopf und Puderquaste fest. Im preußischen Heer wird er im Jahre 1808 abgeschafft, zu einer Zeit, wo die neue kurze Frisur bereits mehrere Phasen ihrer Entwicklung hinter sich hat, freilich ohne in allen Kreisen gleichmäßig durchgedrungen zu sein. Die in den achtziger Jahren einsetzende Auflockerung führt im letzten Jahrzehnt zu einer gewissen Ungepflegtheit. Man läßt das Haar glatt oder leicht gekräuselt auf Schultern und Rücken herabfallen. Dann schneidet man es zunächst am Hinterkopf kurz; an den Seiten bleibt je eine Lockensträhne hängen, die sog. oreilles de chien (Hundeohren). In der zweiten Hälfte der neunziger Jahre kommt der kurze gelockte „Tituskopf" auf, die einzige Anleihe, die die männliche Tracht bei der Antike macht. Die Kräuselung läßt bald nach. Man kämmt das Haar vom Hinterkopf glatt nach vorn und läßt es hier meist mit einer Locke in die Stirn fallen. Ein schmaler Haarstreifen, die Favoris, zieht sich vor den Ohren an den Wangen entlang. Das Gesicht bleibt in der Hauptsache immer noch bartlos. Ein kleiner Bart über der Oberlippe, der am Ende des Jahrhunderts auftaucht, hält sich kaum länger als ein Jahrzehnt.

Der Dreispitz wird zu Beginn der neunziger Jahre durch den Zweispitz ersetzt, der in zwei Formen getragen wird, als Hut à l'androsmane, quergesetzt mit den Spitzen rechts und links, mit steil aufragender Krempe hinten und einem scharfen Knick in der vorderen Krempe, und später in umgekehrter Weise, die Spitzen vorn und hinten, als sog. Wellingtonhut. Beide Hüte, die man wegen der Möglichkeit, sie zusammengeklappt unter dem Arm zu tragen, auch Klatsch- oder Claquehüte nennt, verbleiben im neuen Jahrhundert mit Federbusch und Randplumage fast nur noch der Uniform. Der Wellingtonhut beschränkt sich außerdem auf die Gala, während die bürgerliche Tracht an dem gleichzeitig aufkommenden „hohen Hut", dem späteren Zylinder, festhält. Dieser hat zunächst einen hohen, nach oben sich verjüngenden Kopf und eine stark gewölbte Krempe. Um 1800 ist der Kopf etwas niedriger geworden und die Krempe, die nach vorn und hinten abfällt, schmaler. Die Mode wechselt hier schnell, bald wird der Kopf wieder höher, bald geradlinig, bald oben oder unten zugespitzt. Die Krempe entspricht seinen formalen Wandlungen. Das Material des Hutes ist schwarzer Filz, als Schmuck dient eine Kokarde oder Rosette. Um den hohen Hut zieht sich nach der Jahrhundertwende nur ein schmales schwarzes Band.

Es ist leicht verständlich, daß eine eine neue Epoche einleitende Mode zu Übertreibungen neigt, bevor ihre Entwicklung einen ruhigeren Verlauf annimmt, besonders einleuchtend bei der immer noch einflußreichen französischen Tracht, da in Frankreich der Sturz des ancien régime mit einer Revolution beginnt und die Gegensätze hier am stärksten und hemmungslosesten aufeinanderprallen. Der französische Stutzer bringt den Geist der neuen Zeit in derartig exaltierter Form zum Ausdruck, daß man ihn als „Incroyable" bezeichnet. Dies wäre für die deutsche Tracht an sich bedeutungslos, wenn dieser Begriff nicht auch als „Teutsche Incroyables" in den Modejournalen der neunziger Jahre auftauchte. Anzug und Auftreten des Incroyable zeichnen sich durch bewußt zur Schau getragene Übertreibung und Saloppheit aus. Die Frackschöße sind zu lang und spitz, der bogige Ausschnitt läßt mehr als die halbe Brust frei, die Klappen reichen bis über die Achseln, der Stehkragen bis über die Ohren. Die Halsbinde übertreibt das an sich schon umfangreiche Format. Die hochgezogene Hose schlottert um die Beine, zwischen ihr und den zu kurzen Stiefeln werden die Strümpfe sichtbar. Grelle, disharmonische Buntfarbigkeit im Gegensatz zu dem sonst so zurückhaltenden Kolorit der Männerkleidung macht die kostümliche Gesamterscheinung des Incroyable noch auffälliger, der außerdem durch einen derben Knotenstock sich noch den Anschein starker, selbstsicherer Männlichkeit zu geben sucht.

In der Frauentracht tritt mit der antikisierenden Mode nach rund einem Jahrhundert wieder der Körper in seine Rechte als bestimmender Faktor für den Zuschnitt der Tracht. Schon in der ersten Hälfte der neunziger Jahre verlieren sich alle Polsterungen und Unterlagen, die den natürlichen Umriß der Frau künstlich veränderten, der Cul de Paris und die Trompeusen. Auch das statt dessen vor 1795 auftauchende Bauchpolster, der „falsche Bauch" (ventre postiche) oder, da es aus England kommt, auch nur Pad (Polster, Kissen) genannt, schwindet nach kurzer Zeit wieder. Sogar die Schnürbrust wird aufgegeben. Man verachtet die bisher beliebte Wespentaille und begnügt sich mit einem kurzen Leibchen. Der Übergang zu den neuen Modeformen erfolgt ziemlich unmittelbar. Im Jahre 1793 zeigen die Modekupfer noch im wesentlichen das gewohnte Bild, allerdings schon ohne die Übertreibungen der vorangehenden Jahre. Das Kostüm der Frau setzt sich zusammen aus dem faltigen, hinten etwas schleppenden Rock und dem eng anliegenden, verkürzten Caraco, dessen Ausschnitt das kleine „Mouchoir" bedeckt, das an die Stelle des umfangreichen Brusttuches getreten ist. Im folgenden Jahr ist das Chemisenkleid (chemise, frz. Hemd) mit hoher Gürtung bereits da und siegt auf der ganzen Linie. Noch ist es nicht frei von Rudimenten der vergangenen Mode. Man trägt Jäckchen darüber nach Art des Caraco, der seine Schöße verloren hat, oder eine zu einer schmalen Rückenbahn zusammengeschrumpfte Redingote. Die englische Chemise, die zur à-la-grecque-Tracht führt, besteht aus leichtem, anschmiegsamem Stoff — hellfarbige Leinen- und Baumwollgewebe, Mull, Batist, Musselin, Kattun, sind jetzt das bevorzugte Material —, der den Körper in natürlichen Falten umfließt. Eine Zugschnur hält es am Halsausschnitt und unter der Brust zusammen, darüber liegt ein zu langer Schleife gebundenes, schmales Band; die halben Ärmel umrandet Rüschenbesatz. Die Veränderungen der nächsten Jahre schaffen den Kleidertyp, der mit geringen Schwankungen zwei Jahrzehnte in der Mode bleibt und allmählich in die Tracht der Biedermeierzeit hinüberleitet. Zunächst rückt die Taille noch höher hinauf bis dicht unter die Brust, und der Ausschnitt senkt sich tiefer und entblößt den Oberkörper fast noch mehr als im Rokoko, während zur gleichen Zeit der Mann sich bis über das Kinn hinauf verhüllt. Die Unterkleidung unter diesem jetzt Tunika genannten Kleid wird auf das Notwendigste beschränkt. Viele Damen sollen sich sogar nur mit fleischfarbenen Trikots begnügt haben, was der Tracht um die Jahrhundertwende den Namen „Nuditätenmode" einbringt. Auch von „Statuenkleidung" wird häufig gesprochen, im Hinblick auf die Bevorzugung der weißen Farbe. So einfach das Kleid in seiner Grundform ist und so spärlich sein Schmuck — er besteht in einer farbigen Bordüre, gebildet aus einer zartgliedrigen Ranke, aus Blatt- und Blütenornamenten oder dem so beliebten Mäanderband —, so weiß man es doch durch kleine Veränderungen mannigfaltig genug zu gestalten. Das kurze Leibchen setzt sich bald aus zwei gleichen Teilen für Brust und Rücken zusammen, bald ist es so geschnitten, daß seine Vorderbahnen auf den Rücken übergreifen und für diesen nur ein kleines, rautenförmig eingesetztes Teil übrigbleibt, oder sie sind abgeschrägt und werden nun nach Art des Fischüs vorn kreuzweis übereinandergelegt. Auch Einsätze aus gefälteltem Stoff, die die Brust nachformen, beleben die glatte Fläche des Leibchens, das außerdem oft aus anderem Stoff besteht als die Tunika. Den Ausschnitt, der beim Ballkleid gewöhnlich die Schultern mit einbezieht, umrandet Falbelbesatz, verkleinern faltige Einsätze, sog. Gorgen, oder deckt ein kleines Tuch. Der Ärmel wird variabel behandelt. Nachdem man ihn in der zweiten Hälfte der neunziger Jahre häufig ganz beiseite gelassen hat, um dem antiken Vorbild möglichst nahe zu kommen, findet man nach der Jahrhundertwende wieder zum kurzen Ärmel zurück, der den halben Oberarm glatt umspannt oder ihn in leichtem Bausch, den ein Zugband oder Bündchen zusammenhält, umspielt. Der lange Ärmel, der ebenso häufig anzutreffen ist, umschließt bequem den ganzen Arm. Beliebter als die glatte Form ist die dem kurzen Ärmel entlehnte Bauschung am Oberarm. Durch quer oder längs verlaufenden Rüschenbesatz, durch Abschnürung oder eingesetzte Keile sucht man diesen Teil des Ärmels besonders abwechslungsreich zu bilden. An das meist unsichtbar verschnürte Leibchen schließt sich der lange, hinten ein wenig schleppende Rock, der der ganzen Gestalt ein gestrecktes, schmiegsames Aussehen verleiht. Auch er zeigt das Bestreben, die Einfachheit der Grundform abzuwandeln durch verschieden drapierte Überwürfe, auf die der Name Tunika sich jetzt allein beschränkt. Halb- oder dreiviertellang fallen diese Tuniken

Männliches Bildnis, Stich 1. Viertel 19. Jh.

Tafel 48

Gottl. Schick, Heinrike Dannecker, 1802

Gottfried Schadow, Bildnis seines Bruders, Zeichn. um 1830

Tafel 50

Ferdinand Waldmüller, Damenbildnis 1836

Tafel 51

Cajetan Graf Bissingen-Nippenburg, nach Lithogr. von Prinzhofer 1852

Joh. K. Dorner, Mathilde Wesendonck, um 1850/55

Anton von Werner, Kostümstudie, Aquarell 1879

Tafel 54

Anton von Werner, Kostümstudie, Aquarell 1881

Hugo von Habermann, Bildnisstudie 1903

Helen Reitter, Modebild 1912, Scherenschnitt

über das Kleid. Sie öffnen sich vorn wie der Manteau des 18. Jahrhunderts oder lassen sich übereinanderschlagen. Bald rafft man sie an einer Seite, bald läßt man sie mit einem Zipfel herabhängen. Nach dem ersten Jahrzehnt überwiegt bereits wieder der glatte, etwas enger gewordene und bis zu den Knöcheln verkürzte Kleiderrock, dessen unteren Rand eine Rüsche ziert. Eine Neuerung dieser Jahre ist die „Schurzrobe", Robe en tablier, bei der eine über das Kleid gebundene kurztaillige Schürze — sie hat kurze Achselbänder und wird hinten mit Bändern oder Ösen geschlossen — mit diesem zu einem Kostüm verschmilzt, das sich als Promenadenkleid großer Beliebtheit erfreut.

Weicht auch das ärmellose Hemdkleid bald nach der Jahrhundertwende bereits wieder etwas festeren und stabileren Formen, so verlangen doch die dünnen Stoffe, die immer noch tiefe Entblößung und die mangelnde Unterkleidung nach wärmenden Hüllen. Sie finden sich in Form von mantelartigen Überröcken, Jäckchen, Schals oder Tüchern. Die Überröcke — man nennt sie Redingoten, Douilletten, Enveloppen und ähnlich — sind Kleid und Mantel zugleich. Sie bestehen meist aus festen einfarbigen oder gemusterten Wollstoffen und Samten, sind gefüttert, oft auch mit Pelz verbrämt und lassen vom Kleid höchstens den unteren Rand oder einen schmalen vorderen Streifen sehen. Ihr Zuschnitt entspricht ihrem Charakter. Die langen Ärmel gleichen den Kleiderärmeln, die hohe Gürtung wiederholt den Kleiderschnitt. Die Redingote umspannt fest die Büste und fällt unterhalb der hohen Taille in dichten Falten herab, so daß sie sich vorn bequem übereinanderschlagen läßt. Die enger geschnittene Douillette öffnet sich über der Brust in einem spitzen Ausschnitt, ihre vorderen Ränder stoßen höchstens aneinander. Für den Mantel bleibt neben den Übergewändern kaum noch Raum. Wo er erscheint, lehnt er sich mit seinem breiten Überfallkragen an den Carrick der Männerkleidung an. Will man nur das Leibchen bedecken, so genügt der Spenzer, ein kurzes, anliegendes Jäckchen mit langen Ärmeln, die häufig mit einer trichterförmigen Erweiterung, der Muffe des 14. Jahrhunderts vergleichbar, bis auf den Handteller vorstoßen. In ihm lebt der Caraco der vergangenen Mode weiter, dem er sich auch durch Aufschläge und einen angeschnittenen kleinen Stehkragen angleicht.

Die im zweiten Jahrzehnt des 19. Jahrhunderts neu einsetzende Vorliebe für Rüschenbesatz bringt diese kleidsamen Verzierungen auch am Kragen, an den Achseln und am unteren Rande des Spenzers an. Gleichzeitig werden Halskrausen modern, sog. Fräsen. Sie umschließen entweder nur den Hals wie die Kröse der spanischen Tracht oder sitzen an einem Chemischen aus Mull, Batist oder Musselin, das den ganzen Ausschnitt verhüllt. Auch Brusttücher und Fischüs, die man über der Brust kreuzt und auf dem Rücken knotet, werden immer noch gern getragen. Wo der Überrock zu viel und der Spenzer vielleicht nicht ausreichend ist, bilden Umschlagtücher verschiedenen Formats und Schulterkragen in Pelerinenform eine willkommene Oberkörperhülle. Das Glanzstück jener Zeit aber ist der lange farbige Schal. Die Möglichkeit, ihn auf mannigfaltige Art zu drapieren und die Einfachheit des Kleides mit ihm zu beleben, macht ihn schnell beliebt. Wer es sich leisten kann, legt sich einen der reichgeblümten indischen oder Kaschmirschals zu, die seit dem Ende des 18. Jahrhunderts in Europa eingeführt werden und deren Kosten nahezu denen der gesamten übrigen Ausstattung gleichkommen.

Mit der kurzärmligen Tracht kommt der lange Handschuh auf. Man trägt ihn aus Seide oder Trikotgewebe in hellen Farben, die man oft dem Besatz des Kleides anpaßt. Die Beine bedecken weiße Zwickelstrümpfe. Der Schuh zeigt als erster antikisierende Formen, indem er seinen Absatz verliert und mit Bändern versehen wird, die wie bei der antiken Sandale kreuzweis über dem Bein gebunden werden. Seine schmale, spitze, weitausgeschnittene Form entspricht dem Eskarpin. Man liebt ihn jetzt aus weichem, farbigem Leder oder hellem Atlas.

Langsamer als die Kleidungsstücke findet die Frisur den Weg zu neuen Formen. Nur schwer kann man sich von der anscheinend regellos über den Kopf verteilten Lockenfülle trennen, die nur an Umfang einbüßt und erst um die Mitte der neunziger Jahre ein einfacheres Aussehen annimmt. In krausen Löckchen ringelt sich das Haar um Stirn und Wangen und fällt offen oder zu einem

Chignon zusammengefaßt in den Nacken. Wo das eigene Haar zu dieser Frisur nicht ausreicht, ergänzt man es durch künstliche Locken, auch Perücken in den verschiedensten Haarfarben sind sehr begehrt. Das ausgehende 18. Jahrhundert gelangt schließlich mit der à-la-grecque-Tracht auch zur antiken Frisur. Sie begegnet als kurzgeschnittener, dichtgelockter „Tituskopf" und als von Löckchen umspielter, griechischer Knoten, der bald tiefer, bald höher, bald fester, bald lockerer aufgesteckt wird und die Silhouette des Kopfes vorteilhaft erweitert. Am Ende des ersten Jahrzehnts rückt die Haarmasse vom Hinterkopf auf den Scheitel, um sich hier einige Jahre später als Flechtenkrone festzusetzen, die zur Biedermeierfrisur der Folgezeit überleitet. Die graziöse Fülle der zierlichen Ringellöckchen verdichtet sich zu einigen regelmäßigen Locken um Stirn und Wangen. Mit der ausladenden Lockenfrisur schwinden auch die umfangreichen Hauben, die Chapeau-Bonnets und hohen Haarputze. Im letzten Jahrzehnt überwiegen zwar noch die alten Formen, jedoch reduziert auf ein bescheideneres Volumen, als neue kündigen sich der Turban und die Schutenhaube an. Dieser wird durch verschiedenartige Drapierung und mannigfaltigen Putz, verschlungene Schnüre, Quasten, hochstehende Federn, abwechslungsreich gestaltet, jene durch die Form des Kopfteiles und die Breite des Randes. Man trägt Hauben mit glattem, gebauschtem, gekräuseltem oder gefälteltem, halbkugeligem oder geradlinig begrenztem Kopfteil. Der Rand, der bisher aus zwei Flügeln bestand, zieht sich jetzt in Form einer Rüsche oder zylindrisch gebogenen Krempe um die Haube herum, die häufig unter dem Kinn verschleift wird. Die Begeisterung für die Formen des Altertums kommt auch an einem so unklassischen Kleidungsstück wie die Haube zum Ausdruck und sucht ihr durch diadem- und sichelförmige Aufputze das Aussehen eines antiken Helmes zu geben. Der breitkrempige Kastorhut paßt sich zu Beginn der neunziger Jahre dem „hohen Hut" des Mannes an, dessen Formenwandel er mitmacht. Wie bei diesem wird der Kopf zunächst spitzer, die Krempe schmaler und leicht gebogen. Nach der Jahrhundertwende unterscheidet ihn oft nur ein Federstutz oder eine Rüsche von seinem männlichen Vorbild. Als neue Form mit zahlreichen Entwicklungsmöglichkeiten kommt die Kapote oder der

Kiepenhut auf. Bei ihm schrumpft die bogenförmig gewölbte Krempe hinten zu einem schmalen Streifen zusammen und fällt hier schließlich ganz fort. Während er sich anfangs in die Tiefe entwickelt und die Krempe oft einem weit vorspringenden, halbierten Hohlzylinder gleicht, steigt der Kopf zu Beginn des zweiten Jahrzehnts steil in die Höhe und erreicht um 1815 sein größtes Volumen, indes die Krempe sich schräg nach unten senkt. Da die Kapothüte zu jeder Jahreszeit getragen werden, fertigt man sie sowohl aus Stroh wie aus Samt oder Seide an und schmückt sie mit Federn, Schleifen, Rüschen oder Blumentuffs.

Das modische Beiwerk der Dame bereichert sich seit dem ausgehenden 18. Jahrhundert um Handtäschchen verschiedenster Art. Diese Réticules (frz. vom lat. reticulum kleines Netz) dienen hauptsächlich dazu, neben den notwendigen Toilettengegenständen, zu denen Puderdose und Schminke immer noch gehören, wenn auch nicht mehr so ausschließlich wie im galanten Zeitalter, auch das Taschentuch aufzunehmen, das man bisher meist noch in der Hand zu tragen pflegte. Auch einer der jetzt in Fülle erscheinenden, kleinformatigen Almanache — sie heißen ja auch Taschenbücher — findet gewöhnlich noch im Beutelchen Platz. Der Fächer ist ein zu wichtiges Requisit, seine Ausdrucksmöglichkeiten der Frau seit langem zu vertraut, als daß darauf verzichtet werden könnte. Er beschränkt sich nicht nur auf den Ballsaal, sondern gehört durchaus zum vollständigen Tagesanzug der Dame. Ebenso auch noch der große Pelzmuff, der jetzt in den verschiedensten Formen begegnet und zum leichten Chemisenkleid oft grotesk genug anmutet.

Wie bereits erwähnt, propagieren die Modejournale in der Zeit der Freiheitskriege eine „deutsche Nationaltracht", die jedoch mit der abebbenden nationalen Begeisterung bald wieder aus dem modischen Gesamtbild verschwindet, ohne entscheidend durchgedrungen zu sein. Für die Männerkleidung bedeutet die Einführung des „deutschen Feyerkleides", wie der neue Anzug genannt wird, zugleich einen Reformversuch, an dem namhafte Patrioten wie Jahn und Ernst Moritz Arndt mitwirken. Es setzt sich zusammen aus langen Beinkleidern, zu denen kurze Schaftstiefel oder hohe

Reitstiefel getragen werden. Den Rumpf bedeckt bis zur Hälfte der Oberschenkel ein glatter, vorn geknöpfter Leibrock mit einem modischen Stehkragen oder eine Art Schoßwams mit Schärpe, Puffärmeln und einem Spitzenkragen um den entblößten Hals. Auf dem meist bis in den Nacken herabhängenden, offenen Haar sitzt ein flaches, weiches Barett oder ein „hoher Hut“ mit wallendem Federbusch. Wie sich leicht überblicken läßt, ist der Anzug eine Mischung von modischer Tracht mit falsch wiedergegebenen altdeutschen Kostümelementen. Das gleiche gilt vom „Feyerkleid“ der deutschen Frau, bei dem jedoch der modische Charakter überwiegt. Es zeichnet sich durch geschlitzte, mehrfach gepuffte Ärmel aus, eine den Ausschnitt rahmende breite Halskrause oder einen hochgestellten Spitzenkragen, die beide an die spanische Mode erinnern, und ein Barett oder eine Toque mit Straußenfederschmuck. Der kriegerische Geist der Zeit findet besonders in den weiblichen Hutformen seinen Niederschlag. Wie man sich zu Beginn des Jahrhunderts für antikisch anmutende Hauben begeistert, so geben ein Jahrzehnt später die Helme der einzelnen Regimenter der deutschen sowohl wie der verbündeten Truppen das Vorbild ab für Hut und Haube. Ferner macht in der Juwelierkunst die Not der Zeit, in der man Gold für Eisen gibt, erfinderisch. Eine Blütezeit des deutschen Eisengusses bricht an, und in der Berliner Kgl. Eisengießerei werden Schmucksachen hergestellt, Haarkämme, Halsketten, Armbänder, Nadeln und dergleichen, die an Zierlichkeit des Ornaments hinter den Erzeugnissen der Gold- und Silberschmiede nicht zurückstehen.

Die französische Revolution hebt die ständischen Unterschiede in der Kleidung auf, die nachfolgende napoleonische Zeit entzieht den zahlreichen lokalen Sonderformen in der deutschen Tracht den Boden, auf dem sie gedeihen konnten, indem sie der Vielstaaterei im Reich ein Ende bereitet. Der Reichsdeputationshauptschluß beschränkt die Zahl der Freien- und Reichsstädte auf sechs. Alle übrigen, darunter gerade diejenigen, in denen sich im Laufe der letzten zwei bis drei Jahrhunderte eine besondere städtische Tracht entwickelt hatte, verlieren ihre politische Selbständigkeit und werden einem größeren Staatsganzen einverleibt. Städtische Trachten gibt es von nun an nicht mehr, sie gehen auf in dem von allen Ständen und Berufen gemeinsam getragenen Modekostüm. Desto deutlicher hebt sich dafür die bäurische Kleidung der einzelnen Gaue und Landschaften von diesem ab, da sie erst jetzt in einen geschlossenen Gegensatz zur städtischen Mode tritt und bei ihren Formen verharrt, indes jene sich dauernd verändert. Es ist daher auch nicht verwunderlich, daß viele Volkstrachten, wie man die ländlichen Trachten seit dem frühen 19. Jahrhundert nennt, im großen ganzen den kostümlichen Charakter der Zeit bewahren, in der sich ihnen eine bürgerlich-städtische Modekleidung als geschlossene Einheit gegenüberzustellen beginnt und die Gesamtentwicklung, in die sie bisher mit einbezogen waren, ein Ende erreicht. Sobald aber der Gegensatz zwischen städtischer Mode und bäurischer Tracht recht eigentlich offenbar wird, erwacht auch das Interesse an jener in einer Zeit, in der man sich auf das Volk als auf den schöpferischen Urgrund der Nationen besinnt. Man beginnt, die Volkstrachten systematisch zu erforschen, während man sie bisher nur als eine Art Standeskleidung der unteren Schichten angesehen und in entsprechendem Zusammenhang behandelt hatte.

# X. Die deutsche Tracht des 19. Jahrhunderts

## ca. 1815 bis Anfang des 20. Jahrhunderts

Der einheitliche Grundzug in Formengebung und Farbe, der in den vergangenen Jahrhunderten an Männer- und Frauenkleidung gleichmäßig zum Ausdruck kommt, verliert sich im 19. Jahrhundert endgültig, und an seine Stelle tritt ein formales Vielerlei im Frauenkostüm und eine schließlich an Normierung grenzende Vereinheitlichung des männlichen Anzugs. Es ist schwer, die letzten Ursachen für diesen am Ausgang des 18. Jahrhunderts einsetzenden Wandel in der männlichen Tracht zu erkennen, den Übergang von der Farbenfreudigkeit zur Gedämpftheit, von Materialpracht und Formenreichtum zur Nüchternheit und Beständigkeit restlos zu erklären. Gewiß führt die schon in der zweiten Hälfte des 18. Jahrhunderts beginnende Vereinfachung der Lebensformen, die das bürgerliche Zeitalter einleitet, auch den Umschwung in der Tracht herbei. Die geistige und soziale Umwälzung, die Standesprivilegien zerbricht, Herren wie Untertanen schließlich zu Staatsbürgern macht und ein bürgerliches Recht für Alle gelten läßt, wird auch in der Kleidung deutlich, in der der Adlige und Staatswürdenträger vom schlichten Bürger nicht mehr zu unterscheiden ist. Der Zwiespalt zwischen Männer- und Frauenkostüm ist damit aber noch nicht erklärt. Hierin drückt sich eher schon die kommende Mechanisierung, die beginnende Herrschaft der Technik aus, die den Mann vor neue, bisher ungeahnte Aufgaben stellt, die seine Zeit ausschließlicher als bisher in Anspruch nehmen, das Arbeitstempo beschleunigen, das tägliche Leben nach und nach immer aufreibender gestalten und somit sein Interesse an modischen Dingen schmälern und an die Stelle persönlicher Initiative, zur Bereicherung und weiteren Ausgestaltung der modischen Entwicklung beizutragen, die Diktatur der

Konfektion setzen. Die Bevorzugung des dunklen, unauffälligen Kolorits und indifferenter Farbtöne ist dann nur die notwendige Konsequenz der veränderten Lebensgestaltung. Sie auch als Ausdruck einer pessimistischen Grundeinstellung zum Leben zu werten, wie es versucht worden ist, heißt zu weit gehen, zumal eine solche dem zum großen Teil materialistisch denkenden 19. Jahrhundert fern liegt. Das Leben der Frau hingegen hat nur mittelbar an den Umwälzungen und Neuerungen teil. Es bleibt, vornehmlich das Leben der Frau der besser gestellten Kreise, die für die Mode ausschlaggebend sind, nach wie vor auf den häuslichen Kreis, auf Familie und gesellschaftliche Repräsentation beschränkt. Infolgedessen kann sie der Mode das gleiche Interesse entgegenbringen wie im vergangenen Jahrhundert und mit zwar veränderten Formen aber den gleichen Mitteln zu wirken suchen wie bisher. Darum ist die Frauentracht auch von jetzt an der stärkere Kulturspiegel, in dem der jeweilige Wandel des Geschmacks, der Kunstformen und des wechselnden Lebensstandards deutlich hervortreten, während die Kleidung des Mannes mehr den Fortschritt, den das 19. Jahrhundert der gesamten Vergangenheit gegenüber bedeutet, als Ganzes charakterisiert. Die Männertracht beschränkt sich fortan nur noch auf kleine modische Veränderungen der gleichen Kleidungsstücke, zu denen in den kommenden Jahrzehnten wenig neue hinzutreten. Außerdem bildet sich in der zweiten Jahrhunderthälfte allmählich jene feste, ungeschriebene modische Regel heraus, die dem Herrn bis in alle Einzelheiten genau den Anzug vorschreibt, den er bei den verschiedenen festlichen oder feierlichen Situationen des Lebens zu wählen hat. Gewiß eine völlige Einschränkung persönlicher Geschmacksäußerungen und, da Schwarz hierbei die vorherrschende Farbe ist, vom malerisch-künstlerischen Standpunkt aus betrachtet, sogar eine große Verarmung, die nur gemildert wird durch die belebende Wirkung der Uniformen, die zur Zeit ihrer Entstehung in ihrer auf wenige Lokalfarben gestellten koloristischen Gesamtkomposition sehr hinter der reichen und farbenprächtigen Festtracht zurückstehen, während sich im Laufe des 19. Jahrhunderts alle lebhafte Buntfarbigkeit im männlichen Anzug schließlich auf sie allein vereinigt. Andererseits ist diese Schematisierung der Kleidung der adäquate Ausdruck einer Zeit, die einen einheitlichen Lebensstil verloren hat und diesen Mangel durch äußere Normung zu ersetzen sucht, und, im großen gesehen, eines Zeitalters, in dem nach Aufhebung der Standesunterschiede, an deren Stelle verschiedene Gesellschaftsschichten treten, durch Aufkommen des Proletariats die Masse im wirtschaftlichen und sozialen Leben eine entscheidende Rolle zu spielen beginnt.

Gibt die männliche Kleidung den wesentlichen Grundzug des 19. Jahrhunderts wieder, so bereichert die Frauentracht ihn um zahlreiche Einzelzüge, in denen der Wandel der verschiedenen Generationen lebendig wird. Wie der hohe und formenstrenge Idealismus der klassizistischen Periode, der transzendente Ideengehalt der frühen Romantik und die nationale Begeisterung der Freiheitskriege in eine Zeit einmünden, die sich selbst mit dem Namen Biedermeier charakterisiert, so verliert auch das Frauenkleid die ihm trotz aller Mängel in der Frühzeit des 18. Jahrhunderts eigene große Linie und nimmt Formen an, in denen die geistige Geruhsamkeit und Behäbigkeit der Jahrzehnte vor der Jahrhundertmitte sich widerspiegelt. Die Entwicklung geht ganz allmählich vonstatten, ohne starke Kontraste und deutlich sichtbare Einschnitte, und in ebenso gleichmäßiger Entfaltung geht aus dem Kostüm der Biedermeierzeit eine Mode hervor, die Krinolinentracht, in der der Reifrock zum dritten Male zur Herrschaft gelangt und sie unter ständigem Wandel des Umfanges und des Konturs drei Jahrzehnte lang behauptet. In dieser organischen Abwicklung einer bestimmten Kostümform zeigt sich die Mode schöpferischer als die bildende Kunst der gleichen Zeit, die bereits um die Jahrhundertmitte in Architektur und Kunstgewerbe in eine sukzessive Nachahmung der historischen Stile verfällt, deren künstlerischer Wert belanglos ist, weil jede tiefere Bindung fehlt, während die vorangehende Vorliebe der Romantik für die Gotik immerhin aus ihrer geistigen Gesamteinstellung resultiert. Man könnte nun einwenden, die Krinoline sei auch nur eine Wiederaufnahme der Reifrocktracht des 18. Jahrhunderts, aber die Einzelheiten des Kleides sowie der Zuschnitt der übrigen Kleidungsstücke, die Kopfbedeckungen, die Frisur zeigen so sehr ein eigenes Gepräge, daß man dieses doch höher bewerten muß als die Anleihen bei Kostümformen der Vergangenheit. Das gleiche gilt auch für die nächsten Jahrzehnte, wo deutlicher zutage tritt, welche historische Tracht bei den sich jetzt schnell aufeinanderfolgenden Moden Pate steht. Eine gewisse Parallele mit dem späten 18. Jahrhundert, das seinerseits sich dem Kontur der Tracht des ausgehenden 17. Jahrhunderts nähert, ist nicht zu verkennen. Auch werden Elemente aus verschiedenen Kostümperioden aufgenommen, stets aber entsteht ein neues Gesamtbild. In diesem und in dem immer rascheren Wechsel im Schnitt stark voneinander abweichender Moden, denen die bisher nachweisbare organische Entwicklung abgeht, dokumentiert sich freilich der Geist der letzten Jahrzehnte des 19. Jahrhunderts: die Unsicherheit des Geschmackes und der Mangel eines eigenen, aus den gleichzeitigen Lebensbedürfnissen geborenen künstlerischen Zeitstiles, sowie die Übersättigung einer durch Fortschritte der Zivilisation anspruchsvoll gewordenen Zeit. Mit geringen Unterbrechungen, in denen Neues in noch unzulänglicher und daher schnell wieder überlebter Form sich ankündigt, findet diese Epoche erst mit dem Weltkriege ein Ende.

Die Wandlungen, die das 19. Jahrhundert der Herrenmode bringt, führen immer mehr zu einem dem Körper und seinen Bewegungen angepaßten Schnitt. Nicht in dem Sinne, daß sie seinen Konturen genau entspräche, doch es schwinden nach und nach alle Falten, Bauschungen und Schwellungen, etwa am Ansatz der Rockschöße, an den Ärmeln, am Kragen und den Aufschlägen, und Hose, Rock und Weste legen sich nicht eng aber glatt um Rumpf und Gliedmaßen. Da, nachdem dies erreicht ist, die Formen selbst sich wenig ändern, wird auf tadellosen Sitz der einzelnen Kleidungsstücke größter Wert gelegt. Die Mode verlangt vom gut angezogenen Herrn nicht nur, daß er ihren formalen Wandlungen folgt, echte Eleganz liegt jetzt auch in der Vermeidung jeglicher Übertreibung, zumal wenn diese den guten Sitz beeinträchtigt. Diese Forderung nach einem den Formen und Maßen des Körpers genau angepaßten Sitz ergibt sich nicht allein aus dem Schnitt der Kleidung, sie wird gestellt in einer Zeit, wo die große Masse immer mehr zur Fertigware, zur Konfektion, greift, die für Normalfiguren hergestellt wird und nicht für den individuellen menschlichen Körper und außerdem von ihrer heutigen Qualität noch weit entfernt ist.

Da die lange Hose nur noch geringen Schwankungen unterliegt, ist das Kleidungsstück, das die Erscheinung des Mannes im wesentlichen bestimmt, der Rock. Der Leibrock oder Gehrock — diese Bezeichnung findet sich z. B. schon im Amtsprotokoll über Schuberts Nachlaß (1828) — tritt seit dem frühen 19. Jahrhundert wieder mehr in den Vordergrund, ohne dabei den Frack zurückzudrängen. Der zunächst am Oberkörper nur glatt anliegende Rock wird in den zwanziger Jahren tailliert. Watteeinlagen über Brust und Hüften verstärken diese Betonung der Taille, auf die nach etwa zwanzig Jahren wieder verzichtet wird. Der Kragen, den nur ein Einschnitt von den Aufschlägen trennt, verliert die Höhe und Bauschung, durch die er sich im ersten Jahrzehnt auszeichnet, und legt sich, durch eine Leinwandeinlage leicht gesteift, immer anschmiegsamer und falten loser um den Hals. In den zwanziger und dreißiger Jahren erweitern sich die ziemlich eng geschnittenen, bis über das Handgelenk reichenden Ärmel, wohl in Anlehnung an die gleichzeitige Frauentracht, an den Schultern zu einem kleinen Bausch. Zusammen mit der betonten Taillierung wird auch dieser wieder aufgegeben, ebenso die nur noch markierte Stulpe, und es bildet sich seit der Jahrhundertmitte der bequeme, glatte Ärmelschnitt heraus, von dem die Herrenmode bis heute noch nicht abgewichen ist. Um diese Zeit haben auch die hinten überfallenden Schoßteile jede Erweiterung eingebüßt. Der Rock, der im vierten und fünften Jahrzehnt vorübergehend kürzer wird, fällt glatt herab bis zu den Knien. Die doppelte Knopfreihe behauptet sich im dritten Viertel des 19. Jahrhunderts endgültig, und somit sind alle Charakteristika gegeben, die wir noch gegenwärtig mit dem Begriff Gehrock verbinden. Die Veränderungen der letzten fünfzig Jahre sind unbedeutend. Sie betreffen vornehmlich Breite und Spiegel (d. h. Atlasbesatz) der Aufschläge, die Weite des vorderen Ausschnittes, sowie Form und Art der Knöpfe oder das jeweils vorherrschende Material und andere, das modische Gesamtbild nur unwesentlich beeinflussende Einzelheiten. Die Farbenskala, die in der ersten Jahrhunderthälfte hauptsächlich Grau, Blau, Braun und Grün in verschiedenen Tönungen aufweist, beschränkt sich nachher fast nur noch auf Grau und Schwarz. Parallel mit dieser Reduzierung des Kolorits auf zwei Farben geht eine Einschränkung im Gebrauch des Gehrocks. Seit den letzten Jahrzehnten des 19. Jahrhunderts bleibt er, der bis dahin zur Tageskleidung gehört, immer mehr besonderen, hauptsächlich feierlichen und ernsten Gelegenheiten vorbehalten. Frühe Sonderformen des Gehrocks sind der sog. Polnische Rock und die Redingote à la chevalière. Der erste zeichnet sich durch einen Pelzkragen, Pelzverbrämung, Knebelverschluß und reichlichen Schnurbesatz über der Brust aus, dem er seinen Namen verdankt, wie schon seit mehreren Jahrhunderten jedes mit Schnüren geschmückte Kleidungsstück mit dem Beiwort „polnisch" gekennzeichnet wird. Die Redingote à la chevalière wird, wie häufig auch der Reitrock, mit Riegeln aus Tuch oder Samt geschlossen und hat statt des tuchenen einen Samtkragen. Während diese beiden Röcke sich nur durch die Art des Verschlusses und schmückende Zutaten vom gewöhnlichen Gehrock unterscheiden, geht aus ihm seit der Jahrhundertmitte durch Abschrägung der Vorderbahnen, ähnlich wie etwa hundert Jahre zuvor aus dem Habit der Frack, ein Rocktypus hervor, der hauptsächlich seit der Nachkriegszeit als Cutaway (engl. fortgeschnitten) bekannt ist und vorher im Gegensatz zum Gehrock, von dem er sich außerdem durch seine eine Knopfreihe abhebt, gewöhnlich nur als Rock bezeichnet wird. In der Länge macht er im großen ganzen die Schwankungen des Gehrocks mit, dem auch der Schnitt des Kragens, der Aufschläge und der Ärmel entsprechen. Ferner verläuft der koloristische Wandel auch bei ihm von farbigen Stoffen, unter denen karierte nicht selten sind, zu Schwarz. Im Zusammenhang hiermit folgt in den letzten Jahrzehnten ebenfalls die Beschränkung des Cutaway auf besondere Gelegenheiten. Vorbildlich für diese ebenso wie der Schnitt einem modischen Wandel unterworfene Regelung der Anzugwahl ist das Land, dem die moderne Herrenkleidung die wichtigsten Anregungen verdankt, England.

Die Zeit um die Jahrhundertmitte ist wegweisend in der Gestaltung der männlichen Tracht. Sie beschert ihr auch das künftig am meisten getragene Kleidungsstück, das Jackett. Dieses weicht vom Rock nicht nur durch seine geringere, in der Folgezeit starken Schwankungen ausgesetzte Länge ab — daher die Bezeichnung Jäckchen (frz. jaquette) —, vor allen Dingen unterscheidet es sich auch durch den Schnitt. Während der Rock fast stets angesetzte Schoßteile hat, besteht das Jackett aus einer oder zwei durchgehenden Rückenbahnen und zwei entsprechenden, bald geradlinigen, bald an den Ecken abgerundeten Vorderbahnen. In der ersten Zeit überwiegt das einreihige Jackett, am Ende der sechziger Jahre taucht daneben der zweireihige Sakko auf. Die modischen Wandlungen, denen es unterworfen ist, seine Länge, Weite, die Zahl der Knöpfe, die Form der Aufschläge oder das Anbringen eines Rückenschlitzes, wechseln so sprunghaft, daß eine Schilderung sich erübrigt. Im Stoff ist das Jackett an keine bestimmte Farbe und kein besonderes Material gebunden, es macht vielmehr den ganzen, wenig umfangreichen koloristischen Wandel im männlichen Anzug ohne Einschränkung mit. Die einzige Ausnahme hierbei bildet das auch im Schnitt abweichende Frackjackett oder der Smoking (vom engl. smoke rauchen), das stets schwarz ist. Es erscheint am Ende des Jahrhunderts, hat gewöhnlich einen Schalkragen mit seidenen Aufschlägen und wird unterhalb des tiefen und breiten Ausschnittes nur mit einem Knopf geschlossen. Durch diesen Schnitt, dem es die Bezeichnung Frackjackett verdankt, bekundet es seine Zugehörigkeit zur modernen Gesellschaftskleidung.

Um die gleiche Zeit, als aus dem Rock der spätere Cutaway hervorgeht und das Jackett aufkommt, schwindet der Frack aus dem Gebrauch des Alltags und wird zur ausschließlichen Festtracht, deren vornehmstes Stück er heute noch ist. Seine farbige Entwicklung führt ebenfalls von der Lokalfarbe zum feierlichen Schwarz. Im übrigen äußern sich die Schwankungen der Mode bei ihm auf die gleiche Art wie beim Rock. Er macht also im frühen 19. Jahrhundert die Anschwellung des Kragens und der Aufschläge mit, danach die betonte Taillierung und die Bauschung des Ärmels an der Schulter und schließlich um die Jahrhundertmitte die starke Verkürzung der Schöße. Diese sind immer noch, entsprechend ihrer einstigen Herkunft vom Frack à la française oder à l'anglaise, bogenförmig oder eckig zugeschnitten, die letzteren, die gewöhnlich länger sind, stets mit scharfem Einschnitt in der Taille. Beide Formen gehen nebeneinander her, bis schließlich in der zweiten Hälfte des 19. Jahrhunderts die eckigen überwiegen und sich der weitere, ziemlich geringfügige Formenwandel nur noch auf sie beschränkt. Wie der Zuschnitt der Schöße, so wechselt auch der Brustausschnitt des Frackes, von dessen Größe wiederum die Anzahl der Knöpfe abhängig ist. Diese rein modischen, nicht mehr durch einen Wandel des künstlerischen Zeitstiles bedingten Änderungen im einzelnen zu beschreiben, würde wie beim Rock und Jackett zu weit führen und außerdem den Überblick über die Gesamtentwicklung verunklären.

Der Mantel unterscheidet sich im ersten Drittel des 19. Jahrhunderts vom Rock nur durch seine größere Länge. Daneben sucht man ihn allerdings auch mannigfaltiger zu gestalten, indem man ihn mit Pelz verbrämt, den langen Schoßteil hinten faltig zuschneidet oder ihn nach dem Vorbilde des Carrick mit einem oder mehreren Schulterkragen umgibt. Der Carrick selbst bleibt ebenfalls noch weiter in Gebrauch. Man hängt ihn jetzt häufig nur über, ohne die Ärmel zu benutzen, wodurch der ärmellose Mantel etwas in den Hintergrund gedrängt wird. In den folgenden Jahren macht der Mantel auch die Verkürzung des Rockes mit und wird nun in beiden Formen, lang und kurz, getragen. Wichtiger als diese unbedeutenden Schwankungen ist das Aufkommen eines neuen Manteltyps in den dreißiger Jahren, dessen zahlreiche Varianten auch eine Fülle von Bezeichnungen hervorrufen, unter denen der Begriff und Name Paletot sich am längsten hält. Es handelt sich hierbei um eine Gruppe kürzerer, ein- oder zweireihiger Überzieher, die taillenlos glatt herabhängen und im Rücken meist etwas glockig geschnitten sind. Sie haben schmalere oder breitere Revers, oft werden sie auch bis zum Hals hinauf geknöpft. Ihre Vorderbahnen sind mit Steppnähten oder Schnurbesatz verziert, und nicht selten hängt eine Kapuze auf den Rücken herab. Statt bequemer, bisweilen recht weiter Ärmel haben sie häufig nur angeschnittene Scheinärmel mit einem Schlitz, durch den der Arm gesteckt wird. Seit dem siebenten Jahrzehnt treten diese kurzen Überröcke langsam zurück, und die Herrenmode bekennt sich zu schlichteren Formen. Wie das Jackett liebt man den nun wieder bis zu den Knien oder noch weiter reichenden Paletot und sein mit Pelz gefüttertes Gegenstück, den Gehpelz, auch sakkoartig mit glatten, durchgehenden Bahnen. Der leicht taillierte Mantel bleibt daneben bestehen, ebenso der Kragenmantel in Gestalt eines langen Überziehers mit halblanger Pelerine darüber, der sog. Hohenzollern- oder Kaisermantel (da auch von Kaiser Wilhelm I. getragen) oder als ärmelloser Havelock, eine Spätform des Carrick, benannt nach dem 1857 verstorbenen englischen General dieses Namens. Die letzten fünfzig Jahre bescheren der Männerkleidung den Ulster, den Raglan und den Trenchcoat. Für den Ulster, der häufig auf dem Rücken einen breiten Riegel erhält, ist ursprünglich das Material entscheidend, der dicke, rauhe Wollflausch aus der ehemaligen irischen Provinz Ulster. Der Raglan und der Trenchcoat sind Sport- und Wettermäntel. Beide haben einen bequemen, losen Schnitt. Beim ersten ist der Oberärmel bis zum Kragen durchgeführt; der Trenchcoat, der englische Schützengrabenmantel des Weltkrieges (trench engl. Laufgraben), hat ausknöpfbares Futter und wird von einem Gürtel zusammengehalten. Bei allen übrigen Mänteln, die die Konfektion außerdem noch hervorgebracht hat, gibt wie schon beim Ulster oder auch beim Trenchcoat nicht mehr der Schnitt, sondern nur noch das Material den Ausschlag.

Nachdem die lange Hose zu Beginn des dritten Jahrzehnts ihre heute noch gültige Form erreicht hat, ist die wichtigste Änderung, die ihr um die Jahrhundertmitte noch bevorsteht, die Verdrängung des Latzes, der sich am Anfang der dreißiger Jahre fast bis zu den Hüften hinzieht, durch einen verknöpfbaren, mit einer Leiste versehenen Schlitz. Die übrigen Wandlungen sind rein modischer Art und betreffen die Weite der Hose und den Schnitt ihrer langen Beine. Sie umspannt den Leib bald fest, bald faltig. Die Beine, an denen häufig Stege sitzen, die sie straff halten, ändern sich fast von Jahrzehnt zu Jahrzehnt. Die zwanziger Jahre sehen sie über den Knien eng, nach oben und unten an Weite zunehmend oder mit allmählicher Verengung. Im folgenden Jahrzehnt herrschen enge Hosenbeine vor, die über der Fußbeuge, die sie bedecken, bogig ausgeschnitten sind. Die vierziger Jahre kehren den Schnitt der zwanziger um, indem die Weite jetzt vor allem am Knie sitzt. In den nächsten beiden Dezennien endlich verengt sich die Hose erst am

Unterschenkel. Seitdem gehen halb anliegende und halbweite Beinkleider nebeneinander her, und erst die Nachkriegszeit bevorzugt wieder einen ziemlich weiten Hosenschnitt. Das erste Jahrzehnt des 20. Jahrhunderts beschert der Hose als modische Neuerung die Bügelfalte. Im Gegensatz zur Tageskleidung hält das schwarze Ballbeinkleid lange an alten Schnitten fest; im ersten Viertel des 19. Jahrhunderts reicht es nur bis zum Knie, in den folgenden fünfundzwanzig Jahren werden die Hosenbeine oberhalb der Knöchel mit Knöpfen geschlossen. Der farbige Wandel der Hose geht von hellen, einfarbigen, dann gemusterten Stoffen zum dunklen, dem Rock meist entsprechenden Beinkleid.

Auch die Weste durchläuft in den letzten hundert Jahren verschiedene Modeformen zwei bis dreimal. Das kurze Gilet wird langsam länger, liegt in den vierziger Jahren sogar etwas auf den Hüften auf und vertauscht seinen geradlinigen Abschluß, der der zweireihigen Weste verbleibt, mit dem spitz eingeschnittenen, den auch die moderne Weste wieder zeigt, oder, vornehmlich in der zweiten Jahrhunderthälfte, mit einem leicht gerundeten. Schal- und Umlegekragen mit Revers bestehen wie ein- und zweireihige Weste nebeneinander. Der erste umrandet gewöhnlich einen tiefen Ausschnitt, der im letzten Drittel des Jahrhunderts bei der Frack- und später bei der Smokingweste zur Regel wird. Die Weste mit Umlegekragen und Aufschlägen reicht höher hinauf. Was ihr Kolorit anbelangt, so bildet sie, nachdem Rock und Beinkleid ihre kräftigen Lokalfarben schon eingebüßt haben, noch die einzige größere farbige oder bunt gemusterte Fläche in der männlichen Kleidung, bis in der zweiten Hälfte des 19. Jahrhunderts der einheitliche Anzug, bei dem Rock, Hose und Weste aus dem gleichen Stoff gearbeitet sind, immer mehr in den Vordergrund tritt. Die Gesellschaftsanzüge Frack und Smoking kennen als Westenfarbe nur Weiß und Schwarz.

Das aus dem Westenausschnitt hervorsehende Hemd wird immer einfacher. Da dieser im zweiten Viertel des 19. Jahrhunderts an Weite zunimmt, kommt das Jabot wieder auf, das jetzt als schmaler, gefältelter Streif zu beiden Seiten oder in der Mitte eines Chemischens sitzt, das am Hemd befestigt wird. Danach beschränkt sich das Jabot, ehe es in den letzten Jahrzehnten endgültig verschwindet, nur noch auf den Abendanzug und die höfische Gala, und aus dem Vorhemd wird in den sechziger Jahren der breite, gesteifte Brusteinsatz des Hemdes, der als einzigen Schmuck ein paar Längsfalten aufweist. Etwas früher taucht am Hemdärmel die aufgeknöpfte Manschette auf und sieht wie im 18. Jahrhundert die Spitzenkrause als etwa fingerbreiter Streifen aus dem kürzer gewordenen Rockärmel hervor. Die vorherrschende Farbe bleibt Weiß, erst in der Nachkriegszeit gewinnt bunte Wäsche in der Tageskleidung das Übergewicht. Die gegen Ende des Jahrhunderts von dem Stuttgarter Arzt Jäger empfohlenen und nach ihm benannten wollenen Jägerhemden gehören ins Gebiet der Hygiene und haben mit der eigentlichen Mode wenig zu tun. Es soll außerdem nicht unerwähnt bleiben, daß der moderne Schlafanzug — der Name Pyjama, unter dem er fortlebt, ist der der indischen und persischen Männerhose — als solcher schon in den achtziger Jahren bekannt ist, aber mehr auf Spott als auf Anerkennung stößt. Zur Halsbinde, die vorübergehend eine steife Einlage erhält, gesellt sich in den zwanziger Jahren die Krawatte, die die Einlage und schließlich das Halstuch selbst überflüssig macht, da darunter ja ein fester Leinenkragen sitzt. Dieser verliert im vierten Jahrzehnt die bis über das Kinn vorstoßenden scharfen Ecken, die Vatermörder, und wird im folgenden über die Krawatte oder den Schlips heruntergeklappt. Aus dem stehenden und dem umgelegten Kragen entwickeln sich in den sechziger Jahren die verschiedenen Kragenarten, der Stehkragen, der flache Umlegekragen, der Stehumlegekragen und der Eckenkragen, die alle nicht mehr am Hemd sitzen, sondern aufgeknöpft werden. Ihre Höhe wechselt, am engsten und höchsten sind sie in dem Jahrzehnt vor dem Weltkrieg. Die Krawatte der Frühzeit unterscheidet sich in ihrer Wirkung nur wenig von der breiten Halsbinde. Sie hat vorn eine Schleife oder zwei längliche Stoffstücke, die schräg übereinander gelegt werden und so die Vorstufe bilden für die später Plastron genannte Form. In den dreißiger Jahren tritt zu ihr der schmalere und längere, selbstgebundene Schlips (vom engl. slip Streifen), den man vorn verknotet. Aus ihm geht im letzten Viertel des Jahrhunderts der lange Selbstbinder hervor. Schlips und Krawatte bestehen von nun an nebeneinander, ohne im Aussehen und in der

Bezeichnung deutlich geschieden zu werden. Die Schleifenform in mannigfacher Ausführung überwiegt. Umgekehrt als bei Hose und Weste verläuft die farbige Entwicklung hier von Schwarz und dunklen Farbtönen zu kräftigem Kolorit. Die weiße Krawatte wird schon frühzeitig das Kennzeichen des Festanzuges.

Die wichtigste Fußbekleidung des 19. Jahrhunderts ist der kurze Stiefel, der bereits in den ersten Jahrzehnten sowohl den Schaftstiefel wie den Eskarpin zurückdrängt. Der erste verbleibt der Uniform und lebt mit Stulpe in der Livree und als Reiterstiefel weiter. Der Eskarpin, der wieder einen höheren Absatz erhält und neuerdings aus Lackleder besteht, wird zum Ball- und Hofschuh. Man stellt die Stiefel jetzt einbällig her, d. h. für jeden Fuß passend geschnitten. Der gebräuchlichste Typus ist der Zugstiefel mit Gummieinsätzen an den Seiten. Neben ihn tritt der Knöpfstiefel und als letzter gesellt sich der Schnürstiefel hinzu. Der verschnürbare Halbschuh gehört erst der Mode der letzten Jahrzehnte an, nachdem er seine Brauchbarkeit in der ländlichen Tracht bereits seit langem bewiesen hat. Mit der langen Hose wird der Strumpf, der zur Socke zusammenschrumpft, für die modische Gesamterscheinung nahezu bedeutungslos. Die weiße Farbe herrscht noch lange vor, bis dann auch die Socke sich den grauen, braunen und melierten Tönen des Anzugs anpaßt.

Auf dem Kopf des Mannes sitzt immer noch der „hohe Hut", der, sobald im vierten Jahrzehnt die gleichmäßige Röhrenform erreicht ist, auch als Zylinder bezeichnet wird. Er bleibt ihm, zuerst in mehreren gedämpften Farbtönen, später nur noch in Grau und Schwarz bis in die letzten Jahrzehnte des Jahrhunderts treu. Dann erst gewinnt ein weicher Filzhut mit eingedrücktem Kopf und bald gerader, bald geschweifter Krempe in der Tageskleidung allmählich das Übergewicht und der Zylinder beschränkt sich immer mehr auf festliche und feierliche Gelegenheiten. Dieser Filzhut, der heute noch die Tagesmode beherrscht, geht aus dem flachen, breitkrempigen Kalabreser oder Karbonarihut hervor, dem die italienischen Geheimbündler ihren Namen leihen und der daher zuerst mehr ein politisches Bekenntnis als Modetracht ist, zumal er im Revolutionsjahr 1848 hauptsächlich auf den Köpfen freiheitlich gesinnter

Männer erscheint. Er wird dann bald zur indifferenten bürgerlichen Kopfbedeckung, die z. B. Bismarck in seinem Alter noch trägt. Zwischen Zylinder und weichem Hut steht, auch was den Gebrauch anbelangt, die sog. Glocke mit steifem rundlichem, gewölbtem Kopf, die ebenfalls gegen Ende des 19. Jahrhunderts im Straßenbilde auftaucht. Im Sommer treten häufig ähnlich aussehende Strohhüte an die Stelle des wärmenden Filzes. Eine Neuerung unter diesen ist zu Beginn des 20. Jahrhunderts die flache, steife „Sonnenblume" mit geradem Kopf und gerader Krempe. Neben dem Hut sucht man die Mütze mit Schirm oder Krempe und rundem, ovalem oder tellerartigem Kopfteil immer wieder in die Mode einzuführen. Sie behauptet sich dort höchstens als Reisekleidung oder als winterliche Pelzmütze, dagegen wird sie in der Uniform nächst dem Helm zur vorherrschenden Kopfbedeckung und bleibt im übrigen auf die Landbevölkerung und die unteren bürgerlichen Schichten als deren Tages- und Arbeitstracht beschränkt.

Der Zylinder bedeckt im Laufe des 19. Jahrhunderts mancherlei Frisuren. Zunächst bleibt die Haarmode ziemlich konstant. Bis in die Mitte der dreißiger Jahre hält man am Tituskopf fest, nur läßt man nicht mehr wie in den ersten fünfzehn Jahren nur eine Locke des vom Wirbel nach vorn gekämmten Haares in die Stirn fallen, sondern lockt die ganze Haarmasse über Stirn und Schläfen, häufig auch noch die anschließenden Favoris ein wenig, so daß die Haare diademartig den Kopf umgeben. Dann verdrängt der Scheitel den Tituskopf, und die Kräuselung des seitlich oder in der Mitte gescheitelten, pomadisierten Haares zieht sich auf die Seiten zurück, wo die Locken sich in Anlehnung an die gleichzeitige weibliche Frisur leicht bauschen. Diese Mode währt etwa ein Jahrzehnt, sie weicht dem glatten, individuell gescheitelten Haar, das am Hinterkopf allmählich immer kürzer geschnitten wird. Die Frisur findet ihre Ergänzung in der Barttracht. Die Favoris, die sich wachsender Beliebtheit erfreuen, werden im Laufe der dreißiger Jahre bis unter das Kinn verlängert, das von dem schmalen Bartstreifen bald eingerahmt, bald in der Mitte ausrasiert wird. In der zweiten Jahrhunderthälfte tritt der Schnurrbart wieder mehr in den Vordergrund, zunächst in Verbindung mit einem spitzen Kinnbart als Knebelbart oder sog. Henri quatre, eine Mode, die, wie schon ihr Name besagt, aus Frankreich kommt — [Heinrich IV., auf den man mit dieser Bezeichnung zurückgreift, hatte übrigens keinen Knebelbart] — und unter Napoleon III., der sie selbst trägt, allgemeine Verbreitung erlangt. Überhaupt wird der Bartschnitt des regierenden Herrschers, der hierin auch nur der Zeittracht folgt, gern zum Vorbild genommen, ohne andere Bartformen zu verdrängen. So ist während der Regierungszeit Wilhelms I. der ausrasierte Backenbart, eine Weiterentwicklung der späten Favoris, nebst einem Schnurrbart sehr beliebt. Ihm folgt der lange Vollbart, der als Tracht des Paul Heise-Kreises und des jungen Sudermann vornehmlich auch in literarischen Zirkeln seine Anhänger findet. Als Demokratenbart ist er in den ersten Jahrzehnten des 19. Jahrhunderts mehr verdächtig als anerkannt und verliert diese politische Nebenbedeutung erst mit der Revolution von 1848. Unter Wilhelm II. überwiegt dann der aufgedrehte Schnurrbart, der seinerseits der sog. Bürste, einem kleinen Bart auf der Oberlippe, weicht, die in der Nachkriegszeit zu erneuter Bartlosigkeit führt.

Zum Beiwerk der Kleidung gehört seit dem 19. Jahrhundert auch der Regenschirm, der ein reiner Gebrauchsgegenstand ist, während der Stock mehr ein modisches Requisit bleibt und außerdem dem gesetzten Bürger als Ausdruck seiner persönlichen Würde und Selbstsicherheit gilt. Als Material kommen neben einheimischen Hölzern hauptsächlich exotische Rohr- und Holzarten in Frage. Der Knauf wird allmählich wieder von der Krücke verdrängt, die gerade oder rund geschnitten ist, auch die Roccailleform des 18. Jahrhunderts nachahmt, ohne in der Ausführung die künstlerische Höhe dieser Zeit zu erreichen. Die Uhr trägt man nicht mehr an kurzer Kette unter der Weste, wobei die Berlocken hervorsehen, sondern an langer schmaler darüber und steckt sie in die Westentasche. In der zweiten Jahrhunderthälfte wird es Brauch, die breiter gewordene Kette quer über die Weste zu hängen. Eine praktische Neuerung des 20. Jahrhunderts ist die Armbanduhr. Einen ergänzenden Schmuck zur goldenen Uhrkette bilden Hemd- und Manschettenknöpfe und die Krawattennadel. Zur gestielten Lorgnette gesellt sich in den dreißiger Jahren das Monokel; beide treten ein Jahrzehnt danach zurück hinter dem Nasenklemmer, dem Pincenez.

Während die männliche Kleidung des 19. Jahrhunderts, nachdem sie in den ersten drei Jahrzehnten ihre feste Gestalt angenommen hat, nur noch eine unaufhörliche Folge kleiner und kleinster modischer Schwankungen darstellt, die ihr Gesamtbild wenig verändern, ist die Frauentracht einem stärkeren Formenwandel ausgesetzt, bei dem wie bisher künstlerische Gestaltungsprinzipien zum Ausdruck kommen. Die gestreckten Proportionen des frühen 19. Jahrhunderts beginnen langsam einer neuen Rundlichkeit zu weichen. Diese äußert sich in der bereits erwähnten Bauschung des Ärmels am Oberarm sowie in einer Verkürzung des nach unten weiter werdenden und hier mit breiten Rüschen, Krausen, Girlanden oder Blumentuffs besetzten Rockes. Hauptsächlich aber trägt die in den zwanziger Jahren einsetzende Verlängerung der Taille und im Zusammenhang hiermit die Wiederaufnahme des Schnürleibs zur völligen Veränderung des Konturs bei. Zu Beginn des zweiten Viertels des 19. Jahrhunderts gleicht die modische Erscheinung der Frau etwa einer Sanduhr, deren oberer Teil kleiner ist als der untere. Die schlanke, geradlinig abschließende Taille umgibt ein fester Gürtel. Von dort setzt eine stetig zunehmende Verbreiterung des Umrisses nach beiden Seiten ein. Schräg aufsteigender, die Schultern mit einbeziehender Rüschenbesatz betont häufig diese Linie, die bei den durch steifes Futter aufgeblähten Ärmelansätzen endet. Gestärkte Unterröcke und Watteeinlagen in dem unten rund geschnittenen Rock bewirken hier den gleichen Kontur. Den runden Kleiderausschnitt, der sich beim Ballkleid bis über die Schultern erstreckt, bedeckt oft ein breiter, mit Volants besetzter Mull- oder Spitzenkragen. Auch die Fräse, die dicke Halsrüsche, behauptet sich noch, namentlich zum hochgeschlossenen Überrock, bis ans Ende des dritten Jahrzehnts. Die zweite Hälfte der zwanziger Jahre beschert der Frauentracht den Schinkenärmel oder auch manche à gigot (gigot frz. Hammelkeule) genannt. In ihm, dessen Form durch den Namen treffend gekennzeichnet ist, erreicht die Horizontaltendenz ihren Höhepunkt, nur sitzt die größte Breite jetzt nicht mehr auf der Schulter, sondern senkt sich auf den Oberarm herab. Nach einem Jahrzehnt verschwindet der Schinkenärmel wieder und es überwiegt von nun an ein glatter, enger Ärmel, neben den eine nach unten sich erweiternde Ärmelform tritt, der sog. Nonnenärmel, der um die Jahrhundertmitte zum manche en pagode wird. Aus beiden quillt, das Handgelenk eng umfassend, ein bauschiger weißer Unterärmel aus Tüll, Spitze oder duftigem, mit Rüschen besetztem Wäschestoff.

Mit dem Ärmelschnitt ändern sich auch Mieder und Rock des Kleides. Das Leibchen, unter dem wieder ein langes, in der Taille besonders fest geschnürtes Korsett sitzt, wandelt sich mit ihrer zunehmenden Verlängerung vom runden zum Schneppenleibchen. Es umspannt fest den Oberkörper, reicht hinten meist hoch hinauf und öffnet sich vorn zu einem viereckigen oder spitzen Ausschnitt, dessen Ränder Rüschen oder ein spitz zugeschnittener Kragen rahmen. Beim hohen Mieder bildet ein kleiner runder Leinenkragen den Halsabschluß. Das Ballkleid dagegen hält am breiten, die Schultern frei lassenden Ausschnitt fest, den ein etwa handbreiter Stoff- oder Spitzenbesatz, die sog. Berthe, umrandet. Der Kleiderrock gewinnt an Weite und Länge. Während er sich bisher nach oben verengte und nur hinten und an den Seiten einige Falten aufwies, ist er seit dem Ende der dreißiger Jahre gleich weit geschnitten und um die Taille in zahlreiche Falten gelegt. Diese Stofffülle sowie die daruntersitzenden gesteiften Unterröcke, oft fünf bis sechs an der Zahl, vermag die Schnürbrust, selbst mit dem gewölbten, hinten gepolstertem Rand, den sie inzwischen erhalten hat, nicht mehr zu tragen. Eine neue Rockstütze kommt auf, die Krinoline, ein aus Roßhaaren (crin frz. Roßhaar) geflochtenes, mit Fischbeinstäben und Reifen verstärktes Gestell, das zunächst nur bis zu den Knien reicht und in den fünfziger Jahren langsam bis an den Knöchel herabsteigt. Die zunehmende Weite des Rockes verdrängt den wulstigen Besatz. In schweren natürlichen Falten fällt er über die Krinoline herab, oft ist er auch von oben bis unten ringsherum mit Volants besetzt oder öffnet sich vorn und läßt im spitzen Ausschnitt zwischen den mit Rüschen, Borten, Spitzen oder dergleichen geschmückten Rändern einen gleichfalls zierlich ausgestatteten Unterrock sehen. Wie der Reifrock des 18. Jahrhunderts so ändert auch die Krinoline ihren

Kontur. Um die Jahrhundertmitte gibt sie dem Rock eine rundliche, glockenförmige Gestalt. Im folgenden Jahrzehnt gewinnt sie noch an Umfang, geht aber, indem sie die Schwellung über den Hüften aufgibt, langsam von der Glocken- in die Trichterform über, die etwa um 1860 erreicht ist. Der Rock, auf dem auch wieder Blumentuffs und leichte Dekorationen aus Krepp, Gaze oder Tüll sitzen, ist jetzt hinten etwas länger geschnitten; sein Umkreis erweitert sich hierdurch zum Oval. Gleichzeitig verliert die Krinoline, die nur noch aus einem Stahlgestell besteht, trotzdem aber den alten Namen weiterführt, vorn jede Wölbung, so daß der Rock hier senkrecht herabfällt. Gegen die Mitte der sechziger Jahre schwillt sie, nachdem sie um diese Zeit ihre größte Ausdehnung erlangt hat, wieder ab, und wie aus dem Reifrock des 18. Jahrhunderts der Cul de Paris so geht aus ihr die Tournüre hervor (frz. eigentlich Körperhaltung), ein hinten in den Kleiderrock eingearbeitetes Gefüge halbkreisförmig gebogener Reifen. Mit dieser verliert der Rock seinen schweren, großzügigen Faltenwurf. Volants, Rüschen, Fransen, Bänder, Schleifen bedecken seine Fläche, und ein Tunika genannter, in mannigfaltiger Weise geraffter Überwurf fällt über ihn herab und bauscht sich über der Tournüre in faltenreichen Drapierungen.

Das Leibchen gibt die lange Schneppentaille bereits in den fünfziger Jahren wieder auf. Langsam steigt sie höher, und als statt der Krinoline nur noch die Tournüre getragen wird, sitzt sie wieder an der selben Stelle wie etwa vier Jahrzehnte zuvor. Der Zuschnitt ändert sich kaum, nur das enge Schoßleibchen, das seit dem Aufkommen der Krinoline eine reizvolle Bereicherung des Kleides bildet, öffnet sich vorn, und darunter wird ein zweites westenartiges Leibchen oder eine gefältelte Chemisette sichtbar. Die Schöße runden sich an den Ecken ab und erhalten den gleichen Falbel- und Fransenbesatz wie Rock und Tunika, auf der sie aufliegen. Eine modische Neuerung der sechziger Jahre ist das sog. kurze Leibchen, das vorn nur bis zum Magen reicht. Darunter trägt man ebenfalls eine Chemisette, häufig auch noch einen breiten Schneppengürtel, der die Lücke bis zum Taillenabschluß ausfüllt. Die Herrschaft der Tournüre währt nicht lange, Schlankheit ist die Parole des achten Jahrzehnts. Glatt und straff umspannt das Kleid den Rumpf, die festgeschnürte schlanke Taille stark betonend. Erst unterhalb der Hüften sitzt jetzt die Garnierung des eng gehaltenen Rockes, dem, auch beim Straßenkleid, häufig eine Schleppe angeschnitten ist. Die Tunika wird aufgegeben, die großen Faltenbäusche verlieren sich, aber an Rüschen, Fransen, Borten und Schleifen hält man immer noch gern fest. Es ist der gleiche Geschmack, der auch in der Wohnungsausstattung der Zeit zum Ausdruck kommt, die Vorliebe für schwere, geraffte Vorhänge, mit Quasten besetzte Decken und Plüschmöbel sowie das ängstliche Vermeiden jeder geraden, schmucklosen Linie. Doch noch vermag die reine Körperform sich nicht endgültig durchzusetzen, man ist zu sehr an künstliche Modeformen, an eine Überbetonung der unteren Körperhälfte gewohnt gewesen, und so bescheren die achtziger Jahre der Frauentracht noch einmal den „französischen Steiß", der wie vor hundert Jahren Cul de Paris genannt wird. Im Grunde genommen bedeutet er nichts anderes als ein Höherhinaufrücken der Drapierung des jetzt ungarnierten Rockes, den man über ein darunter gebundenes Kissen herabfallen läßt. Am Ende des Jahrzehnts schwindet auch der Cul de Paris und das Kleid legt sich von jetzt an ohne künstliche Schwellungen und Bauschungen um den Körper. Seinen Zuschnitt im einzelnen zu schildern, würde zu weit führen, da der Tracht der folgenden Jahrzehnte der organische Ablauf eines vorherrschenden Formprinzips fehlt. Was ihr bei aller Vielfältigkeit und Sprunghaftigkeit doch einen gewissen einheitlichen Grundzug verleiht, ist die durch die feste Schnürung des Korsetts bedingte Umrißlinie, die in der Betonung der schlanken Taille gipfelt und bei allen modischen Veränderungen stets den Ausschlag gibt, ganz gleich ob der Rock wie zu Beginn der neunziger Jahre noch weit und faltig gehalten ist, ob er danach aus mehreren nach oben keilförmig sich verengenden Bahnen zusammengesetzt wird, so daß er über den Hüften eng am Körper anliegt, oder ob als weitere Konsequenz sich zu Beginn des zweiten Jahrzehnts des 20. Jahrhunderts hieraus der fußfreie auch unten enge „Humpelrock" ergibt. Es hat auch nicht viel zu sagen, daß die Ärmel bald eng, bald bauschig geschnitten sind und so die Schulterlinie schmal oder breit erscheint.

Dieses sind Wandlungen rein modischer Art, die sprunghaft auftreten und schnell wieder verschwinden, ehe sie sich recht entfalten konnten.

Als man um die Jahrhundertwende der Nachahmung historischer Stile sowie der mit billigen Mitteln erzielten, überladenen Pracht in der bildenden Kunst überdrüssig ist und die Forderung nach Materialgerechtigkeit und einem eigenen, der Zeit entsprechenden Stil laut wird, teilen sich diese künstlerischen Reformbestrebungen auch der Frauenmode mit, und aus dem Verlangen nach einer mehr den natürlichen Körperformen Rechnung tragenden Kleidung entsteht das taillenlose, glatte Reformkleid. Doch wie der neue „Jugendstil" nur von kurzer Dauer ist und seine Bedeutung nicht in den Formen liegt, die er hervorbringt, sondern in seiner bewußten Abkehr von dem Geschmack der vergangenen Jahrzehnte, so hält sich auch das Reformkleid nicht lange, ja es dringt noch nicht einmal allgemein durch. Erst der vereinfachten und naturgemäßeren Lebenshaltung der Nachkriegszeit bleibt es vorbehalten, die Tendenzen, die sich zu Beginn des 20. Jahrhunderts in Mode und Kultur anbahnen, in veränderter Form weiterzugestalten.

Bei einer zusammenfassenden Übersicht über den formalen Wandel des Frauenkleides im 19. Jahrhundert darf die Verselbständigung des Leibchens nicht unerwähnt bleiben, denn sie ist die Grundlage für die kombinierte Kleidung der folgenden Zeit. Bereits um die Mitte der vierziger Jahre taucht neben dem einheitlich gearbeiteten Kleid ein aus Rock und Bluse bestehender Anzug auf. Diese — sie führt noch nicht den Namen Bluse, sondern wird mit der jetzt auf das Leibchen oder Mieder angewandten Bezeichnung Taille benannt — unterscheidet sich vom Rock in Material und Farbe. Ihr Zuschnitt entspricht dem hochgeschlossenen Mieder. Sie ist zunächst nur eine vorübergehende Erscheinung, die bald wieder hinter dem vollständigen Kleid zurücktritt. Erst gegen Ende des Jahrhunderts erlangt sie allgemeine Verbreitung und bereichert die Tageskleidung, auf die sie im wesentlichen beschränkt bleibt, in doppelter Hinsicht um eine neue Note. Denn zu Rock und Bluse gesellt sich bald eine zum letzteren passende Jacke, die mit ihm zusammen das Kostüm bildet. Dieses bedeutet, zumal wenn es wie meist ohne jeden Schmuck und aus farbig unauffälligem Stoff gearbeitet ist, eine gewisse Annäherung an die Herrenmode, im Schnitt sowohl wie in der Vereinfachung und Vereinheitlichung des Anzuges, der allerdings durch die Ausstattung der Bluse noch mannigfaltig genug wirken kann.

Die Kostümjacke oder das Jackett, wie es im Hinblick auf seine formale Verwandtschaft mit dem männlichen Kleidungsstück genannt wird, ist das letzte Übergewand, das das ausgehende 19. Jahrhundert der Frauentracht beschert. Ihm voran geht eine ganze Anzahl schützender Hüllen, deren Zuschnitt sich dem jeweils vorherrschenden modischen Kontur anpaßt. Bis nach der Jahrhundertmitte behaupten sich noch die dem Kleid entsprechenden warmen Überröcke. Sie sind stets hoch geschlossen und an den Rändern, die vorn übereinandergeschlagen werden oder aneinanderstoßen, im Winter häufig mit Pelz verbrämt. Wie beim Kleid überwiegt bei ihnen zunächst die hohe Taille, die dann langsam tiefer rückt, bis der Überrock in den vierziger Jahren dem Krinolinenkleid gleicht. Im folgenden Jahrzehnt setzt eine Verkürzung bis etwa zu den Knien ein, die die völlige Übereinstimmung von Kleid und Überrock aufhebt. Die Idee einer Kombination von Mantel und Kleid ist aber zu verlockend, um nicht die Modeschöpfer hin und wieder von neuem anzuregen, und so taucht von Zeit zu Zeit in der Frauentracht immer einmal eine Körperhülle auf, die beides in sich vereinigt, als letztes das sog. Mantelkleid in den ersten Jahren nach dem Weltkrieg.

Das Zurücktreten des kleiderartigen Überrockes wird ausgeglichen durch eine Fülle neuer halb- bis dreiviertellanger Übergewandformen, die in den vierziger und fünfziger Jahren aufkommen, bedingt durch die Krinoline. Man nennt sie Kasackes, Paletots, Burnus oder gibt ihnen je nach ihren kleinen modischen Schwankungen noch andere, schnell wechselnde Namen. Nach dem Zuschnitt sind in der Hauptsache zwei Typen zu unterscheiden: anliegende, taillierte Jacken mit langen Ärmeln und lose, faltige, mantelähnliche Umhänge, gewöhnlich ärmellos oder mit weiten Scheinärmeln. Von den Jacken entspricht der Paletot am meisten dem gleichnamigen männlichen Kleidungsstück. Auch der Burnus, der ärmellose Kapuzenmantel, hat in der Herrenmode sein Gegenstück.

Zusammen mit der Krinoline, deren weitem Umkreis sich sowohl Jakken wie Umhänge anpassen, verschwindet ein großer Teil derselben wieder, dagegen bleibt der lange Mantel der Frauentracht das ganze Jahrhundert hindurch treu. Man trägt ihn mit und ohne Ärmel und während der Herrschaft des manche à gigot sogar mit Schlitzen in den bauschigen Keulenärmeln. Er hat bald einen kleinen, bald einen halblangen Schulterkragen. Der letzte verbleibt dem in gleicher Form auch der Herrenkleidung angehörenden wasserdichten Wetter- und Reisemantel, dem Waterproof (engl. wasserdicht), der neben Kasackes und Burnussen getragen wird und sich in dieser Form bis an den Anfang des 20. Jahrhunderts behauptet. Den modischen Wandel des Mantels seit dem letzten Viertel des 19. Jahrhunderts zu beschreiben, würde die Übersicht verunklären. Es sind in schnellem Wechsel neben- und nacheinander alle möglichen Formen zu finden, eng und weit, tailliert und lose, mit und ohne Kragen. Der Spenzer, die modische Neuheit des frühen 19. Jahrhunderts, wird in den zwanziger Jahren bereits wieder aufgegeben, nachdem er noch die beginnende Verkürzung der Taille mitgemacht hat. Am Schal aber hält man noch lange fest, da er eine angenehme Ergänzung des Kleides bildet. Er verbreitert sich um die Jahrhundertmitte zum Longschal, einem großen Tuch, das, dreieckig zusammengefaltet, den Körper fast bis zu den Knien einhüllt. Am Ende des dritten Jahrzehnts gesellt sich zu ihm ein breiter Schulterkragen aus Pelz oder zartem Stoff, mit Rüschen- und Volantbesatz, der vorn in zwei lange, zungenförmige Enden ausläuft. Auch dieser nimmt an Umfang zu und wird in wenigen Jahren zur Mantille, die später in den ärmellosen Umhängen aufgeht.

Die Unterkleidung der Frau wird im 19. Jahrhundert um manches Stück bereichert. Die Zahl der Unterröcke vermehrt sich, und selbst als die Krinoline es nicht mehr erforderlich macht, trägt man noch jahrzehntelang den sog. Anstandsrock, einen gefütterten oder wattierten Unterrock. Die Hose ist eine Folgeerscheinung der Chemisentracht, denn wenn sie auch seit dem Mittelalter, wo sie der männlichen „bruoch" entspricht, nicht unbekannt ist, verschwindet sie doch immer wieder, um erst seit dem 19. Jahrhundert zu einem dauernden Bestandteil der weiblichen Kleidung zu werden. Da die Hosenbeine gewöhnlich bis über die Waden reichen und erst am Ende des 19. Jahrhunderts an Länge abnehmen, sehen sie unter dem kürzer gehaltenen Kinderkleid meist vor und werden hier ganz bewußt in die modische Gesamterscheinung mit einbezogen.

Der flache, ausgeschnittene Schuh aus Leder, Seide oder Baumwolle bleibt bis an die dreißiger Jahre die vorherrschende Fußbekleidung. Als Ballschuh mit kreuzweis gebundenen Knöchelbändern hält er sich sogar noch ein weiteres Jahrzehnt. Dann überwiegen auch hier die inzwischen aufgekommenen Stiefeletten. Man kennt diese bereits seit dem ersten Viertel des 19. Jahrhunderts, wo Zeugstiefelchen (d. h. aus Stoff gearbeitete) mit seitlicher Schnürung und Lederbesatz an den Spitzen bei schlechtem Wetter die absatzlosen flachen Schuhe ersetzen. Die Schnürung rückt bald von der Seite in die Mitte, tritt auch vorübergehend hinter einem Gummizugstiefel zurück, der um 1860 als Parallele zur gleichzeitigen Herrenmode bevorzugt wird. In den letzten Jahrzehnten stehen hohe Lederknöpfstiefel im Vordergrund. Daneben schwindet der Schuh nicht gänzlich aus der Mode. Er verliert die weit ausgeschnittene Form, steigt bis zum Knöchel herauf und bekommt wieder einen Absatz, der beständig an Höhe zunimmt.

Die Frisur paßt sich dem Wandel des modischen Umrisses an, den sie gewissermaßen wiederholt. Der Knoten, der bereits am Ende des ersten Jahrzehnts vom Hinterkopf langsam auf den Scheitel rückt, wird auf mannigfaltige Art aufgesteckt. Flechten wechseln mit glatten Haarsträhnen und thronen bald fächerförmig, bald in einer Spirale angeordnet auf dem glatten Mittelscheitel, bei der Ballfrisur noch um Blumen- und Schleifenschmuck vermehrt. Gleichzeitig ballen die losen Schläfenlöckchen sich zu festen Lockentuffs zusammen und um 1830 etwa ist die Frisur erreicht, die mit ihrem hohen, von einem Kamm gestützten Scheitelknoten und den rundlichen Puffen über den Schläfen dem Kleid mit der engen Taille und den weiten Schinkenärmeln genau entspricht. Wie dann hier die Breite sich von der Schulter auf den Unterarm herabzieht und in der Krinoline ihre Fortsetzung findet, so wird auch die

Frisur in den vierziger Jahren niedriger. Der glatte Mittelscheitel bleibt, aber die Flechten legen sich über die Ohren oder als Nest um den Hinterkopf und die Schläfenpuffen lösen sich in korkenzieherartige Hängelocken auf, die das Gesicht kleidsam rahmen. Diese Locken bleiben die bevorzugte Ballfrisur, die jetzt nur noch einige herabhängende Blütendolden schmücken. Als gegen die sechziger Jahre der Umriß der Krinoline sich zum Oval verlängert und die faltigen Umhänge mit ihr zu einer schrägen Rückenlinie verschmelzen, zieht sich auch die ganze Masse des vorn wieder in die Höhe gekämmten Haares auf den Hinterkopf zurück, wo man es zu Rollen dreht, als Locken herabfallen läßt oder in einem Netz auffängt, eine Mode, die um die Mitte des siebenten Jahrzehnts zur Wiederaufnahme des Chignons aus falschem Haar führt. Dann hört wie im Kleiderschnitt auch bei der Haartracht der organische Verlauf einer Frisur auf. Die Mode schwankt in den folgenden beiden Jahrzehnten zwischen längerem und kürzerem Chignon, frei herabhängenden Locken und einer breiten Stehflechte über dem Scheitel. Gleichzeitig wird das Haar über der Stirn etwas gepufft, gebrannte Stirnlöckchen kommen hinzu und in den neunziger Jahren bildet ein aufrechter kleiner Scheitelknoten darüber den Abschluß. Nach der Jahrhundertwende wird die Frisur wieder umfangreicher und komplizierter, man toupiert häufig das meist gescheitelte Haar und steckt es am Hinterkopf auf verschiedene Art, oft um künstliche Flechten oder Locken bereichert, auf. Die Frisuren wechseln hier schnell und die Unterschiede sind zu geringfügig, um im einzelnen beschrieben zu werden. Einen völligen Umschwung bringt erst der in den zwanziger Jahren des 20. Jahrhunderts aufkommende kurze Haarschnitt, der Bubenkopf, dessen noch nicht abgeschlossene Entwicklung bereits wieder einen bestimmten, zuerst ab-, dann wieder anschwellenden Verlauf erkennen läßt.

Die Kopfbedeckungen entwickeln die Formen des frühen 19. Jahrhunderts weiter, vor allem die Kapote oder Kiepe, die erst mit der Krinoline schwindet. Zuerst trennt man sich vom Turban, von den Toques und Baretts sowie von den zylindrischen Hüten mit hohem Federtuff, die allesamt nach dem dritten Jahrzehnt nicht mehr anzutreffen sind. Die Haube, die zuletzt eng den

Kopf umschloß, wächst mit der Frisur. Bald aber schrumpft ihr bauschiger Kopfteil wieder zusammen, die das Gesicht rahmende, gesteifte Rüsche wird breiter und, um den Schläfenpuffen Platz zu machen, häufig hochgebogen und mit Schleifen am Kopf festgehalten. Dann folgt eine so weitgehende Übereinstimmung mit der Kapote, die wiederum oft haubenartig wirkt, daß ein Unterschied zwischen Haube und Hut kaum noch aufrechtzuerhalten ist. Sie lebt in den Volkstrachten weiter, deren Reiz und Mannigfaltigkeit zum nicht geringen Teil auf ihr beruhen. Die Modetracht kennt als letzten Rest der Haube in der zweiten Hälfte des 19. Jahrhunderts nur noch einen kleinen, mit Schleifen geschmückten Spitzentuff auf dem Scheitel, der zuletzt allein noch von alten Damen getragen wird, und außerdem wie im 18. Jahrhundert das von Spitzen umrandete Negligéhäubchen. Der Kiepenhut behält die sich verbreiternde, gewölbte, waagerecht oder schräg ansteigende Krempe bei, die in bald kleinerem, bald größerem Umkreis den Kopf umgibt. Der Scheitelknoten verlangt nach einem genügend hohen Kopfteil, bei dem in den zwanziger und dreißiger Jahren die schräggestellte, zylindrische Form überwiegt. Den Schmuck des aus Stroh oder Bast mit Stoffbezug bestehenden Hutes bilden aufrechtstehende Federn, Blumen, Bandschluppen und häufig halten ihn auch noch breite, verschleifte Kinnbänder auf dem Kopf fest. Die Kapote wird im fünften Jahrzehnt zum eng anliegenden, unter dem Kinn gebundenen Backenhut mit wagerechtem, von der Krempe kaum merklich abgesetztem Kopf. Die Haube, die bisher oft darunter saß, ersetzt Spitzenrüschenbesatz um den inneren Krempenrand, auf den der Blumenschmuck sich jetzt in der Hauptsache beschränkt. Der Kopfteil besteht gewöhnlich aus gebauschtem, gereihtem oder gefälteltem Stoff und wird mit einer Schnur im Nacken zusammengezogen, nach der der Hut auch den Namen Zughut führt. Im Verlauf der fünfziger Jahre schrumpft die Kapote noch mehr zusammen und läßt, indem die schmaler gewordene Krempe aufgebogen wird, den Scheitel zur Hälfte unbedeckt. Gleichzeitig erhält der leicht gewölbte Kopfteil einen faltigen Nackenschirm, den sog. Bart, oder löst sich in eine lose herabhängende Stoffmasse auf, die höchstens ein Band zusammenhält. In dieser Form, doch mit breiter, schützender Krempe geht der Kiepenhut in die Volkstracht über, wo er im deutschen Küstengebiet als „Helgoländer" bei der Feldarbeit noch bis ins 20. Jahrhundert getragen wird. In der Modetracht bedeutet das Aufkommen der den ganzen Hinterkopf einnehmenden Chignonfrisur in der zweiten Hälfte des siebenten Jahrzehnts zugleich das Ende der Kapote. Wenn die Bezeichnung Kapothut für einen kleinen krempenlosen Hut mit Kinnbändern, der hauptsächlich den neunziger Jahren angehört und danach zur typischen Kopfbedeckung alter Damen wird, weiterlebt, so erinnern eigentlich nur noch die Bänder an die Kiepe oder Kapote. In den letzten drei Jahrzehnten des 19. Jahrhunderts überwiegen kleine, schräg in die Stirn gesetzte oder auf der toupierten Frisur thronende Kopfbedeckungen von so verschiedener, bisweilen ganz unakzentuierter und schwer bestimmbarer Gestalt, daß eine Schilderung derselben sich erübrigt. Ihr Schmuck ist reich und wirkt oft überladen. Die neunziger Jahre bringen wieder größere ovale und runde Formen, aus denen zu Beginn des zweiten Jahrzehnts des folgenden Jahrhunderts die mit Pleureusen (geknüpften Straußenfedern) geschmückten „Wagenräder" hervorgehen, die neben dem kleinen, einfachen, weniger durch seine Form als durch seine schlichte Ausstattung gekennzeichneten Trotteur (frz. Laufhut, eigentlich Traber von trotter laufen, traben) das modische Charakteristikum der letzten Vorkriegsjahre bilden. Doch auch dem ganzen 19. Jahrhundert sind große Hutformen neben der Kapote nicht unbekannt. Im dritten und vierten Jahrzehnt taucht wieder wie bereits im letzten Viertel des 18. Jahrhunderts ein breitkrempiger, runder Hut auf, der als sog. Florentiner (weil aus italienischem Stroh geflochten) mit elastischer, biegsamer Krempe die Krinolinenmode überdauert. Eine modische Bereicherung ist der Schleier, der als lose herabhängender, oft nur halblanger Gesichtsschleier getragen wird, häufig aber sich auch nur um den Kopf schmiegt, um dann bei Bedarf über den Hut gebunden zu werden. Mindestens ebenso wichtig wie sein praktischer Zweck, gegen Sonne, Kälte oder Wind zu schützen, ist die willkommene Gelegenheit, die er bietet, den Zauber eines reizvollen Gesichtes noch verlockender erscheinen zu lassen.

Eine ähnliche Doppelbedeutung kommt dem Schirm zu, der als Sonnen- und Regenschirm ein fast ständiger Begleiter der elegant gekleideten Dame ist. Besonders der Sonnenschirm ist zierlich ausgestattet und mit Volants, Rüschen oder Spitzen geschmückt. Seine Größe wechselt. Eine modische Neuerung der zwanziger Jahre ist der Knicker, der kleine Sonnenschirm mit verstellbarem Stock, der sich bis ins dritte Viertel des 19. Jahrhunderts hält. Unter den dann folgenden Schirmen kehrt auch die Form des ausgehenden 18. Jahrhunderts wieder, wo am oberen Ende eines langen dünnen Stockes ein kleiner, nach unten sich öffnender Schirm sitzt. Der Muff paßt sich im allgemeinen dem modischen Kontur an; zur schlanken Linie des späten 19. Jahrhunderts gehören kleine runde Muffen, den breitkrempigen Hüten der Vorkriegszeit entsprechen wieder weitausladende Formen. Fächer, Handtaschen und Strickbeutel, Pompadours genannt, die außer Taschentuch, Geldbörse und den notwendigen Toilettegegenständen auch eine Handarbeit aufnehmen können, bilden neben Handschuhen verschiedener Länge das weitere modische Zubehör der Dame. Der Fächer schwindet erst am Ende des 19. Jahrhunderts aus dem täglichen Gebrauch und beschränkt sich auf Ballsaal und Theater. Auch die Tragweise der Taschenuhr ist einem modischen Wandel unterworfen. In den zwanziger Jahren hängt die Uhr gewöhnlich an einem Kettchen um den Hals. Als der Kleiderausschnitt sich verkleinert und das enge, vorn geschlossene Mieder wieder aufkommt, wird das Kettchen mit der Uhr an diesem befestigt. Dann wandert es bis zum Gürtel herab und schließlich wird aus der kurzen Châtelaine (frz. Gürtelkette, eigentlich Schloßfrau) eine lange, um den Hals oder die Taille geschlungene Uhrkette. Im 20. Jahrhundert bevorzugt auch die Dame die Armbanduhr. Beim übrigen Schmuck wechselt nur die Form und vielfach auch das Material. Fingerringe, Armbänder, Halsketten, Broschen und Ohrgehänge sind nach wie vor beliebt. Doch während alle diese Schmuckstücke vordem im wesentlichen auf die besitzenden Klassen beschränkt blieben, werden sie im Laufe des 19. Jahrhunderts dank einer rührigen Industrie, die sie billig und wirkungsvoll herzustellen versteht, zum modischen Allgemeingut aller Kreise.

## Schluß

### Der allgemeine Charakter der Mode nach dem Weltkriege

Die Zeit nach dem Weltkrieg leitet auch in der Kostümgeschichte einen neuen Abschnitt ein, dessen Ablauf noch nicht abgeschlossen ist. Die formalen Gegensätze zu den vergangenen Jahrzehnten sind zwar nicht sehr groß aber immerhin deutlich genug, um den veränderten Geist, der aus der Mode spricht, klar erkennen zu lassen. Im großen und ganzen wird die Entwicklung, die im 19. Jahrhundert beginnt, weitergeführt: Die Herrenmode erweist sich als konstant, während die Damenmode in immer schnellerem Tempo sich verändert. Es gibt seit der Krinolinentracht und ihrem Ausklingen in die Tournüre keine Mode mehr, bei der ein formales Prinzip sich konsequent entfaltet, stets nur kleinere oder größere modische Schwankungen, reizvoll in ihrer Wirkung und abwechslungsreich genug, um ein Kleidungsstück nach verhältnismäßig kurzer Zeit als unmodern erscheinen zu lassen. Daß hierbei Gegensätze aufeinanderprallen, steht nicht im Widerspruch zum eben Gesagten, da es ja nie zur allseitigen Durchbildung einer formalen Tendenz kommt. In rascher Folge wechseln z. B. hochköpfige Hüte mit flachen Kopfbedeckungen. Bald sind Stirn und Augen unter der Krempe verborgen, bald sitzt nur ein etwa handflächengroßes Mützchen keck auf den Locken. Im Kleiderschnitt ist es nicht anders, auf kurz und eng folgt lang und weit. Der neue Grundzug, der nach dem Weltkrieg am Männer- und Frauenkostüm zutage tritt, liegt nicht in der modischen Form und ihrem schnellen Wandel, er zeigt sich in erster Linie in einem Streben nach Zweckmäßigkeit und größerer Bequemlichkeit. Einengender Zwang wird nach Möglichkeit vermieden, die Mode wird im ganzen lockerer, beweglicher. Man paßt die Kleidung viel mehr den verschiedenen Beschäftigungen und Situationen des täglichen Lebens an als bisher. Der Grund hierzu ist einerseits in der durch den Krieg und seine politischen Folgen bedingten Lockerung der Lebensformen zu suchen. Wie nach der französischen Revolution die Standesunterschiede verblassen, so findet jetzt ein sozialer Ausgleich unter den an ihre Stelle getretenen Gesellschaftsschichten statt, der die gesellschaftlichen Bindungen, von denen auch die Tracht abhängig ist, ungezwungener gestaltet. Wichtiger noch als dieser ist die Entwicklung des Sports und die beherrschende Rolle, die er seit der Nachkriegszeit im Leben des einzelnen Menschen wie der Völker einnimmt. Er hat nicht nur die Entstehung einer hygienisch einwandfreien und den einzelnen Sportarten genau angepaßten Sportkleidung zur Folge, deren bescheidene Anfänge in die Jahrzehnte vor dem Kriege zurückreichen, er beeinflußt auch, da durch ihn das ganze Leben, dessen täglicher Ablauf, der Verkehr von Mensch zu Mensch auf eine freiere und natürlichere Basis gestellt wird, die Mode in der angedeuteten Richtung. Die Sportkleidung im einzelnen zu schildern, ist hier nicht der Ort. Es genügt anzudeuten, daß sie selbständig neben der Tagesmode einhergeht, nur den verschiedenen sportlichen Bedürfnissen dienend, und doch nicht unabhängig ist vom Wandel der Mode, während sie sich in den Anfangszeiten sportlicher Betätigung vom Modekostüm kaum unterscheidet und vollkommen ungeeignet ist zur freien Entfaltung aller körperlichen Kräfte. Auch läßt sich, den modischen Ablauf überblickend, feststellen, daß es vornehmlich der Sport ist, der die Tracht der jüngsten Vergangenheit und Gegenwart um neue Kleidungsstücke bereichert hat, von denen manche in den täglichen Gebrauch übergegangen sind und zum Teil infolge ihrer mannigfachen, ausschließlich modischen Veränderungen als reine Mode angesehen werden. Zu diesen gehört in erster Linie der Pullover, der wandlungsfähige Nachfolger des Sweater, und in seinem Gefolge wiederum, zwar nicht neu aber einen größeren Raum einnehmend und sportlicher gestaltet, Strickjacken und Strickwesten, die, entsprechend der gemeinsamen sportlichen Betätigung, von beiden Geschlechtern getragen werden, nur durch geringe formale Abweichungen und schmückende Zutaten unterschieden. Die männliche Jugend geht gern in Knickerbockers, dem verkürzten, der Pumphose angeglichenen Sportbeinkleid. Die Baskenmütze ist über den Sport in die Mode eingedrungen und so manches andere Kleidungsstück, das mit ihm an sich nichts zu tun hat, ist in seinem modischen Wandel sportlich beeinflußt. Der kurze Haarschnitt der Frau gehört ebenfalls in diesen Zusammenhang. Der Sport hat auch ein neues Körperideal geschaffen und bringt es in der Mode entsprechend zum Ausdruck: den schlanken, durchtrainierten, elastischen und gelenkigen Körper, ohne starken Fettansatz und ohne rundliche Konturen.

Wie die Sportkleidung so paßt sich auch die Mode der letzten Jahrzehnte den Forderungen der Hygiene mehr an und beseitigt manche Unbequemlichkeiten, die die Funktionen des Körpers beeinträchtigen oder seinem Bau zuwider sind. Die Jägerwäsche und das Reformkleid sind schnell überwundene Etappen auf diesem Wege, während der sog. Schillerkragen zwar nicht zur Mode wird, aber in die Sportkleidung Eingang findet. Das Resultat ist eine Umgestaltung der Unterkleidung nach hygienischen Gesichtspunkten ohne Verzicht auf formal reizvolle Ausstattung. In der Herrenkleidung bleibt der steife Stehkragen und die steife Hemdbrust auf den Gesellschaftsanzug beschränkt. In der Tageskleidung kommt der halbhohe, weiche Hemdkragen auf und das weiche, farbige Hemd, das den Mann im Sommer vom Zwang der Weste befreit seitdem ein Gürtel um die Hose auch die Hosenträger überflüssig macht. In der Frauentracht fällt das Korsett. An seine Stelle treten elastische Körperstützen verschiedenen Formats, die ihm Festigkeit verleihen, ohne ihn einzuengen.

Sport und Hygiene sind nicht die einzigen Faktoren, die die Kleidung der Frau in der Nachkriegszeit entscheidend beeinflussen. Auch die veränderte Stellung, die sie seit dem ausgehenden 19. Jahrhundert im sozialen und wirtschaftlichen Leben einnimmt, spiegelt sich erst jetzt darin wider. Sie ist nach dem Kriege ohne gesellschaftliche Einschränkungen und Unterschiede ebenso in das Berufsleben eingeschaltet wie der Mann, folglich muß ihre Kleidung in erster Linie den praktischen Bedürfnissen des Tages genügen. Sie darf sie nicht durch Überladung mit Putz, schleppende Länge oder übermäßige Weite bei der Ausübung ihres Berufes hindern noch ihr gar im gesteigerten Verkehr der Großstädte, deren Lebensbedingungen die Mode schaffen, gefährlich werden. Künstliche Modeformen wie der Reifrock verbieten sich von selbst. Gewiß ist dieser in der Hauptsache Festtracht und Mode eines bevorzugten Standes gewesen; in der Kleidung der arbeitenden Kreise trat an seine Stelle nur ein bescheidenes Hüftpolster, und die um etwa hundert Jahre jüngere Krinoline, die schon in das Zeitalter beginnenden Eisenbahnverkehrs fällt, umgab die Frau auch nicht auf Schritt und Tritt. Doch selbst mit Einschränkungen wären sie heute kaum möglich, da sie den Lebensformen der Zeit widersprechen. Nach verschiedenen Schwankungen, in denen der Charakter der Nachkriegszeit übertrieben zum Ausdruck kommt, wie in der kurzen Hemdkittelmode der zweiten Hälfte der zwanziger Jahre, gelangt die Frauentracht zu einer formalen Zweiteilung: Die Tageskleidung ist schlicht, praktisch, ganz den Forderungen des Tages angepaßt, ohne nüchtern oder schmucklos zu sein, die festlichen Zwecken dienende Abendkleidung länger, reicher und in ihrem Schnitt nicht von praktischen Bedürfnissen bestimmt, so wie der Abend und seine Unterhaltungen Entspannung bringen und Erholung nach intensiver Arbeit.

Diese kurzen Andeutungen mögen genügen, die Grundzüge der gegenwärtigen Mode aufzuzeigen. Auch sie ist abhängig von wesentlichen sozialen und kulturellen Faktoren ihrer Zeit. Ob die gleichen sie auch weiterhin beeinflussen werden, steht der Zukunft anheim, ebenso die Frage, ob und wann der Wirbel modischer Veränderungen sich wieder zum organischen Ablauf eines Formprinzips klären wird, das der entsprechende Ausdruck ist einer kulturell in sich gefestigten, künstlerisch schöpferischen Zeit.

# Verzeichnis der im Text erwähnten Kostümbezeichnungen

| | | | |
|---|---|---|---|
| Abkürzungen: | engl. = englisch | mhd. = mittelhochdeutsch |
| | frz. = französisch | mlat. = mittellateinisch |
| | ital. = italienisch | nd. = niederdeutsch |
| | lat. = lateinisch | span. = spanisch. |
| | MA. = Mittelalter | |

Alamodisch, à la mode, frz. modisch, nach der Mode. In der ersten Hälfte des 17. Jahrhunderts Bezeichnung für übertrieben modische Kleidung S. 108, 109.

Allonge- oder Staatsperücke (allonge frz. Verlängerung), die im späten 17. und frühen 18. Jahrhundert getragene lange Lockenperücke der Männer S. 127, 133, 151, 152, 164.

Almosentasche, frz. aumonière, trapezförmige Tasche mit abgerundeten Ecken, im MA. von Männern und Frauen am Gürtel getragen S. 28, 45, 63.

Altfränkisch ursprünglich soviel wie nach Art der Franken, d. h. nach althergebrachter Sitte, nach Väter Art. Im 15. Jahrhundert bereits im einschränkenden geringschätzigen Sinn gebraucht für veraltet S. 18, 19, 110.

Adrienne frz. entspricht der Contouche s. d.

Bärentatzen entsprechen den Kuhmäulern s. d.

Baigneuse frz. von baigner baden, Haube, entspricht der Dormeuse s. d.

Bandelier, frz. baudier, eigentlich Wehrgehänge. Im 17. Jahrhundert das schräg über den Oberkörper gehängte Degentragband S. 116, 134.

Barbe frz. Bart. Gesicht und Hals rahmender Spitzenkopfschmuck der weiblichen Tracht im 18. und 19. Jahrhundert S. 162.

Barett (Barret, Biret, Bret) von Männern und Frauen getragene Kopfbedeckung der ersten Hälfte des 16. Jahrhunderts. Kommt am Ende des 15. Jahrhunderts auf und lebt als Amtstracht für Professoren, Geistliche, Richter, Bürgermeister und in der studentischen Gala bis heute fort S. 67, 81, 82, 86, 97, 104, 106, 181.

Bart, Barttracht S. 2, 10, 21, 33, 48, 58, 67, 82, 97, 116, 133, 134, 152, 154, 173, 195, 196.

Baskenmütze die der baskischen Nationaltracht entsprechende krempenlose Filzmütze. Modische sportliche Kopfbedeckung seit den zwanziger Jahren des 20. Jahrhunderts S. 211.

Batwât, mhd., gepolsterte Mütze unter der Halsbrünne S. 37.

Beckenhaube, mhd. beckenhûbe, flacher, halbkugeliger Helm der Ritterrüstung des hohen MA. S. 37.

Beinling, mhd. beinlinc. Im MA. strumpfähnliche Fuß- und Beinbekleidung für Männer. Wächst im 15. Jahrhundert zur Hose zusammen S. 30/31, 37, 46, 47, 57, 65, 79, 122.

Berthe frz. kragenförmiger Besatz um den breiten Ausschnitt des Frauenkleides im zweiten und dritten Viertel des 19. Jahrhunderts S. 198.

Beutelperücke Perücke mit Haarbeutel s. d.

Blankscheit vom frz. planchette Brettchen, der vordere Holz-, Fischbein- oder Stahlstab im Frauenmieder oder Schnürleib seit der zweiten Hälfte des 16. Jahrhunderts S. 100, 106, 119, 136.

Bluse, vom frz. blouse, die seit dem späten 19. Jahrhundert zum Kleiderrock getragene, lose sitzende Oberkörperbekleidung der Frau S. 201/202.

Bourguignon, frz. Burgunder, am Ende des 15. Jahrhunderts aufkommende, dem Kopf angepaßte Helmform S. 89.

Braguette, frz. brayette Schamkapsel, beutel- oder kapselförmiger Latz der Männerhose in der zweiten Hälfte des 15. und im 16. Jahrhundert S. 65/66, 80, 89, 96, 113.

Brandebourg, frz. Brandenburger, untaillierter Männermantel in den letzten Jahrzehnten des 17. und im frühen 18. Jahrhundert mit Litzenbesatz an Knöpfen und Knopflöchern, auf den die Bezeichnung Brandebourgs dann übergeht S. 131, 149.

Brâzel, mhd. Armschiene zur Verstärkung des Kettenpanzers im hohen MA. S. 50.

Bruche, mhd. bruoch, kurze Oberschenkelhose für Männer im frühen und hohen MA. Auch von Frauen getragen S. 30, 47, 103, 203.

Brünne, mhd. auch brünje entspricht der Halsberge s. d.

Brustfleck, Brustlatz seit dem späten 15. Jahrhundert ein den tiefen Ausschnitt des Frauenmieders ausfüllender Latz. Am Ende des 15. Jahrhunderts auch unter dem Männerwams getragen S. 64, 68.

Brusttuch entspricht am Ende des 15. und im 16. Jahrhundert dem Brustfleck S. 64.

Bubenkopf der in den zwanziger Jahren des 20. Jahrhunderts aufkommende kurze Haarschnitt der Frau S. 205.

Bundschuh altgermanische, von der Landbevölkerung bis ins 16. und 17. Jahrhundert beibehaltene Fußbekleidung mit Riemenverschnürung S. 2, 9, 12, 20.

Burgunderhelm = Bourguignon s. d.

Burgundische Haube = Hennin s. d.

Burnus dem gleichnamigen Umhang der nordafrikanischen Araber nachgebildeter, weiter Kapuzenmantel, um die Mitte des 19. Jahrhunderts von Männern und Frauen getragen S. 202, 203.

Faveur, frz. Gunstbezeigung. Im 17. Jahrhundert Bezeichnung für die über das Kleid verstreuten oder um den Männerzopf (cadenette) gebundenen Schleifen S. 115, 121.

Favoris frz. schmale, die Wangen rahmende Bartstreifen, Modetracht in der ersten Hälfte des 19. Jahrhunderts S. 173, 195, 196.

Fibel lat. fibula, Bügelnadel zum Festhalten des Gewandes auf Schulter oder Brust. Bei den Völkern des Altertums und bei den Germanen in Gebrauch S. 2, 8, 11, 20.

Fichu, frz. dreizipfliges, den Miederausschnitt verhüllendes Hals- oder Brusttuch, Modetracht in den letzten beiden Jahrzehnten des 18. und der ersten Hälfte des 19. Jahrhunderts S. 150, 159, 176, 178.

Florentiner, breitkrempiger Strohhut mit biegsamer Krempe in der Frauentracht des 19. Jahrhunderts S. 207.

Flügelärmel, lange, streifenförmige, an den Schultern beginnende Ärmelanhänge der weiblichen Festtracht des 16. Jahrhunderts S. 85, 102, 156.

Flügelhaube, aus der Schneppenhaube der zweiten Hälfte des 16. Jahrhunderts entstandene Frauenhaube mit flügelartigen seitlichen Ansätzen; lebt in städtischen Trachten weiter. Auch die Dormeuse des 18. Jahrhunderts wird häufig Flügelhaube genannt S. 104.

Folette, frz. kleines, dreieckig gefaltetes Brusttuch über dem Frauenmieder des 18. Jahrhunderts S. 159.

Fontange, frz. der fächer- oder trapezförmig aufsteigende Frauenkopfputz in den letzten beiden Jahrzehnten des 17. und den ersten beiden Jahrzehnten des 18. Jahrhunderts S. 127, 138, 139, 155, 160.

Frac à l'anglaise, frz. Männerrock der zweiten Hälfte des 18. Jahrhunderts mit Umlegekragen, Aufschlägen und eckigen Schößen S. 171, 189.

Frac à la française, frz. Männerrock der zweiten Hälfte des 18. Jahrhunderts mit Stehkragen und abgerundeten Schößen. Verbleibt im 19. Jahrhundert der höfischen Gala S. 146, 165, 170, 171, 189.

Frack vom engl. frock Rock, Kittel, Männerrock seit der zweiten Hälfte des 18. Jahrhunderts mit Umlegekragen, Aufschlägen und gestutzten Schößen. Seit der Mitte des 19. Jahrhunderts Hauptstück der festlichen Kleidung S. 145, 146/147, 164, 166, 189/190.

Frackjackett s. Smoking.

Fräse, frz. fraise Halskrause, weibliche Modetracht in den ersten Jahrzehnten des 19. Jahrhunderts S. 178, 197.

Fürspan s. vürspan.

Fürtuch seit Ende des 15. Jahrhunderts Bezeichnung für Schürze. Am gebräuchlichsten in der Schriftsprache des 17. Jahrhunderts S. 123.

Full dreß, engl. voller Anzug, soviel wie große Gesellschaftskleidung. Der Ausdruck seit dem Ende des 18. Jahrhunderts in Deutschland in Gebrauch S. 159/160.

Gamasche, Kamasche, vom Knie bis zum Knöchel reichende Unterschenkelbekleidung über dem Strumpf. Im 18. Jahrhundert vor allem Teil der Uniform S. 114, 150, 154.

Gansbauch, Gänsebauch, der über dem Leib mit einer scharfen Spitze endigende Plattenharnisch der zweiten Hälfte des 16. Jahrhunderts. Das ihm entsprechende ausgestopfte Wams hauptsächlich französisch-niederländische Mode S. 95.

Gebende, mhd. Frauentracht des hohen MA., besteht aus Kinn- und Wangenbinde und gesteiftem Stirnreif darüber S. 22, 34/35, 49.

Gefrens, Gefrenns, fransenartiger Frauenkopfputz der zweiten Hälfte des 15. Jahrhunderts, am Hinterkopf zwischen den um den Kopf gelegten Zöpfen S. 71.

Gehpelz, untaillierter, mit Pelz gefütterter Männermantel, Mode seit dem letzten Drittel des 19. Jahrhunderts S. 191.

Gehrock, Männerrock seit dem 19. Jahrhundert mit Umlegekragen, Aufschlägen, geradem Schoßteil und zwei Knopfreihen. Seit den letzten Jahrzehnten des 19. Jahrhunderts feierlichen und ernsten Gelegenheiten vorbehalten S. 171, 187/188.

Gêren mhd. Keile, durch die Rock und Kleid im hohen Mittelalter erweitert werden S. 27.

Gestaltrock, entspricht der Harzkappe s. d.

Gilet frz. die in den letzten Jahrzehnten des 18. Jahrhunderts aufkommende, geradlinige Weste S. 147, 148, 158 (Frau), 159 (desgl.), 170, 171, 192.

Glocke 1. Mantel: im MA. runder Umhang mit Kopfloch, einfachste, von Männern getragene Mantelform S. 30.
2. steifer Herrenhut aus Filz mit gewölbtem Kopf, seit der zweiten Hälfte des 19. Jahrhunderts getragen S. 195.

Golilla span., der der spanischen Mode angehörende, tellerartige, gesteifte Leinenkragen der männlichen Tracht der ersten Hälfte des 17. Jahrhunderts S. 113.

Goller, Schulterkragen oder kurzes, ärmelloses Jäckchen der Frauentracht des ausgehenden 15. und im 16. Jahrhundert S. 84, 102, 103. Gleichzeitig Überwams der männlichen Tracht S. 95 (s. Koller).

Gorge de Venus, gorge postiche, frz. „falscher Busen", in der Frauentracht des späten 18. Jahrhunderts die durch Sprungfedern und Polster (carcasses, trompeuses) verursachte Aufblähung der Folette oder des Fichus S. 159.

Gorgen vom frz. gorge Hals, Busen, faltige, den Ausschnitt des Frauenkleides füllende Einsätze im ausgehenden 18. und frühen 19. Jahrhundert S. 176.

Grande Parure, frz. großer Putz, soviel wie großes Gesellschaftskleid, vor allem in der Frauentracht der zweiten Hälfte des 18. Jahrhunderts die höfische Gala mit großem Reifrock S. 159.

Große Kappe, kugelige Frauenpelzkappe süddeutscher Städtetrachten des 17. Jahrhunderts S. 123.

Jackett, frz. jaquette, hauptsächlich das seit der zweiten Hälfte des 19. Jahrhunderts in der Modetracht gebräuchliche, schoßlose Obergewand der männlichen Kleidung S. 188/189, 202.

Jägerhemden, die von dem Stuttgarter Arzt J. gegen Ende des 19. Jahrhunderts empfohlenen wollenen Normalhemden S. 193, 211.

Incroyable frz. unglaublich, in Frankreich Bezeichnung für den Stutzer der Zeit nach der Revolution von 1789. Auch in Deutschland gebräuchlich S. 174.

Judenhut, der den Juden seit dem hohen MA. vorgeschriebene gelbgefärbte Männerhut mit spitzem Kopf S. 32.

Jupe, frz., der im 18. Jahrhundert unter dem Manteau getragene Frauenrock S. 156, 159.

Justaucorps, frz. eng am Körper, der lange, eng anliegende Männerrock des späten 17. und frühen 18. Jahrhunderts S. 130, 131, 144, 146.

Kaisermantel oder Hohenzollernmantel, langer Männermantel der zweiten Hälfte des 19. Jahrhunderts mit halblangem Schulterkragen. Nach Kaiser Wilhelm I. benannt S. 191.

Kapote, frz. capot. Langer Männerüberrock oder Mantel mit Umlegekragen und Aufschlägen am Ende des 18. Jahrhunderts S. 171.

Kapote oder Kiepe, der seit dem Anfang des 19. Jahrhunderts bis in die sechziger Jahre getragene Frauenhut mit gewölbter, das Gesicht rahmender Krempe S. 179/180, 205/207.

Kappe, lat. cappa, im MA. runder Umhang mit Kapuze S. 30.

Kiepenhut, soviel wie Kapote s. d.

Klatschhut, Claquehut, der unter dem Arm getragene, zusammengeklapte Zweispitz S. 173.

Kleid, Hauptobergewand der Frauentracht S. 11, 21/22, 23/34, 48/49, 58/59, 67/68, 84/85, 99—103, 116—119, 135—137, 155—158, 175—177, 197—201.

Knicker, der kleine Sonnenschirm mit verstellbarem Stock im zweiten und dritten Viertel der 19. Jahrhunderts S. 208.

Knickerbocker, engl. modernes, pumphosenartiges kurzes Sportbeinkleid für Männer. Die Bezeichnung K. geht zurück auf W. Irvings „History of New York“ by Diederich Knickerbocker, New York 1809, S. 211.

Kolbe, männliche Haartracht im zweiten Viertel des 16. Jahrhunderts, bei der das halblange Haar über der Stirn, den Ohren und dem Nacken geradlinig abgeschnitten ist S. 82.

Koller, ärmelloses Lederwams des 16. und der ersten Hälfte des 17. Jahrhunderts S. 111, 112.

Kosäcklein, entspricht dem Caraco, s. d.

Kostüm, in der Frauenkleidung seit dem späten 19. Jahrhundert ein aus Rock und passender Jacke bestehender Anzug S. 201/202.

Kragen, Männertracht: S. 112/113, 129, 172, 181, 193/194, 211. Frauentracht: S. 100, 101, 116, 117, 119, 181, 197, 198.

Oreilles de chien frz. Hundeohren, Bezeichnung für die beiden, das Gesicht rahmenden Hängelocken der männlichen Haartracht im letzten Jahrzehnt des 18. Jahrhunderts S. 173.

Pad engl. Polsterkissen, s. Ventre postiche.

Palatine, frz. der in der ersten Hälfte des 17. Jahrhunderts den Ausschnitt des Frauenkleides bedeckende leinene Schulterkragen S. 119, 137.

Paletot frz., seit dem zweiten Viertel des 19. Jahrhunderts Bezeichnung für einen glatten Männermantel mit Umlegekragen und Aufschlägen. Vorübergehend auch in der Frauenmode gebräuchlich S. 190/191, 202.

Palla lat., Kopf und Körper bedeckender Umhang der altrömischen Frau, in entsprechender Weise seit vorkarolingischer Zeit bis ins frühe MA. gebräuchlich S. 12.

Panier frz. Korb, Bezeichnung für das Reifrockgestell des 18. Jahrhunderts S. 155, 156, 158, 159, 164.

Pantalon frz. lange, unten offene Männerhose, die der Tracht des Pantalone der Commedia del arte entspricht. Setzt sich seit der französischen Revolution von 1789 als Modetracht durch S. 148, 169/170, 171.

Parasol frz. Sonnenschirm. Im 18. Jahrhundert auch, trotz des jetzt hervortretenden Unterschiedes, Bezeichnung für den Regenschirm S. 164.

Perücke vom frz. perruque als Bezeichnung für künstlichen Haaraufsatz seit dem 17. Jahrhundert in Gebrauch S. 133, 161, 179.

Perruque carrée frz. viereckige Perücke, die geradlinig gestutzte, aus parallelen Lockenreihen bestehende Perücke, die im zweiten Jahrzehnt des 18. Jahrhunderts die Allongeperücke ablöst S. 151.

Pfauenhut mhd. phawen-huot, im hohen MA. ein mit Pfauenfedern benähter Männerhut mit hinten hochgebogener Krempe S. 31.

Pince-nez frz. Nasenklemmer. Kneifer. Modisches Augenglas seit den vierziger Jahren des 19. Jahrhunderts S. 197.

Plastron frz. Brustharnisch. Breite Krawattenform des 19. Jahrhunderts S. 193.

Pleureusen frz. pleureuses Trauenbinden. Geknüpfte und gekräuselte Straußenfedern, Frauenhutschmuck des 20. Jahrhunderts S. 207.

Pluderhose, die in Schlitze aufgelöste und mit gebauschtem Futter unterlegte Männerhose der zweiten Hälfte des 16. Jahrhunderts S. 96, 122.

Plumage frz. Gefieder. Der im späten 17. und den ersten Jahrzehnten des 18. Jahrhunderts die Krempe des Dreispitzes rahmende Straußenfederbesatz S. 152, 173.

Polnischer Rock, Männerrock der ersten Jahrzehnte des 19. Jahrhunderts mit Pelzverbrämung, Knebelverschluß und Schnurbesatz über der Brust S. 188.

Pompadour, im 19. Jahrhundert modische Bezeichnung für Strickbeutel S. 208.

Prétintaillen frz. Zubehör, Nebensachen. Aus gemustertem Stoff zusammengesetzte Besatzstreifen auf dem Frauenkleid des späten 17. Jahrhunderts S. 137.

Prischen vom mhd. brise, Einfassung. Entspricht der Muffe s. d.

Pullover engl. überziehen. Seit den zwanziger Jahren des 20. Jahrhunderts Bezeichnung für eine über den Kopf zu ziehende gestrickte Jacke. Von Männern und Frauen getragen S. 210.

Pumphose, die nach unten sich verengende, über oder unter dem Knie gebundene Männerhose der ersten Hälfte des 17. Jahrhunderts S. 96, 113.

Pyjama, moderner, aus Jacke und langer Hose bestehender Schlafanzug, benannt nach der indischen und persischen langen Hose. In der Herrenmode bereits in den achtziger Jahren des 19. Jahrhunderts bekannt S. 193.

Rabat, viereckiger leinener Überfallkragen am Männerhemd der zweiten Hälfte des 17. Jahrhunderts (oder auch von diesem getrennt). Lebt noch in den Bäffchen des protestantischen Pastorenornats fort S. 129.

Raglan engl. Seit der zweiten Hälfte des 19. Jahrhunderts Bezeichnung für einen Mantel, bei dem der Oberärmel bis zum Kragen durchgeführt ist. Der Name geht auf den englischen Befehlshaber im Krimkrieg Lord R. zurück S. 191.

Redingote vom engl. riding coat, Reitrock. In der zweiten Hälfte des 18. und den ersten Jahrzehnten des 19. Jahrhunderts Bezeichnung für einen leicht-taillierten Männerüberrock mit Kragen und Aufschlägen. In den letzten beiden Jahrzehnten des 18. und im ersten Drittel des 19. Jahrhunderts werden auch die kleiderartigen Überröcke der Frauentracht R. genannt S. 148/149, 158 (Frauen), 165, 171, 175 (Frauen), 177 (Frauen).

Redingote à la chevalière frz. Männerrock der ersten Jahrzehnte des 19. Jahrhunderts mit Samtkragen und Riegelverschluß S. 188.

Reformkleid, Bezeichnung für das taillenlose Frauenkleid zu Beginn des 20. Jahrhunderts S. 201, 211.

Regentuch, in der bürgerlich-städtischen Frauentracht des 17. und 18. Jahrhunderts ein Kopf und Körper einhüllendes Tuch. In einzelnen Volkstrachten bis heute erhalten S. 139.

Reifrock, ein durch ein Gestell aus Stahl, Fischbein, Rohr oder Roßhaar künstlich gesteifter Frauenrock. Modeform des letzten Drittels des 16. und der ersten beiden Jahrzehnte des 17. Jahrhunderts, des 18. Jahrhunderts und der vierziger bis sechziger Jahre des 19. Jahrhunderts S. 98, 99, 100, 103, 155, 185, 198/199, 212.

Reifrock à coudes (coude frz. Ellbogen), die vorn und hinten abgeflachte und an den Seiten stark verbreiterte Reifrockform der siebziger und achtziger Jahre des 18. Jahrhunderts S. 155.

Réticule frz. Arbeitsbeutel vom lat. reticulum Netz. Modische Bezeichnung für die am Ende des 18. Jahrhunderts aufkommenden Beutelchen und Handtaschen S. 180.

Revers frz. Kehrseite. Bezeichnung für die Aufschläge und Umschläge an Kleidern und Mänteln S. 146, 170, 190, 192.

Rheno, reno lat. Bezeichnung für den Pelzumhang oder Pelzrock der Germanen S. 8/9.

Strumpf, Bekleidung der Füße und Unterschenkel unter dem Schuh. In der Männertracht seit dem 16. Jahrhundert selbständiges, von der Hose getrenntes Kleidungsstück. Männer: S. 7, 9, 30, 79, 96, 114, 131/132, 150, 164, 172, 194. Frauen: S. 34, 103, 160, 178.

Stutzperücke, entspricht der Zopfperücke s. d.

Suckenie, suggenie mhd. Ärmelloses Obergewand mit weiten Armausschnitten im 13. und der ersten Hälfte des 14. Jahrhunderts. Von Männern und Frauen getragen S. 27/28, 34.

Surkôt mhd., frz. surcot. Entspricht der Suckenie s. d. S. 28, 30, 34, 46.

Surtout, frz. über allem. Bezeichnung für den Männerüberrock des 18. Jahrhunderts S. 148, 149.

Suwarowstiefel, vorn und hinten bogig ausgeschnittener Schaftstiefel im frühen 19. Jahrhundert. Nach dem russischen General S. genannt S. 172.

Sweater, engl. Schwitzer. Seit dem Ende des 19. Jahrhunderts gebräuchliche, über den Kopf zu ziehende, gestrickte Sportjacke. Dem S. entspricht später der Pullover S. 210.

Tappert, mhd. taphart, daphart. Hauptobergewand der männlichen Tracht vom Ende des 14. bis nach der Mitte des 15. Jahrhunderts von verschiedener Länge und wechselndem Ärmel- und Kragenschnitt S. 55, 63, 77.

Tassel, mhd. Scheibenfibel. Zwei durch eine Schnur verbundene Tasseln bilden den Mantelverschluß des hohen MA. S. 29, 34, 47.

Taschenuhr, eine Erfindung des 16. Jahrhunderts. An langer oder kurzer Kette um den Hals, über oder unter der Weste, im Mieder oder Gürtel und seit dem 20. Jahrhundert um den Arm getragen S. 83, 139, 153, 196, 208.

Tituskopf, kurzer, wirrer Lockenkopf, als antikisierende Frisur am Ende des 18. und in der Frühzeit des 19. Jahrhunderts von Männern und Frauen getragen S. 173, 179, 195.

Topfhelm, der im hohen MA. zunächst über den ganzen Kopf (auch über die Beckenhaube), später nur noch auf den Kopf gestülpte Helm S. 37, 51.

Toque, frz. Das krempenlose Barett mit faltigem Kopf in der Männer- und Frauentracht der zweiten Hälfte des 16. Jahrhunderts. Kehrt in der Frauenmode des 19. Jahrhunderts wieder S. 97, 104, 181, 205.

Toupet, frz. Stirnhaar. Der in der Männer- und Frauenfrisur der zweiten Hälfte des 18. Jahrhunderts über der Stirn in die Höhe gekämmte Haarbausch S. 152, 161.

Tournure, frz. Haltung. Das in der zweiten Hälfte der sechziger und zu Beginn der siebziger Jahre des 19. Jahrhunderts unter dem Frauenrock sitzende Gestell halbkreisförmig gebogener Reifen S. 199, 200.

Trenchcoat, engl. Schützengrabenmantel. Seit den zwanziger Jahren des 20. Jahrhunderts Bezeichnung für einen gegürteten Wettermantel mit ausknöpfbarem Futter. Auch von Frauen getragen S. 191.

# Verzeichnis der Abbildungen

# Abbildungsnachweis

Abb. 2, 3 Aufn. Hans Retzlaff; 12, 14 l., 16, 25, 33, 39 Aufn., Staatl. Bildstelle, Berlin; 4, 5, 7, 8, 9 aus: Hanns Swarzenski, Vorgotische Miniaturen; 6 aus: Albert Boeckler, Das goldene Evangelienbuch Heinrichs III.; 10, 11 nach der Faksimile-Ausgabe der Manessischen Handschrift des Insel-Verlages; 34, 36, 37, 38, 40, 41, 42, 43, 53, 54, 56 nach Originalen der Lipperheideschen Kostümbibliothek, Berlin; 1, 18, 19, 32, 44, 45, 46, 47, 49, 50, 51, 52, 55 nach Photogr. u. Drucken in der Lipperheideschen Kostümbibliothek; 13, 20 aus: H. Kunze, Die Gotische Skulptur Mitteldeutschlands; 14 r. aus: M. Sauerlandt, Deutsche Plastik des Mittelalters; 15 l., 22 Aufn. d. Deutschen Mus. Berlin; 15 r. aus: Friedr. Back, Mittelrheinische Kunst; 24, 28, 29 Aufn. d. Städelschen Kunstinst., Frankfurt/Main; 17 Phot. Höfle, Augsburg; 23 Österr. Lichtbildstelle, Wien; 26, 27, 30, 31 Wien, Kunsthist. Mus.; 21 Berlin, Kupferstichkab.; 35 Berlin, Schloßmus.

Kolibri 360 GmbH
Ferdinand-Jühlke-Straße 7
99095 Erfurt, Deutschland
produktsicherheit@kolibri360.de